二维类石墨烯纳米气敏器件的理论设计及敏感机理

陈 铜 肖贤波 许 梁
谢路珍 董先声 罗 程 著

中南大學出版社
www.csupress.com.cn
·长 沙·

图书在版编目(CIP)数据

二维类石墨烯纳米气敏器件的理论设计及敏感机理 / 陈铜等著. --长沙：中南大学出版社，2025.3.

ISBN 978-7-5487-5270-7

Ⅰ. TB383

中国国家版本馆 CIP 数据核字第 2025B95M19 号

二维类石墨烯纳米气敏器件的理论设计及敏感机理

ERWEILEI SHIMOXI NAMI QIMIN QIJIAN DE LILUN SHEJI JI MINGAN JILI

陈 铜 肖贤波 许 梁 谢路珍 董先声 罗 程 **著**

□**出 版 人** 林绵优

□**责任编辑** 刘 辉

□**责任印制** 唐 曦

□**出版发行** 中南大学出版社

社址：长沙市麓山南路 邮编：410083

发行科电话：0731-88876770 传真：0731-88710482

□**印 装** 广东虎彩云印刷有限公司

□**开 本** 710 mm×1000 mm 1/16 □**印张** 13.25 □**字数** 252 千字

□**版 次** 2025 年 3 月第 1 版 □**印次** 2025 年 3 月第 1 次印刷

□**书 号** ISBN 978-7-5487-5270-7

□**定 价** 78.00 元

Foreword 前言

快速的工业化和城市化进程、对能源需求的增长导致大量的污染物和温室气体排放，加剧了大气污染与气候变化问题，严重影响了人们健康。2022年11月科技部、生态环境部等五部门颁布的《“十四五”生态环境领域科技创新专项规划》将大气污染防治列为重要任务之一，其中高效准确的气体监测和检测是制定大气污染有效防治策略和措施的基础。然而，目前作为气体监测与检测的元件——传感器，因气体选择性弱、特异性差、交叉干扰和稳定性不强等，而存在巨大挑战，因此，发展新兴的传感技术显得尤为关键。全球各地的研究人员一直在开发基于纳米材料的新技术，以生产能够适用不同领域且更为高效的气体传感器。原子级厚度的二维纳米材料以高比表面积和亲和性、丰富的吸附位点和良好的器件设计兼容性，在众多候选材料中脱颖而出。因此，低维纳米气体传感器有望实现对气体分子高灵敏度、高选择性、低功耗、宽范围、实时和快速的监测，可为环境保护和人类健康提供更可靠的技术手段。

本书主要采用基于密度泛函理论(DFT)和非平衡格林函数(NEGF)的第一性原理计算方法，围绕几种新型高机械强度、高导电性和良好的电子可调性的二维类石墨烯纳米材料展开一系列的研究，研究了常见有毒小分子气体在二维材料表面上的吸附构型、吸附强度、电子结构和电流-电压输运等性质。一方面分析了二维材料对某种气体吸附的选择性、敏感性和结构稳定性，并从微观电子结构方面阐述了气体与二维材料之间的相互作用；另一方面还探究了外加应变、电场、缺陷、温度等对上述气敏特性的调控及其影响，揭示气体捕集与释放的有效措施，为基于二维纳米材料的气敏传感器件的研发提供理论上的参考依据。

本书从理论计算的角度出发，设计了基于低维类石墨烯材料的多功能气体传感器件并评估了其对特定气体分子的传感特性，为二维材料气体传感器的应用和性能优化研究提供了重要的支持和指导。本书面向的读者主要是物理、化学、计算机、材料科学领域从事研究工作的研究生，对物理、化学、计算机、材料科学专业的高年级本科生和其他科研工作者了解低维纳米材料性质，模拟计算领域解决问题的方法和思路同样有参考价值。本书获得国家基金委(62101221，12164021，52263031)，赣鄱俊才支持计划——主要学科学术和技术带头人培养青年项目(20243BCE51080)，江西省自然科学基金(20232ACB211008，20224BAB201022，20212ACB201005，2024SSY03161)，江西省多维智能感知与控制重点实验室(No. 2024SSY03161)，江西理工大学清江优秀青年计划的支持(JXUSTQJYX201805)，特此感谢！另外特别感谢杨宁、李慧、刘国港、杨文昊、覃丹凤、余阳、岑康微、唐朋、陶晨宇、韩科研、付俊荣、彭明明、刘奕康、阮硕、周文胜、熊诵博等对本书的贡献。由于作者水平有限，书中难免有不足和疏漏之处，期待来自各方的建议和指正。

作　者

2025 年 2 月

目录

Contents

第 1 章 绪论

1.1 气体传感器的兴起和发展

在工业革命时期，气体泄漏、有毒气体积累和爆炸等问题威胁着人们的安全[1-2]。根据世卫组织最新的数据，人体超过五分之三的疾病都由空气污染引发，每年有 300 万例的死亡与空气污染有关[3]。氮氧化物（NO_x）是大气中典型的有毒气体种类，对环境和人体都能够造成不可估量的伤害，是空气质量监测的主要指标之一[4]。NO_x 是形成酸雨和光化学烟雾的主要物质之一，同时也是 O_3 消耗的一个重要因子。不仅如此，人长期处于低浓度 NO_x 的环境中，会导致肺部肿胀及呼吸道抗感染能力下降等[5-6]。尤其需要注意的是，NO_2 的毒性为 NO 的 4~5 倍，低浓度的 NO_2（4 μg/mL）即可引起鼻子麻痹，过量吸入则会引起呼吸困难和人体神经衰弱等症状[7-8]。除此之外，空气中常见的污染气体还有二氧化碳（CO_2）、氨气（NH_3）、一氧化碳（CO）、二氧化硫（SO_2）等。适当浓度的 CO_2 并不会对人体和环境产生伤害，但超过一定浓度则会导致严重缺氧，造成永久性脑损伤，甚至死亡[9]。作为温室气体，CO_2 排放增加导致全球温度逐年上升，对生态和环境造成负面影响，这引起了全球研究人员的高度关注[10]。过高浓度的 NH_3 会刺激皮肤引起呼吸道症状，并且作为一种易燃气体，容易与空气中的氧气混合引发爆炸和火灾[11]。不完全燃烧产生的 CO 气体，容易与人体内的血红蛋白结合，导致人中毒缺氧，严重时甚至导致人死亡[12]。因此，检测和监测空气中有害气体变得格外重要。

2021 年，我国《政府工作报告》中将“扎实做好碳达峰、碳中和各项工作”列为工作重点之一，更是表明对有害气体的检测和监测势在必行。而气体传感器是能够将现场空气的成分、浓度等信息采集并转换成可以被人、仪器、仪表等识别的信息的装置，作为气体监测系统的核心，它对气体检测系统起着决定性的作用。最开始的气体传感器研发起源于对环境和健康的关注以及对化学物质的检测需求。它具有体积小、测量方便、成本低、使用时间长、能用于现场监测的特点，不只在环境检测领域精确的气体检测和鉴别方面得到了更多的关注，在生物医学领域也大放异彩，如通过检测人呼出气体的组成和浓度从而来诊断疾病[13-14]，研究人员还成功创造了一种结合纳米颗粒生物传感器(NBS)的一步逆转录环介导等温扩增(RTLAMP)方法，用于新型冠状病毒肺炎(COVID-19)的快速、准确诊断[15]。不仅如此，食品工业和国家安全领域对高性能气体传感器的需求日益增长，推动着该领域的发展(图 1.1)。

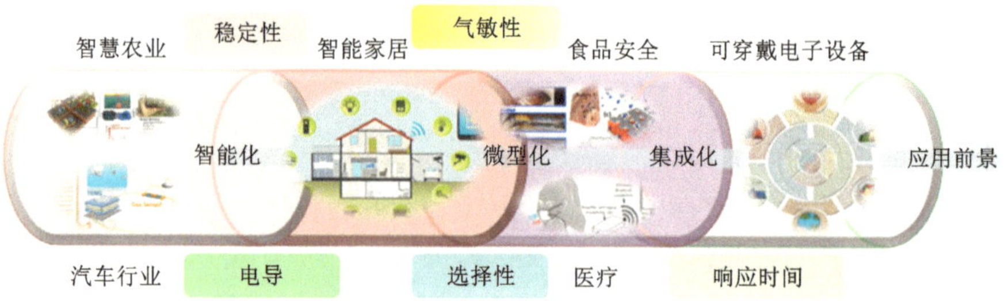

图 1.1　气体传感器在新兴领域的应用及热关键词[27]

归因于电子技术和人工智能的快速发展，传感技术成为当今世界飞速发展的高新技术之一。目前应用的气体传感器技术种类繁多，根据传感机理的不同，气体传感器可分为电阻式、电容式、电化学和压电式等四种主要类型[16]。电阻式气体传感器具有易制备、体积小、工作原理简单等特点，最适合大规模生产制备，其组成主要包括晶片、金属电极和用于传感气体的传感材料。其中以金属氧化物的半导体材料(MOS)最为常见，基于 MOS 材料的气体传感器体积小，成本低，响应性高，但其工作功耗比较高，选择性较差[17]。电容式气体传感器由电极、基板、加热器以及传感层四部分组成，通过传感层在不同环境下的介电参数变化来实现对气体的检测。低功耗、高灵敏度和高稳定性使得它能灵活地适应不同的工作场景，但需要注意的是其仍然受到温度和湿度等因素的限制[18]。电化学气体传感器基于电化学反应原理，通过监测工作电极与对电极之间的电流和电势变化，实现对特定气体种类的高精度识别，其通常由一个传感电极和一个被薄层电解质隔开的反电极组成。通过选择合适的电极材料和改变反应的条件，能够扩大传感器的识别范围。压电式传感器以压电材料为敏感元件，当目标气体与传感器接触时，通过力的变化引起电流的变化来实现检测的功能，具有结构简单、频带宽、灵敏度高、工作可靠和重量轻等优点，但其输出的直流效应差，极大地限制了其应用。目前，商用化的气敏器件存在温度高，体积大，功耗高，选择性差等缺点。因此，基于新型纳米材料开发气体传感器的研究是推动传感器领域创新和技术突破的关键。

1.2　二维碳基材料

20 世纪以来，人类科技发展历史上有许多重大发现和发明，其中最著名的有现代信息技术基石——集成电路芯片，而 90%集成电路芯片采用硅基互补金属氧化物半导体(complementary metal-oxide-semiconductor，CMOS)技术。根据摩尔定律：每隔 18 个月芯片上元件数量将增加一倍。按照此规律，现有的微电子加工工艺即将接近发展的极限，当传统的硅基芯片达到 5 nm 以下后，会出现量子隧穿效应。且当工艺突破 1 nm 之后，量子隧穿效应会导致“电子失控”，从而芯片失效。在这种情况下，寻找替换芯片硅基底的材料，便成为芯片进一步发展的可行出路之一，因此激发了大量研究工作者去寻找和设计新一代电子学的基础材料，人们的注意力从“硅基电子学”转移至“碳基电子学”。

随着电子器件近年来微型化发展趋势日趋明显，且伴随着富勒烯、碳纳米管、石墨烯等低维碳基材料被挖掘。研究者们认为，碳基纳米器件是最有可能解决电子器件微型化发展瓶颈的理想替代者，如图 1.2 所示。1985 年，Smalley、F. Curl、W. Kroto 等人共同发现了富勒烯[19]；1991 年，碳纳米管在碳纤维中被发现[20]；2004 年，单层石墨烯被 Novoselov 和 Geim 等人成功在实验中剥离[21]。2013 年，美国斯坦福大学科学家研究出了由 178 个碳纳米管组成的晶体管制造的计算机原型[22]，同时 7 nm 碳纳米管技术较同尺度的硅基材料速度提高了将近 300%，这让人们看到了碳基电子学的曙光。随后相关的低维碳基纳米材料相继被报道，标志着人们对新一轮的技术革命发起冲锋号。研究人员将这些碳基材料广泛应用于分子电子学领域，并发现了负微分电阻效应、整流效应、自旋过滤效应等新奇的电子输运特性。许多国家也因此制定了新碳材料计划，加大了包括碳材料生产、器件制备和模拟系统设计等方面的研究投入，推进碳基信息技术发展[23]。

二维材料的佼佼者——石墨烯具有很高的电子迁移率，但零带隙的石墨烯只能处于导通状态，无法在以石墨烯为基础的器件中实现稳定的“开”和“关”两种状态，也就无法直接利用石墨烯构建高性能的逻辑电路。与石墨烯遇到的问题类似，基于二维半导体材料的实际应用也面临着各种各样的困境。有些材

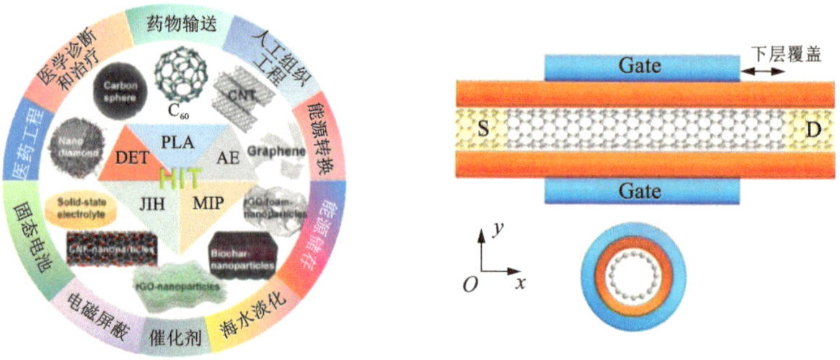

图 1.2　不同维度的碳纳米材料及新型碳材料应用的主要领域[14]

料(如硅烯、锗烯、黑磷等)在空气中不稳定，难以实现大规模的实际应用。有些材料(如 MoS_2，WS_2，WSe_2 等)载流子迁移率过低，获得的器件虽具有较高的开关比，但实际工作频率极低。

在二维材料微电子学与基础材料领域不断碰壁的情况下，很多科研人员的目光又回到了二维碳基纳米材料领域。Sun 的团队在碳基器件的研究中提出了一种巧妙的低维器件结构：采用石墨烯和量子点混合通道的场效应晶体管器件获得了较高的响应率和开关比[24]。此外，二维材料有大的表面积、特殊的结构、小分子吸附等优异的性能，可广泛应用于气体传感器领域，Schedin 等人实验研究了 NO_2、CO、H_2O 和 NH_3 在石墨烯表面的分子吸附，发现石墨烯有足够的电子静音特性，可用于室温下工作的单电子探测器以及磁场或机械应变的超灵敏传感器[25]。Leenaerts 等人采用第一性原理计算研究了 H_2O、NH_3、CO 和 NO 在石墨烯表面的吸附，发现所有的气体在石墨烯表面均为物理吸附，在气体小分子和石墨烯之间只有较少的电荷转移[26]。其他新型碳基材料，如最近合成的具有四、八碳环的 T 型石墨烯系统可以与石墨烯或其他二维过渡金属二氯化物堆叠，可在未来制造出超导纳米器件。同时，不同的杂化碳基系统，如硅石墨烯、锗石墨烯和类石墨烯硼碳氮化物($B_xC_yN_z$)，也是最近研究和发展的趋势。这些系统展现了它们在非线性光学、染料降解、锂/钠离子电池、光催化等方面的应用前景。总的来说，石墨烯以外的新型二维材料的出现，除了引领了微电子学、光电子学、自旋电子学、催化、生物医学和环境科学等基础科学的新发现外，还促进了二维材料家族在各种技术领域中的潜在应用。不可否认的是，对电子系统卓越性能和超低功耗的需求是电子产业寻找基于新型二维材料器件架构的主要动力，同时基于二维碳基材料的材料工程领域的持续发展为新一代智能设备的创新升级提供了机会。

1.3 气体传感器性能优化和升级

21 世纪世界数字化、智能化、信息化和低碳化进程的加快以及人们对于生活质量要求的提高使得产业转型升级、环境监测和保护、安全生产、智能家居、医疗健康等诸多领域对传感器的需求不断增加。气体传感器作为该进程中的关键部件，新技术、新材料研发和传感器网络化和集成化是未来发展的必然趋势。针对相关应用场景提出的更高要求，关于气体传感器的设计开发需要具备更多的可能性和选择性。可以从以下两个方面考虑。

(1)新型敏感材料的研发。

更新和优化气体传感器的性能，选择合适的敏感材料能够达到事半功倍的效果。金属氧化物、导电聚合物、有机物、氮化物和三元氧化物等材料都在传感器领域有应用[31]。与传统的有机或电化学气体传感器相比，固态半导体气体传感器在高密度和 CMOS 兼容的集成过程中具有优势，在未来的系统芯片应用中更具吸引力[27]。虽然导电聚合物可以作为室温下气体的传感材料，但其性能将受到湿度的很大影响。毫无疑问，传统的金属氧化物(MO_x)技术已然非常成熟并且广泛地用于气体传感器中，但仍然存在选择性不明显、工作环境包容性差以及功耗高等劣势，引发了开发其他重要材料的需求[28]。继石墨烯后，许多其他性能优异的二维材料(图 1.3)已经被发现、分离、合成[29]。二维纳米材料具有原子厚度的薄层结构，具有强烈的表面活性，从而提供了大的比表面积和气体分子吸附能力。这使得它们能够在室温下对浓度为 10^{-3} μg/mL 级气体进行检测，吸引了全球研究人员的关注。因此，二维纳米材料被广泛应用于气体传感器领域，作为以前、现在和未来传感材料的替代品，以应对该领域面临的挑战。Abbas 等研究人员报道了一款以黑磷烯纳米片层为敏感材料的高性能 NO_2 气体传感器，浓度检测下限低至 5×10^{-3} μg/mL，同时气敏性能提升了约 23% (浓度为 200 μg/mL NO_2)[30]。此外，基于黑磷烯的传感器还能够检测到甲醇气体，甲醇浓度最低检出限为 28 cm^3/m^3。2021 年，南京航空航天大学台国安教授课题组基于一种新型的硼烯结构，首次构筑了硼烯的超灵敏气体传感器，展示出其在高性能电子器件上的应用潜力。这种传感器能在室温下展示出高灵敏度(低至 2×10^{-1} μg/mL 的实验检测限)、快速响应(30 s)和恢复(200 s)、大的检测范围(2×10^{-1} μg/mL 至 100 μg/mL)等优异的传感性能[31]。Kim 等研究表明，基于二维 MXenes 材料的 $Ti_3C_2T_x$ 制成的气体传感器在室温下对挥发性有机化合物(volatile organic compounds，VOC)气体的检测限很低[(50~100)×

10^{-3} μg/mL]，对于 NO_2、SO_2 和 CO_2 等气体均有较好的响应特性[32]。如今，随着先进的超薄低维半导体和器件的发展，基于二维材料的气体传感技术在构建高密度、低功耗和高灵敏度的气体传感器件方面引起了极大关注。

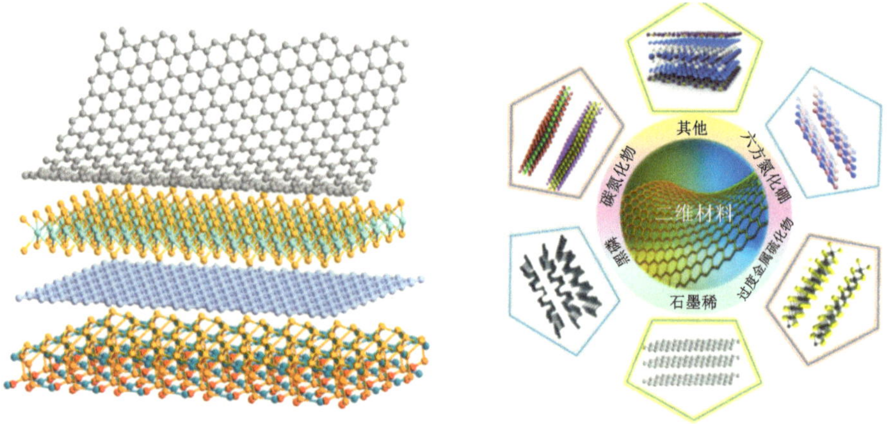

(a) 二维材料结构　　(b) 二维材料分类

图 1.3　二维材料结构[29]及主要二维材料分类

(2) 材料的掺杂改性。

除了开发新材料外，通过一些掺杂改性等方法也能够达到优化气体传感性能的目的。Zhang 等人根据第一性原理计算发现 N 元素掺杂黑磷烯纳米片层后，NO_2 的吸附能力显著提升，掺杂 B 后显著提升了 NO_2 和 NH_3 的吸附能力，而掺杂 Si 元素后增加了 O_2 的吸附能力[33]。二维材料的层状结构使得各种异质结构气体传感器件得以实现，为提高气体传感性能提供了更多的途径和可能性。研究人员制造了基于 BP/$MoSe_2$ 异质结构的气体传感器并与 $MoSe_2$、BP 进行比较发现，在 NO_2 浓度为 2×10^{-1} mL/m^3 时，异质结构对其响应分别是 $MoSe_2$ 的 4.4 倍和 BP 的 46 倍，并且其检测下限为 1×10^{-2} μg/mL，远低于 $MoSe_2$(6×10^{-2} μg/mL) 和 BP(2×10^{-1} μg/mL) 传感器[34]。由于 NO_2 的高电阻率和弱吸附性，基于 SnS_2 的气体传感器无法在室温下工作，而通过构建二维 g-C_3N_4/SnS_2 异质结在室温下实现了对 1 μg/mL NO_2 检测的超高响应(503%)和短时间(166 s)恢复，打破了原有的工作壁垒。二维复合气体传感器仍可能是一个很有前途的研究方向[35]。基于 ZnO 和黑磷烯纳米层(BP-ZnO)复合材料的气体传感器，在 160 ℃的高温、1×10^{-1} μg/mL 的 NO_2 浓度下响应值高达 20，检测下限达到 1×10^{-3} μg/mL[36]。此外，二维材料有可能存在于一种以上的晶体结构中，增加了材料存在半导体相（2H）（如 GaSe、In_2Se_3、MoS_2、$MoSe_2$、$MoTe_2$、SnS_2、WS_2）或半金属相（1T′）（如 TaS_2）的可能性，这增大了优化气体传感性能的空间。

1.4　自旋气体传感器

对于基于传统电学特性的气体传感器来说，不同类型的气体传感器都存在着一些缺点，包括化学选择性、对湿度和高温的敏感性。为了解决这些问题，基于材料磁性的自旋气体传感器概念应运而生。在自旋气体传感器中，通常以磁敏元件或者磁阻器作为传感器的元件，当目标气体与传感器表面发生相互作用时，可以通过测量活性材料各种磁效应的变化来实现特定分子的检测。粉末、薄膜等形态的磁性材料，以及钯（Pd）合金和含过渡金属（Co、Ni、Fe、Mn、Cu）的纳米材料，均可应用于自旋气体传感器[37]。Lin 等人报道了基于霍尔效应的 WO_3 薄膜对 NO_2 的传感特性，该传感器对 40 μg/mL 的 NO_2 显示出 3.27 的选择性响应，响应时间为 36 s，恢复时间为 45 s[38]。基于霍尔效应的 ZnO 传感器放置在与电流垂直的磁场中，室温下对于 100 μg/mL H_2S 的恢复时间和响应时间分别为 82 s 和 35 s。并且，随着浓度的增加，响应时间变短，这展示出在无须使用任何电力的情况下其主动检测有毒气体的潜在应用[39]。

相较于传统三维磁性材料，具有原子级别厚度的二维磁性材料因其种类丰富、电导率可调、自旋弛豫时间与传输距离长、强自旋-轨道耦合等优点为自旋气敏器件研究带来了新的前景。如 2017 年 Baumgartner 等人通过扫描磁光克尔显微镜在原始 $Cr_2Ge_2Te_6$ 原子层中首次实验发现了长程铁磁有序，证实了严格二维极限下的长程磁有序态的稳定存在[40]。同年，Bevin 等人剥离出一种具有平面外自旋伊辛铁磁半导体单层材料 CrI_3，且在外加磁场的影响下，能够实现铁磁和反铁磁有序之间的转变[41]。Wu 等表明铁磁有序的 CrI_3 隧道结具有完美的自旋极化及高隧穿磁阻[42]。此外，2018 年，Zhang 等人报道了一种在低温下仍具有铁磁长程有序以及面外磁各向异性的新型二维磁性材料 Fe_3GeTe_2[43]，通过施加离子栅可将其居里温度提高到室温。优异的门控室温磁性为基于原子层范德华（vdW）材料电场调控磁基态和居里温度行为提供了可操作性。其优异的电磁性能，如高巨隧穿磁阻与本征的斯格明子也相继被报道。随后，其他单层的铁磁材料如 VSe_2[44] 与 $MnSe_2$[45] 等也被证实在室温下表现出强铁磁性。除了优异的强铁磁性，材料同时具有强垂直磁各向异性，更有利于铁磁材料被应用于低功耗、高热稳定性的自旋开关及气敏器件中。因此寻找铁磁材料更高的垂直磁各向异性或有效提升材料垂直磁各向异性的方法，成为了自旋电子学中的一个研究热点。

除了开发新材料外，外部电磁场、温度、应力、化学修饰、堆垛、结构设计和合成控制等多种方式也能实现材料的优化和多功能应用。例如，通过施加双轴应变，Janus 2H-VSeX 材料的波谷分裂和 DMI 现象明显地增加。双轴压缩应变下 RuClF 和 RuBrCl 单层的垂直磁各向异性增强。而通过不同堆叠和组合方式能够调控 $Cr_2I_3X_3$(X=Br, Cl)的带隙、静电势、电极化等，进一步促进 Janus 2D 磁性材料的开发与利用，为实现材料的优化和多功能应用提供可能性。与此同时，基于材料的结构设计与自旋性能调控，以及自旋开关器件、自旋气敏器件等领域的应用研究一直是热点，如图 1.4 所示，需要更多的实验和理论工作来验证和探索。

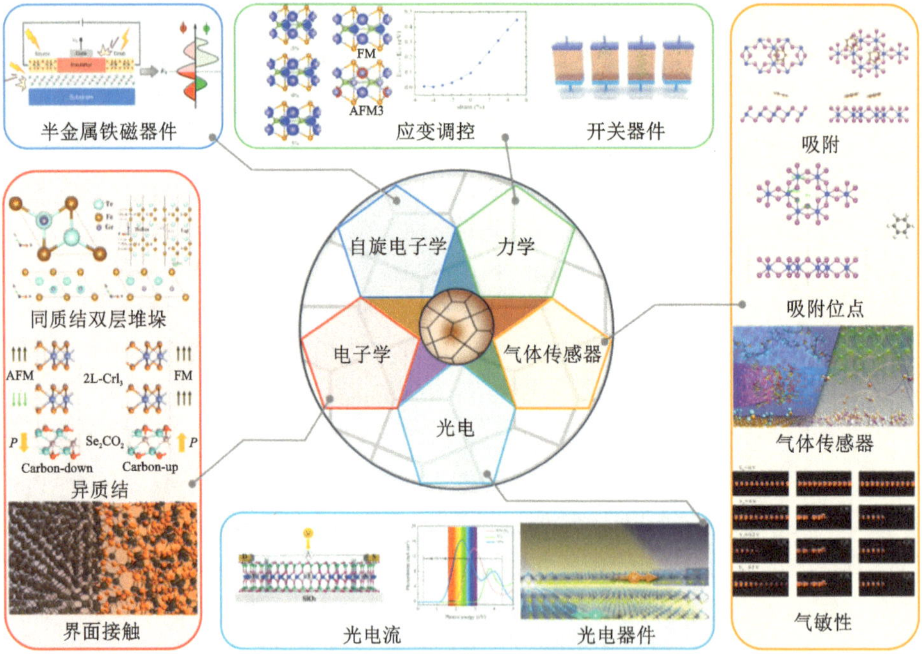

图 1.4　铁磁半金属材料在相关电子器件领域的应用

1.5　气体传感器性能参数

气体传感器的性能参数可以根据具体的传感器类型和应用领域而有所不同。以下是一些常见的气体传感器性能参数。

灵敏度(sensitivity)：指传感器对目标气体浓度变化的响应能力。它通常以电信号输出与气体浓度变化之间的关系表示，例如电压、电流或阻抗。

选择性(selectivity)：指传感器对目标气体与其他干扰气体的区分能力。优秀的选择性意味着传感器能够准确识别并响应目标气体，而对其他气体的响应较小。

响应时间(response time)：指传感器从暴露于目标气体后到达稳定输出所需的时间。响应时间越短，传感器越能快速地检测到气体变化。

恢复时间(recovery time)：指传感器从停止暴露于目标气体后返回初始基线状态所需的时间。恢复时间越短，传感器越能快速地恢复到无气体干扰的状态。

工作范围(operating range)：指传感器能够正常工作的气体浓度范围。传感器应在该范围内提供准确可靠的测量结果。

稳定性(stability)：指传感器在长期使用过程中输出的一致性和可靠性。优秀的稳定性意味着传感器输出不会因时间的推移而发生显著变化。

重复性(repeatability)：指传感器在相同气体浓度下的多次测量结果之间的一致性。重复性好的传感器应该在多次测量中产生相似的输出结果。

温度依赖性(temperature dependence)：指传感器输出与环境温度变化之间的关系。传感器应具有较低的温度依赖性，以确保在不同温度下提供准确的测量结果。

成本(cost)：指传感器的制造成本和购买成本。传感器性能参数应与成本之间取得适当的平衡。

这些性能参数可以有助于评估气体传感器的适用性和性能优劣，根据应用需求选择合适的传感器。因此，在选择气体传感器时，需要根据具体应用场景和需求综合考虑这些性能参数。

同时气体传感器由于具有以下突出优势而成为更有吸引力的候选器件。

(1)检测过程中无须电接触，能够降低氢动力汽车或者存在反应性化学品或污染物的情况下发生火灾爆炸的风险。

(2)磁响应速度优于化学电阻式传感器。

(3)能够在常温下工作，并且可通过选择不同居里温度的材料来适应多种工作环境。

自旋气体传感器在环境监测、工业安全、医疗诊断等领域具有广泛的应用前景，而通过不断地技术创新，有望进一步提高检测灵敏度和选择性，实现更精确可靠的气体检测和监测。

1.6 本书内容简介

本书主要研究内容如下：

(1)设计一种 $g-C_4N_3/MoS_2$ 范德瓦尔斯垂直异质结，并从理论上研究其电子结构、自旋极化传输和气敏特性。由于二维 $g-C_4N_3/MoS_2$ 范德瓦尔斯异质结保持了完美的自旋分离特性，通过使电极处于不同的自旋构型，可以获得 $g-C_4N_3/MoS_2$ 基纳米器件不同的自旋电子分离输运信号，自旋分离电流在两种自旋电极构型中均出现，但特征显著不同。此外，不同气体分子(CO、CH_4、NO、NO_2、NH_3、H_2S 和 SO_2)的吸附行为在异质结 $g-C_4N_3$ 的表面上显示出不同的气体敏感性。通过设置不同的吸附位点，可以获得不同结构下最稳定的吸附构型。此外，不同气体环境下吸附构型的巴德(Bader)电荷、差分电荷密度以及吸附能的结果表明二维 $g-C_4N_3/MoS_2$ 范德瓦尔斯异质结对形成化学吸附型的 CO、NO、NO_2 和 NH_3 气体分子更为敏感。此外，还研究了不同吸附构型对输运性能的影响，并更深入地从原子级层面探讨了 $g-C_4N_3/MoS_2$ 基气体传感器的气敏规律和作用机理。

(2)利用基于非平衡格林函数与密度泛函理论(NEGF-DFT)的第一性原理方法系统地计算了二维五边形 Pd_2P_2SeX($X=O$, S, Te)材料的电子结构和机械性质，进而构建了多种器件的 NEGF 计算模型，分别计算了基于 Pd_2P_2SeX($X=O$, S, Te)材料的隧道场效应晶体管(TFET)的栅极调控性能、应力感应传感器和气敏性器件的输运调控机制，在理论层面系统地发掘其作为高性能低维电子纳米器件的基础性质和应用潜力，为二维五边形 Pd_2P_2SeX($X=O$, S, Te)材料成为未来纳米器件的有力候选材料铺平道路。

(3)通过声子色散曲线和分子动力学模拟验证了二维 BC_3N_2 单层结构的稳定性。研究了无机气体分子 CO、NH_3、NO、NO_2 和 SO_2 以及有机气体分子 CH_4、C_2H_2、C_2H_4、HCHO 和 CH_3OH 在 BC_3N_2 单层上的吸附行为。为了了解无机和有机气体分子在 BC_3N_2 单层上吸附行为的差异，对吸附能、电荷转移和电子局域函数(ELF)等相关电子性质进行了全面系统的分析。最后，结合非平衡格林函数方法研究了 BC_3N_2 基气体传感器的输运行为，特别是其对化学吸附型气体分子的气敏特性。研究发现，BC_3N_2 基气体传感器在沿扶手椅形方向和沿锯齿形方向表现出显著的输运各向异性。同时，在所考虑的偏压范围内，BC_3N_2 基气体传感器对有机气体分子 C_2H_2 的气体灵敏度高达 10.43，对无机气体分子 CO 的气体灵敏度高达 1.36。这些结果表明，二维 BC_3N_2 单层可用于开发高各向异性和高气敏特性的气体传感器。

(4)研究 C_5N 单层对无机气体分子（NO、CO、NO_2、SO_2 和 NH_3）的吸附行为，深入探讨了其传输特性和传感性能。在锯齿形和扶手椅方向，二维本征 C_5N 纳米器件表现出强烈的电子输运各向异性，而在扶手椅方向还发现了负微分电阻效应。C_5N 基气体传感器对化学吸附型的 NO 和 NO_2 分子更为敏感，在 0.1 V 的偏置电压下分别达到 43%和 81%的最大气体灵敏度。这表明即使是微小的电压变化，传感器也能够准确地检测和报告浓度的变化。这种高灵敏度对于需要高精度高分辨率的气体浓度测量至关重要。研究发现对气体传感器施加适当的应力后能够显著提高其性能，并且能够弥补由额外电子散射引起的电流减少。这一发现为开发高性能的光电器件和传感器提供了潜在的机会。

(5)构建范德华（vdW）异质结构是开发新一代功能二维（2D）材料和设计新型概念纳米器件必不可少的前瞻性方法。利用 DFT 结合非平衡格林函数方法，从理论上系统地探索了吸附在 2D C_3B/石墨烯（Gra）和 C_3N/Gra vdW 异质结上有机小分子的电子结构、输运性质和灵敏度。计算结果表明 C_3B/Gra 和 C_3N/Gra 异质结形成后显示金属性能。有趣的是，Gra/C_3B 在 Gra 侧吸对 C_2H_2 和 C_2H_4 显示化学吸附，而在 Gra/C_3N 侧仅对 C_2H_2 为化学吸附。不同侧面的异质结对 CH_3OH，CH_4 和 HCHO 都是物理吸附。此外，计算的 I–U 曲线表明，对 C_2H_2 和 C_2H_4 在异质结两侧吸附的器件具有显著的各向异性，其中锯齿形方向的电流明显大于扶手椅方向的电流。确切地说，当 C_2H_2 吸附在 Gra 侧时，Gra/C_3B 沿扶手椅方向的灵敏度高达 85.0%，Gra/C_3N 的灵敏度接近 100%。本研究表明具有高选择性、高各向异性和优异灵敏度的 C_3B/Gra（C_3N/Gra）异质结是极具应用前景的二维材料，进一步为未来电子纳米器件的发展提供了新的理论见解。

(6)研究了二维 BeN_4 材料的一系列特性，包括电子特性、各向异性输运特性和传感特性。首先，计算材料的电子能带结构、带隙和电子密度分布，了解 BeN_4 材料的导电性质、能带调控以及可能的电子态密度调制策略。其次，重点关注器件的电导率随方向的变化情况，以揭示 BeN_4 纳米器件在不同方向上的输运性能，为其在电子器件中的潜在应用提供理论基础。此外，通过计算分析气体分子与 BeN_4 的吸附能、吸附构型和传感特性，评估 BeN_4 作为气体传感器件的灵敏度、选择性和稳定性。本章节的研究结果将揭示 BeN_4 材料的优势和潜在应用，为其在纳米电子学和传感器领域的进一步开发应用提供理论支持。

(7)研究浓度、湿度和金属原子修饰对二维 BeN_4 单层储氢性能以及对 H_2 分子气体传感特性的影响。结果表明，本征的 BeN_4 材料最多储存 4 个 H_2 分子，但其相互作用较弱，可能出现泄漏的问题。低湿度能够增加材料稳定存储 H_2 的能力，当 H_2O 分子达到一定数量时，会与 H_2 竞争性地存在，降低储氢的稳定性。V、Nb 和 Ta 三种过渡金属原子的修饰增大了体系的吸附能和电荷转移量，使得 BeN_4 单层能够稳定地储存至少 5 个 H_2 分子。此外，传感特性研究发现，H_2 分子的浓度增加对器件的电流几乎没有影响，无法提高 BeN_4 材料对 H_2 的检测性能。最后进一步讨论了 V、Nb 和 Ta 修饰后的器件对 H_2 分子的传感性能，发现 V 原子和 Ta 原子修饰的器件吸附单个分子时电流变化最为显著，表明器件能够实现对单个 H_2 分子的检测。而 Nb 原子在 2 个 H_2 分子的环境下响应最好。总之，金属修饰后的体系能够实现对 H_2 分子的准确检测，并适用极低浓度的工作环境。这为提升二维材料的储氢能力以及 H_2 的传感性能提供了新的思路。

(8)从理论上系统研究了石墨烯+、T-石墨烯、Net-石墨烯和联苯-石墨烯的电子结构、电子输运性质和气敏性质。基于上述单层的二维本征器件表现出良好的电子输运特性，并且可以观察到各向异性输运以及负微分电阻(negative differential resistance，NDR)现象。此外，从吸附强度和灵敏度角度评估了三种氮基气体分子(NO_2、NO 和 NH_3)在不同结构上的吸附行为。通过设置各种不同的吸附位点，计算吸附能、电荷转移、获得最稳定的吸附构型。进一步的计算表明，NO_2 分子在所有四种结构中都具有良好的化学吸附性能，而 NO 分子仅在石墨烯+和联苯-石墨烯上具有更好的化学吸附特性。分子投影自洽哈密顿量、输运性质和恢复时间表明，它们能够满足各种环境下气体传感应用的需求，这些发现为石墨烯基碳材料的进一步开发和应用提供了有价值的信息。

(9)从理论上系统地阐明了 BC_5 单层的电子性质、BC_5 单层对有机和无机气体分子的吸附行为，构建了 BC_5 基气体传感器的模型，研究了 BC_5 基气体传感器对这些气体分子的气敏性能。结果表明，首先，BC_5 单层的电子结构显示 BC_5 单层具有动态稳定的金属特性。其次，研究了吸附在 BC_5 单层上的无机和有机气体分子体系的几何结构和电子性质。结果表明，无机气体分子 CO、NH_3、NO、NO_2 和有机气体分子 C_2H_2、C_2H_4、HCHO 在 BC_5 单层上采用了化学吸附，而 SO_2、CH_3OH 和 CH_4 则是通过物理吸附的方式暴露在 BC_5 单层上。由此可知 BC_5 单层对 CO、NH_3、NO、NO_2、C_2H_2、C_2H_4 和 HCHO 气体分子非常敏感，因此可以利用 BC_5 单层构建用于检测这些气体分子的气体传感器。此外，

原始的 BC_5 基气体传感器在低偏置电压下表现出较强的电子输运各向异性，当偏置电压为 0.1 V 时，各向异性最大比值为 1.94。同时 BC_5 基气体传感器对 CO 和 HCHO 更敏感，在 0.1 V 偏置电压下沿锯齿形方向的气体灵敏度分别达到 1.76 和 2.56。最后，通过在费米能级上呈现无机和有机气体分子的散射态，系统地揭示了它们在 BC_5 基气体传感器上吸附的微观机制。本工作的意义在于揭示 BC_5 单层的气体吸附特性。所有这些理论预测可能引发新途径，以扩大新型碳基纳米材料在下一代气体传感装置中的应用。

(10)研究了 P-BN_2 单层的电子性质，以及无机气体分子 CO、H_2S、NH_3、NO、NO_2、SO_2 和有机气体分子 C_2H_2、C_2H_4、C_2H_5OH、C_3H_6OH、CH_3OH、CH_4、HCHO 在 P-BN_2 单层上的吸附行为。结果表明，CO、H_2S、NH_3、SO_2、C_2H_5OH、C_3H_6OH、CH_3OH 和 CH_4 通过微弱的范德瓦尔斯相互作用吸附在 P-BN_2 单层上，属于物理吸附；而 NO、NO_2、C_2H_2、C_2H_4 和 HCHO 与 P-BN_2 单层形成了稳定的化学键，表明这五种气体分子在 P-BN_2 单层上发生了化学吸附。此外，本书还对 P-BN_2 基气体传感器的电子输运特性和气体传感性能进行了研究，计算结果显示，在 0.4 V 的偏置电压下，由 NO、NO_2、C_2H_2、C_2H_4 和 HCHO 吸附引起的电流与本征的电流之间的差值分别达到最大值，分别为 13.2 μA、12.3 μA、16.0 μA、13.8 μA 和 13.9 μA。同时，温度对 P-BN_2 基气体传感器的电子输运性能和气敏性能没有较大影响。另外，还研究了三种空位缺陷对 P-BN_2 基气体传感器电子输运特性的影响。结果表明，N、B 和 BN 原子的缺陷导致 P-BN_2 基气体传感器的电流降低。零偏下费米能量附近的器件局域态密度表明气体分子的吸附和空位缺陷导致器件电流降低，阐明了其微观机制。最后，研究结果显示 C_2H_2 气体分子会导致 P-BN_2-N 基气体传感器的电流降低。

参考文献

[1] 孙家仁，许振成，刘煜，等. 气候变化对环境空气质量影响的研究进展[J]. 气候与环境研究，2011，16(6)：805-814.

[2] 刘伟，郑逸璇，冯悦怡，等. 基于《全球空气质量指导值(2021)》的中国环境空气质量评价与启示[J]. 中国环境管理，2023，15(2)：140-148.

[3] WHO A. WHO methods and data sources for life tables 1990-2019[J]. 2020.

[4] SHA T, MA X, ZHANG H, et al. Impacts of Soil NO_x Emission on O_3 Air Quality in Rural California[J]. Environmental science & technology, 2021, 55(10): 7113-7122.

[5] KATANODA K, SOBUE T, SATOH H, et al. An association between long-term exposure to ambient air pollution and mortality from lung cancer and respiratory diseases in Japan[J].

Journal of epidemiology, 2011, 21(2): 132-143.
[6] PANDEY S K, SINGH J. Nitrogen dioxide: Risk assessment, environmental, and health hazard[M]Hazardous Gases: Academic Press, 2021.
[7] ARASIMOWICZ M, FLORYSZAK-WIECZOREK J. Nitric oxide as a bioactive signalling molecule in plant stress responses[J]. Plant science, 2007, 172(5): 876-887.
[8] CAREY W A, WEAVER A L, MARA K C, et al. Inhaled nitric oxide in extremely premature neonates with respiratory distress syndrome[J]. Pediatrics, 2018, 141(3): e20173108.
[9] CONNOLLY S, CUSCO L. Hazards from high pressure carbon dioxide releases during carbon dioxide sequestration processes[C] IChemE Symposium Series. IChemE Rugby, 2007, 153: 1-5.
[10] YARANDI M S, MAHDINIA M, BARAZANDEH J, et al. Evaluation of the toxic effects of ammonia dispersion: consequence analysis of ammonia leakage in an industrial slaughterhouse[J]. Medical gas research, 2021, 11(1): 24.
[11] RAUB J A, MATHIEU-NOLF M, HAMPSON N B, et al. Carbon monoxide poisoning-a public health perspective[J]. Toxicology, 2000, 145(1): 1-14.
[12] WRIGHT B M. A miniature Wright peak-flow meter[J]. Br Med J, 1978, 2(6152): 1627-1628.
[13] 范蕴非, 陈曦. 呼出气挥发性有机物传感器在疾病诊断中的研究进展[J]. 中国公共卫生, 2019, 35(8): 1099-1104.
[14] KAMALABADI M, GHOORCHIAN A, DERAKHSHANDEH K, et al. Design and fabrication of a gas sensor based on a polypyrrole/silver nanoparticle film for the detection of ammonia in exhaled breath of COVID-19 patients suffering from acute kidney injury[J]. Analytical Chemistry, 2022, 94(47): 16290-16298.
[15] JUNG H T. The present and future of gas sensors[J]. ACS sensors, 2022, 7(4): 912-913.
[16] WANG L, CHENG Y, GOPALAN S, et al. Review and Perspective: Gas Separation and Discrimination Technologies for Current Gas Sensors in Environmental Applications[J]. ACS sensors, 2023, 8(4): 1373-1390.
[17] MALIK R, TOMER V K, MISHRA Y K, et al. Functional gas sensing nanomaterials: A panoramic view[J]. Applied Physics Reviews, 2020, 7(2).
[18] 熊明洲, 张倩, 侯晓东, 等. 气体传感器在智能家电中的应用进展[J]. 家电科技, 2023(1): 98-103.
[19] KROTO H W, HEATH J R, O'BRIEN S C, et al. C60: Buckminsterfullerene[J]. Nature, 1985, 318: 162-163.
[20] IIJIMA S. Helical microtubules of graphitic carbon[J]. Nature, 1991, 354: 56-58.
[21] NOVOSELOV K S, GEIM A K, MOROZOV S V, et al. Electric field effect in atomically thin carbon films[J]. Science, 2004, 306: 666-669.
[22] SHULAKER M M, HILLS G, PATIL N, et al. Carbon nanotube computer[J]. Nature, 2013,

501：526-530.

[23] FAN Q, YAN L, TRIPP M W, et al. Biphenylene Network: A Nonbenzenoid Carbon Allotrope[J]. Science, 2021, 372: 852-856.

[24] SUN Z, LIU Z, LI J, et al. Infrared photodetectors based on CVD-grown graphene and PbS quantum dots with ultrahigh responsivity[J]. Advanced Materials, 2012, 24: 5878-5883.

[25] SCHEDIN F, GEIM A K, MOROZOV S V, et al. Detection of individual gas molecules adsorbed on graphene[J]. Nature Material, 2007, 6: 652-655.

[26] LEENAERTS O, PARTOENS B, PEETERS F M. Adsorption of H_2O, NH_3, CO, NO_2, and NO on graphene: A first-principles study[J]. Physical Review B, 2008, 77: 125416.

[27] WANG B, GU Y, CHEN L, et al. Gas sensing devices based on two-dimensional materials: A review[J]. Nanotechnology, 2022, 33(25): 252001.

[28] 陈祥铭，杨贵钦，赵海茹，等. 金属氧化物半导体气体传感器应用现状和发展情况[J]. 玉溪师范学院学报，2020.

[29] Chejanovsky N, Mukherjee A, Geng J, et al. Single-spin resonance in a van der Waals embedded paramagnetic defect[J]. Nature Materials, 2021, 20(8): 1079-1084.

[30] TANG Y, YANG K, HUA Z, et al. A new sensing material design based on chemically passivated phosphorene/porous two-dimensional polymer: Highly sensitive and selective detection of NO_2[J]. Sensors and Actuators B: Chemical, 2021, 329: 129233.

[31] HOU C, TAI G, LIU Y, et al. Ultrasensitive humidity sensing and the multifunctional applications of borophene-MoS_2 heterostructures[J]. Journal of Materials Chemistry A, 2021, 9(22): 13100-13108.

[32] XIONG D, LI X, BAI Z, et al. Recent advances in layered Ti_3C_2Tx MXene for electrochemical energy storage[J]. Small, 2018, 14(17): 1703419.

[33] HE J, LIU G, LI X, et al. Electronic structure and optical properties of B, N, and BN-doped black phosphorene using the first-principles[J]. Journal of Molecular Modeling, 2022, 28(8): 233.

[34] FENG Z, CHEN B, QIAN S, et al. Chemical sensing by band modulation of a black phosphorus/molybdenum diselenide van der Waals hetero-structure[J]. 2D Materials, 2016, 3(3): 035021.

[35] LIU J, HUA E. High photocatalytic activity of heptazine-based g-C_3N_4/SnS_2 heterojunction and its origin: insights from hybrid DFT[J]. The Journal of Physical Chemistry C, 2017, 121(46): 25827-25835.

[36] LIU Y, QI W, GONG S, et al. Optical properties of ZnO/black phosphorus/ZnO sandwich structures[J]. Physica B: Condensed Matter, 2020, 579: 411903.

[37] SHINDE P V, ROUT C S. Magnetic gas sensing: working principles and recent developments[J]. Nanoscale Advances, 2021, 3(6): 1551-1568.

[38] LIN J Y, XIE W M, HE X L, et al. A novel NO_2 gas sensor based on Hall effect operating at room temperature[J]. Applied Physics A, 2016, 122: 1-6.

[39] LIN J Y, CHEN Z X, HE X L, et al. Detection of H_2S at room temperature using ZnO sensors based on Hall effect[J]. International Journal of Electrochemical Science, 2017, 12(7): 6465-6476.

[40] XU H, JIA K, HUANG Y, et al. Electrical detection of spin pumping in van der Waals ferromagnetic $Cr_2Ge_2Te_6$ with low magnetic damping[J]. Nature Communications, 2023, 14(1): 3824.

[41] XU Y, RAY A, SHAO Y T, et al. Coexisting ferromagnetic-antiferromagnetic state in twisted bilayer CrI_3[J]. Nature Nanotechnology, 2022, 17(2): 143-147.

[42] WU B, YANG J, QUHE R, et al. Scaling behavior of magnetoresistance with the layer number in CrI_3 magnetic tunnel junctions[J]. Physical Review Applied, 2022, 17(3): 034030.

[43] WANG H, WU H, ZHANG J, et al. Room temperature energy-efficient spin-orbit torque switching in two-dimensional van der Waals Fe_3GeTe_2 induced by topological insulators [J]. Nature communications, 2023, 14(1): 5173.

[44] YI Y, DU X, ZHAO Z, et al. Coupling of metallic VSe_2 and conductive polypyrrole for boosted sodiumion storage by reinforced conductivity within and outside[J]. ACS Nano, 2022, 16(5): 7772-7782.

[45] PATHAK M, TAMANG D, KANDASAMY M, et al. A comparative experimental and theoretical investigation on energy storage performance of $CoSe_2$, $NiSe_2$ and $MnSe_2$ nanostructures[J]. Applied Materials Today, 2020, 19: 100568.

第 2 章

理论基础及计算方法

2.1 第一性原理计算方法

计算模拟作为理论研究和实验研究的重要桥梁，在材料科学中具有非常重要的地位。随着计算机硬件的快速发展和计算方法的不断精进，模拟计算已经成为材料科学研究不可或缺的工具，对材料科学的发展和进步起到了关键的推动作用。理论计算的方法种类多样，包括分子动力学方法、晶界动力学方法、蒙特卡罗方法、第一性原理方法、力场模拟方法等。这些不同的计算方法具有各自的优势和适用范围，应根据具体需要材料尺度的不同选择不同的计算方法，如图 2.1 所示。材料的宏观性质往往受到其微观结构的影响，因此原子尺度研究对于揭示材料的微观结构、相互作用和性质具有重要意义，为材料科学的发展和应用提供了基础和指导。多粒子体系问题是材料科学的难点。对于单原子系统，电子之间的作用简单表现为电磁相互作用，薛定谔方程能够精确求解。而多粒子问题需同时考虑电子和原子核的运动，薛定谔方程难以精确求解。狄拉克曾说："基本物理定律是完全已知的，但是方程太复杂，无法求解。"寻求近似的理论来简化方程的求解是提高计算科学性的必然要求。

第一性原理是根据原子核和电子相互作用的原理以及基本运动规律，运用量子力学原理，通过多种近似求解薛定谔方程来预测材料的性质的一种计算方法[1]。与依赖于经验公式和已知实验数据的半经验方法相比，第一性原理方法有着不可比拟的优势。基于基本的物理原理和数学公式，通过计算得到的波函数和电子密度来预测材料的相关电子结构性质，包括能带结构、电子态密度、晶格参数等，这样的计算体系展现出更高的计算精度和准确性。得益于计算机硬件和计算能力的提升、新理论和新算法的提出、材料数据和数据库的不断完

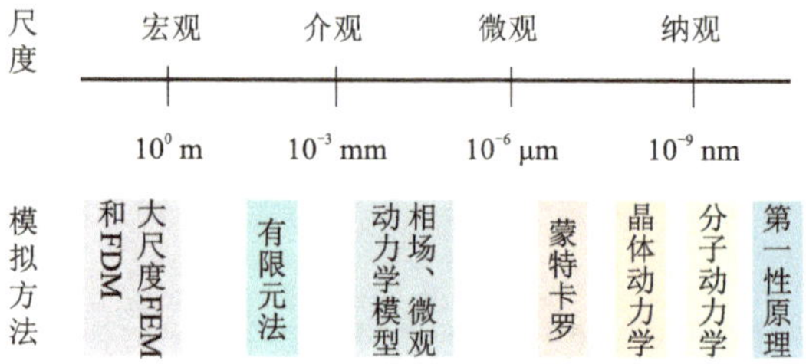

图 2.1　计算材料学中的典型模拟方法

善和发展，第一性原理计算方法在材料科学、催化、生物物理、生物化学、环境科学和能源等领域有着广泛的应用。

2.2　Born-Oppenheimer 近似

多粒子体系的自由度过多，电子和原子核之间的耦合关系使得求解其波函数的任务繁重和复杂，这在很长一段时间限制了计算材料学的发展。1924 年，Max Born 和 Julius Robert Oppenheimer 提出了著名的玻恩-奥本海默（Born-Oppenheimer）近似理论，又被称为绝热近似[2]。它作了这样的假设：原子核的质量远大于电子的质量，因此电子的运动速度要远快于原子核，这样的差异性使得可以假设在原子核运动过程中的每一个状态，电子都能够迅速达到平衡状态。这样，电子和原子核运动的分离，将波函数分解为电子部分和原子核部分。这极大地降低了薛定谔方程求解的难度，经过简化后的电子体系的哈密顿方程式：

$$\hat{H} = -\sum_{I} \nabla_i^2 + \sum_i V(r) + \frac{1}{2}\sum_{i,j} \frac{1}{|r_i - r_j|} \tag{2.1}$$

实际上，式（2.1）对应的量子力学薛定谔方程仍然很难求解，见式（2.2）：

$$\left[-\sum_i \nabla_{r_i}^2 + \sum_i V(r_i) + \frac{1}{2}\sum_{i,i'} \frac{1}{|r_i - r_{i'}|}\right]\varphi = \left[\sum_i H_i + \sum_{i,i'} H_{i,i'}\right]\varphi = E\varphi \tag{2.2}$$

上面式（2.2）均已采用原子单位，也就是 $e^2=1$，$h=1$，$2m=1$，若电子与电子以及与核间的相互作用可忽略，多电子问题就可以近似看成无相互作用的单电子体系问题，该体系就可用无相互作用的单电子在给定势场中的运动来描述，此时量子力学系统中该体系的简化薛定谔方程：

$$\sum_i H_i \varphi = E\varphi \tag{2.3}$$

其中的波函数可用每个电子的波函数的连乘积的形式表示：

$$\varphi(r) = \varphi_1(r_1)\varphi_2(r_2)\cdots\varphi_n(r_n) \tag{2.4}$$

此时的波函数的形式被称为哈特利(Hartree)波函数，它是方程式(2.2)的近似解，被称为哈特利近似。

根据变分原理及拉格朗日算法，当体系描写的最佳基准总能量有极小值时：

$$\delta\left[E - \sum_i E_i(\langle \varphi_i \mid \varphi_i \rangle - 1)\right] = 0 \tag{2.5}$$

式中：E 表示能量的期望值，是用波函数方程式(2.6)计算得到的。这时 E 值为：

$$E = \langle \varphi | H | \varphi \rangle = \sum_i \langle \varphi_i | H_i | \varphi_i \rangle + \frac{1}{2}\sum_{i,j'} \langle \varphi_i \varphi_{i'} | H_{\text{II}} | \varphi_i \varphi_{i'} \rangle \tag{2.6}$$

由式(2.6)得到近似的单电子有效势方程：

$$\left[-\nabla^2 + V(r) + \sum_{i(\neq i)} \int \mathrm{d}r' \frac{|\varphi_i(r')|^2}{|r' - r|}\right]\varphi_i(r) = E_i\varphi_i(r) \tag{2.7}$$

由此可确定原子核的运动轨迹和能级。绝热近似条件下推导出来的薛定谔等式虽然简化了问题，但更高精度的求解结果需要在此基础上继续精简才能实现。

2.3 密度泛函理论

绝热近似理论的提出使得薛定谔等式的动能项被删除，原子与原子核的排斥势能成为一个常数。然而，即便如此，电子与电子的相互作用项在电子数量大时仍然非常困难。许多科学家尝试提出各式各样的经典方法致力于解决这个难题。1928 年，英国物理学家 Douglas Hartree 提出利用一组单电子波函数的乘积来近似代替多电子波函数以描述多电子体系的基态性质。但这个方法忽略了电子间的库仑相互作用和电子泡利不相容原理。紧接着，苏联物理学家 Vladimir Fock 提出了类似的方法，在原子计算中引入了自旋函数来描述电子的自旋状态，弥补了 Hartree 方法的不足。后来，为了便于理解和记忆，将两种方法结合起来，形成了现今的 Hartree-Fock(HF)方法的理论框架[4, 5]。这是一种自洽场的方法，基于单电子近似、波函数的反对性和自洽场近似，用于计算分子与原子的基态波函数和总能量。在 HF 近似中，单电子波函数由一个空间轨

道 $\varphi(r)$ 和一个自旋函数 $\alpha(s)$ 或者 $\beta(s)$ 构成。

$$\varphi(X)=\varphi(r)\sigma(s),\ \sigma=\alpha,\ \beta \tag{2.8}$$

系统的 N 电子波函数由单电子波函数组成的单 Slater 行列式表示：

$$\Psi=\frac{1}{\sqrt{N!}}\begin{vmatrix}\varphi_1(X_1) & \varphi_2(X_1) & \cdots & \varphi_N(X_1)\\ \varphi_1(X_2) & \varphi_2(X_2) & \cdots & \varphi_N(X_2)\\ & & \cdots & \\ \varphi_1(X_N) & \varphi_2(X_N) & \cdots & \varphi_N(X_N)\end{vmatrix} \tag{2.9}$$

N 电子体系的哈密顿量可以简化为：

$$\hat{H}=\sum_{i=1}\hat{h}_i+\sum_{j=1}\hat{v}(i,j)+U_{nn} \tag{2.10}$$

定义如下一个电子算符 $\hat{h}$ 和两个电子算符 $\hat{v}(i,j)$：

$$\hat{h}(i)=-\frac{1}{2}\nabla_i^2-\sum_A\frac{Z_A}{r_{iA}}$$

$$\hat{v}(i,j)=\frac{1}{r_{ij}} \tag{2.11}$$

对于具有封闭壳层电子构型的系统，其 Hartree-Fock 近似能量可以用单电子和双电子算符的积分来表示：

$$E^{\mathrm{HF}}=\langle\Psi|\hat{H}|\Psi\rangle=\sum_i\langle i|\hat{h}_i|i\rangle+\frac{1}{2}\sum_{ij}(\langle ij|ij\rangle-\langle ij|ji\rangle) \tag{2.12}$$

基态能量可以通过使用关于轨道变化 $\varphi_i\rightarrow\varphi_i+\delta\varphi_i$ 的变分法最小化 Hartree-Fock 能量来获得：

$$\hat{F}(1)\varphi_i(1)=\varepsilon_i\varphi_i(1) \tag{2.13}$$

其中，$\psi_i(1)$ 为一组称为 HF 分子轨道的单电子波函数；$\hat{F}$ 为 Fock 算子，

$$\hat{F}(i)=\hat{h}(i)+\sum_{j=1}^{N/2}[2J_j(i)-K_j(i)] \tag{2.14}$$

其中，J_j 为库仑算符，定义第 j 个和第 i 个电子之间的排斥能；K_j 为交换算符，定义交换能。显然，方程(2.8)是一个非线性方程，可以用 SCF 方法求解。Hartree-Fock 分子轨道是考虑费米相关的斯莱特型轨道。然而，其对于大型分子和固体体系，计算复杂度非常高。

为了解决多电子体系的基态性质的计算问题，1964 年，物理学家另辟蹊径提出了一种以电子密度分布为基本变量的新理论，标志着 DFT 的正式建立[6]。由于电子密度只作为空间坐标的函数，多粒子体系的维度由 $3N$(N 为原子的数目)降低到 3，大大地简化了计算。DFT 以 Hohenberg-Kohn(HK)定理和 Kohn-Sham(KS)方程为理论基础，成为了材料科学物理领域计算电子结构和特性最

有力的工具。

2.3.1　Hohenberg-Kohn 定理

在第一性原理计算中，求解薛定谔方程通常采用单电子近似，而这种近似有两种主要方法。一种是上小节提到的采用原子轨道波函数的加权平均来代替单电子波函数的 HF 近似，另外一种则是针对非均匀电子气提出的 HK 定理[7]。HK 定理主要包括以下两个方面的内容：

定理 Ⅰ（存在性定理）：对于任意多粒子系统，其外部电势由基态电子密度唯一确定。

定理 Ⅱ（变分定理）：对于任意给定的外部电势，系统的基态是精确的系统能量泛函的全局最小值，使泛函最小化的密度是精确的基态密度。

2.3.2　Kohn-Sham 方程

HK 定理的提出为求解多粒子体系的薛定谔方程提供了一种解决思路，然而其并未给出具体的能量泛函表达形式。1965 年，Kohn 和 Sham 两位物理学家在 HK 定理的基础上提出了用虚拟的非相互作用的单粒子系统来近似替代多粒子体系的能量泛函的 KS 方程，这标志着 DFT 进入到实际应用阶段[8]。

KS 方程的基本原理是将电子所处的外部环境简化为一个有效势场，根据定态薛定谔方程

$$\hat{H}\Psi = E\Psi \tag{2.15}$$

式中：$\hat{H}$ 为体系的哈密顿量；E、Ψ 分别为体系的能量、电子态波函数。将哈密顿量和能量项逐步分解并引入修正，利用变分法和其他方法层层递推后可得 Kohn-Sham 方程：

$$\left\{-\frac{\nabla^2}{2}-\sum_q \frac{Z_q}{|r-R_q|}+\int\frac{\rho(r)}{|r-r'|}\mathrm{d}r'+V_{XC}(r)\right\}\varphi_i(r)=\varepsilon_i\varphi_i(r) \tag{2.16}$$

式中：第一项为无相互作用的动能项 $\hat{T}$

$$\hat{T} = -\frac{\nabla^2}{2} \tag{2.17}$$

第二项为电子-原子核之间的相互作用，即外部电势，$\hat{V}_{ext}$

$$\hat{V}_{ext} = -\sum_q \frac{Z_q}{|r-R_q|} \tag{2.18}$$

第三项为电子与电子之间的相互作用，即库仑作用项 $\hat{V}_{ee}$

$$\hat{V}_{ee} = \int\frac{\rho(r)}{|r-r'|}\mathrm{d}r' \tag{2.19}$$

$V_{XC}(r)$为交换关联式项。如此，KS 方程可以简化为：

$$\{\hat{T} + \hat{V}_{eff}\}\varphi_i(r) = \varepsilon_i\varphi_i(r) \tag{2.20}$$

其中，有效势能

$$\hat{V}_{eff} = \hat{V}_{ext} + \hat{V}_{ee} + V_{XC}(r) \tag{2.21}$$

KS 方程的自洽求解流程如图 2.2 所示：

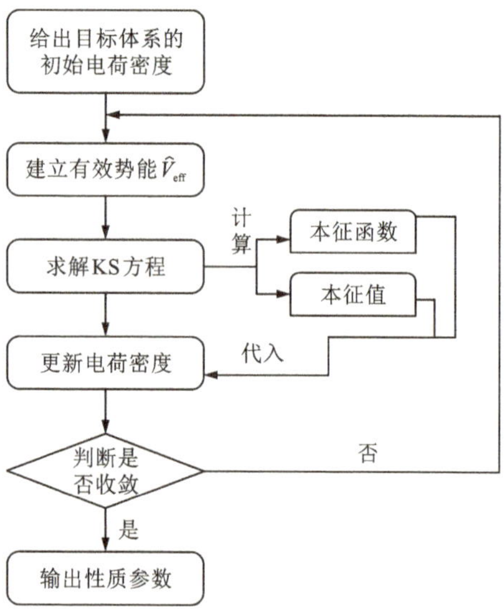

图 2.2　KS 方程自洽流程图

2.3.3　交换关联泛函

KS 方程给出了具体的能量泛函，使多粒子体系的薛定谔方程的求解迈出了新的步伐，然而其中至关重要的交换关联势仍然是未知的，迫切地需要进一步地引入近似，来提高计算的精度。为了找到描述交换相关势 $V_{XC}(r)$的精确表达式，研究人员已经做出了许多努力，主要近似方法如下。

局部密度近似(local density approximations，LDA)：其基本原理是假定每个电子的能量只依赖于固定点的电子密度，而不需要明确所有的电子密度分布。这种近似方法提高了计算的效率，适用于大型体系，但其精度不高，在计算过程中存在着一定的误差。通过对体系内每一个原子的局部交换相关势和粒子密度的乘积进行积分，得到相应的结果。其方程式描述如下：

$$E_{xc}[\rho] = \int dr\rho(r)\varepsilon_{xc}[\rho(r)] \tag{2.22}$$

其中，$\varepsilon_{xc}[\rho(r)]$代表着基态电子密度$\rho(r)$的交换关联能。

广义梯度近似(generalized gradient approximations, GGA)：LDA 的计算模型是基于均匀分布的电子气，这是一种理想情况下的考虑，与实际情形存在一定的差距。1986 年，Perdew 等人提出了以非均匀电子密度分布为模型的 GGA 近似方法。基于 GGA 的电子系统交换关联能数学表达式为：

$$E_{XC}^{GGA}[\rho] = \int \rho(\boldsymbol{r})\varepsilon_{XC}^{GGA}(\rho(\boldsymbol{r}), \nabla\rho(\boldsymbol{r}), \nabla^2\rho(\boldsymbol{r}))\mathrm{d}\boldsymbol{r} \tag{2.23}$$

式中：$E_{XC}^{GGA}[\rho]$为电子系统的交换能；$\rho(\boldsymbol{r})$为电子的密度分布；$\varepsilon_{XC}^{GGA}(\rho(\boldsymbol{r}), \nabla\rho(\boldsymbol{r}), \nabla^2\rho(\boldsymbol{r}))$为 GGA 的交换关联能密度函数。

相较于 LDA，GGA 近似方法模拟的情况更加符合现实的需要，在涉及粒子计算这方面能够获得更加精确的结果，其应用范围也更加广泛。目前，GGA 泛函的种类主要有：PBE(Perdew-Burke-Ernzerhof)，BLYP(Becke-Lee-Yang-Parr)，BP86(Becke-Perdew 1986)，TPSS(Tao-Perdew-Staroverov-Scuseria)等，本书计算中均采用 PBE 泛函。

杂化泛函：LDA 或者 GGA 无法给出精确的交换能，而 HF 方法考虑了电子对的自相互作用的修正，能够提供更为准确的交换能顺序。将这两种方法结合在一起，能够提供更为准确的电子描述。常见的杂化密度泛函有 B3LYP，PBE0，CAM-B3LYP，M06 等，不同的泛函对于不同的体系和性质表现出不同的精度，因此在计算中需要根据具体的需要选择合适的杂化泛函方法。

2.4　非平衡格林函数

低维纳米器件通常由多个组分组成，模拟计算中采用的器件模型如图 2.3 所示。器件模型包括左右电极、中心区域以及紧密连着电极和中心区域的电极延伸区几个部分，这些组件在结构和功能上相互作用和配合以实现特定的电子输运性质。低维纳米器件的电子输运研究对于深入了解电子在低维系统中的输运行为、能级结构和散射机制，对于开发更高效、更快速的电子器件和电子器件的设计优化至关重要。左右电极区域是具有周期性排列边界条件的平衡系统，在计算器件的性质时，最大的挑战在于计算中心区域的非平衡电子分布。

要计算非平衡态体系中的电导，非平衡格林函数(Non Equilibrium Green Function, NEGF)是一种行之有效的方法[9]。采用 NEGF 方法计算电导的常规步骤如下：

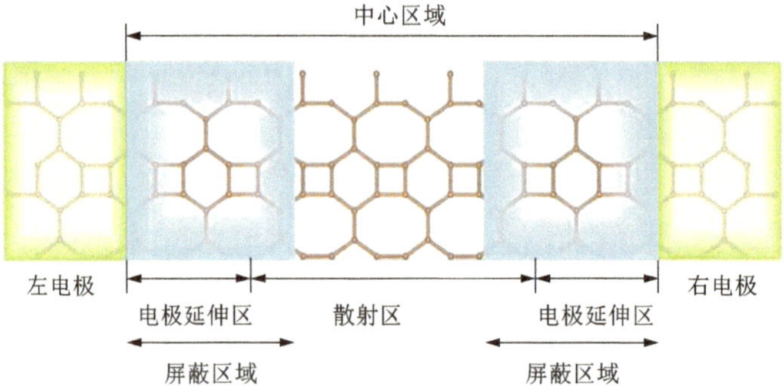

图 2.3　器件模型示意图

(1)建立计算模型和确定系统的哈密顿量，总哈密顿量为

$$H = H_{\text{leads}} + H_{\text{center}} + H_{\text{cp}} \tag{2.24}$$

式中：H_{leads} 为电极的哈密顿量；H_{center} 为中心散射区的哈密顿量；H_{cp} 为电极与散射区之间的耦合作用。

(2)自能计算 Σ_α：Σ_α 表示周期性体系的电子能量 E 和动量的函数，左右两电极的自能(Σ_α、Σ_l)对中心区产生的贡献为

$$\Sigma_\alpha = \Sigma_l + \Sigma_r \tag{2.25}$$

(3)非平衡格林函数计算 $G^{R,A}$：描述电子传播和衰减的作用过程

$$G^{R,A} = [ES - H - \Sigma^{R,A}]^{-1} \tag{2.26}$$

式中：R、A 分别为推迟格林函数、超前格林函数。根据 $G^A = (G^R)^\dagger$ 可以求解出 $G^{R,A}$。

(4)传输矩阵计算 $\hat{\boldsymbol{\rho}}$：

$$\hat{\boldsymbol{\rho}} = \frac{1}{2\pi}\left[\int_{-\infty}^{+\infty} \mathrm{d}E G^{<}(E)\right] \tag{2.27}$$

(5)电导计算：通过 Landauer-Büttiker 公式，可以将低维纳米器件的电流定义为：

$$I(U_b) = \frac{2e}{\hbar}\int_{-\infty}^{\infty} T(E, U_b)[f_L(E-\mu_L) - f_R(E-\mu_R)]\mathrm{d}E \tag{2.28}$$

式中：$f_L(E, \mu)$ 为左/右电极区域的费米-狄拉克分布函数，$f_L(E, \mu) = E_F \pm eV/2$ 是外部偏压下费米能的电化学势；$T(E)$ 为在给定的偏置电压 V 和在给定的能量下的传输函数，它可以被定义为一个函数的能量，$T(E) = T_\gamma[\Gamma_L G^R \Gamma_R G^A]$。式(2.28)中也给出了耦合矩阵的左/右电极。

2.5 第一性原理计算软件包

VASP(Vienna Ab initio simulation package)[10]是一个基于 DFT 理论框架的计算软件包，因其精度高、结构优化、运算高效稳定、操作界面简易且具有丰富的赝势文件、并行计算、后处理工具以及兼容性等特点，它已经成为材料科学、固态物理、化学和相关学科研究人员的首选工具，用于探索和理解各种材料的电子和结构性质。VASP 通过求薛定谔方程的近似解，从而解得体系的电子态与能量。既可以更快更简单地计算矢量与应力张量，也可以对固体材料的能带等光电性质研究、磁学性质和力学性质进行模拟计算。VASP 的计算主要包含四个文件，分别是材料的结构参数和原子坐标的 POSCAR、计算材料元素的赝势文件 POTCAR、计算设置参数 INCAR、K 点的设置文件 KPOINTS。本书的所有电子结构部分，例如材料能带结构、能量、分子动力学模拟等均采用 VASP 软件进行计算。

Quantum ATK[11]是由 Synopsys 公司开发的能够进行原子尺度建模和仿真的软件，由 2003 年 Atomistix A/S 公司开发的 ATK(Atomistix Tool Kit)完善演变发展而来，是全新一代的原子尺度的器件模拟平台，拥有更加丰富的功能和更强的性能。它具有以下的特点：

(1)多样的计算方法以及可靠的计算代码能够支持主动学习。

(2)丰富的、集成化的图形界面提供更加完整的建模、计算、分析一体化流程。

(3)独具优势的电输运模拟：异质结构、晶体管等一维以及二维器件的电、热输运，非弹性电流，光电流等关键性质。

(4)宽泛的应用领域：在半导体、化学与催化、电池与能源、磁性和自旋、传感器等领域均有应用。

本书器件部分主要采用 21 版的 Quantum ATK 软件进行目标材料的电磁输运特性以及气体传感性能计算。

参考文献

[1] MCINTYRE D H. Quantum mechanics[M]. Lundon: Cambridge University Press, 2022.

[2] BONINI J, FLICK J. Ab initio linear-response approach to vibro-polaritons in the cavity Born-Oppenheimer approximation[J]. Journal of Chemical Theory and Computation, 2022,

18(5): 2764-2773.

[3] ECKART C. The kinetic energy of polyatomic molecules [J]. Physical Review, 1934, 46(5): 383.

[4] SLATER J C. A simplification of the Hartree-Fock method[J]. Physical review, 1951, 81(3): 385.

[5] GOOGLE AI QUANTUM and COLLABORATORS, ARUTE F, ARYA K, et al. Hartree-Fock on a superconducting qubit quantum computer[J]. Science, 2020, 369(6507): 1084-1089.

[6] KOHN W, BECKE A D, PARR R G. Density functional theory of electronic structure[J]. The journal of physical chemistry, 1996, 100(31): 12974-12980.

[7] GILBERT T L. Hohenberg-Kohn theorem for nonlocal external potentials[J]. Physical Review B, 1975, 12(6): 2111.

[8] BICKELHAUPT F M, BAERENDS E J. Kohn-Sham density functional theory: predicting and understanding chemistry[J]. Reviews in computational chemistry, 2000: 1-86.

[9] TAYLOR J, GUO H, WANG J. Ab initio modeling of quantum transport properties of molecular electronic devices[J]. Physical Review B, 2001, 63(24): 245407.

[10] KRESSE G, HAFNER J. Ab initio molecular dynamics for liquid metals[J]. Physical Review B, 1993, 47(1): 558.

[11] METZGER R M. Monolayer rectifiers[J]. Journal of Solid State Chemistry, 2002, 168(2): 696-711.

第3章

二维 g-C_4N_3/MoS_2 功能性器件自旋输运和气敏性计算

3.1 引言

二维磁性层状材料超薄膜和集成的各类范德瓦尔斯异质结由于其新奇的物理特性而引起了人们极大的兴趣，同时为磁性纳米器件的发展提供了新的机遇[1, 2]。利用双层或多层二维材料的耦合优势，范德瓦尔斯异质结在半导体物理和器件应用中得到了广泛应用，包括半导体场效应晶体管[3, 4]、二维超导体[5]、光电子器件[6]和低维开关器件[7]等。对于低维材料，分离的自旋自由度可以表现出奇异的物理现象，且可在较大范围内调节其物理性质[8, 9]。随着自旋操纵技术的不断改进，大量二维范德瓦尔斯异质结构似乎有望通过电子自旋注射和操纵技术应用于自旋电子学，因而对功能性二维磁性异质结的研究和新概念纳米器件的设计能有效促进新技术的发展。诱导电子的稳定自旋分离甚至实现半金属性质是二维磁性异质结材料研究的关键[10, 11]，其挑战在于实现二维材料费米能级附近能带自旋分裂的调控，这主要依赖于外部施加的电场、应变工程和分子吸附或硼氮掺杂等技术[12]。然而，外部调控会导致操作变得复杂和困难，这与当前的制造技术不兼容，从而影响自旋电子学器件的进一步应用[13]。因此，具有优异半金属丰度电子特性的新材料将是理想的候选者。

令人鼓舞的是，Dai 等人在 2010 年采用了一种新的方法来制备功能多孔碳，该方法包括在直接大气压下对特定离子液体的热裂解，由于 C-C 和 C-N 原子之间形成共价键，二维碳氮纳米材料呈现出强大而稳定的原子构型[14]（图 3.1）。DFT 的计算表明，g-C_4N_3 具有自旋极化铁磁基态，并且在没有任何外部修饰的情况下自然表现出半金属特性（HM）[15]。特别是，g-C_4N_3 可以在费米能级附近产生 100%完美的自旋极化电子态，并在 500 K 下保持稳定的结构和磁学性能[16]。许多学者研究并报道了 g-C_4N_3 的半金属性质。Wu 等人发现，单轴应变引起的不对称变形不仅调节了磁特性，还导致了从半金属属性到金属性的转变[17]。Bafekry 等人利用第一性原理计算研究了各种嵌入原子杂质对调整 g-C_4N_3 纳米片的电子和磁学性质的影响[18]。Chattopadhyaya 等人研究了归因于 g-C_4N_3 本征铁磁性的二维隧道纳米结构的自旋塞贝克系数，该系统由被绝缘片隔开的铁磁电极自旋注入并且其上下自旋分量偏离十分显著[19]。此外，二维纳米材料在 *z* 轴方向的支持力可以通过构建异质结构来提高，以生产更适合实际应用场合的理想功能性低维器件[20]。作为研究最多的 TMDs 化合物[21, 22]之一，MoS_2 在多项研究中都表明具有明显的能带带隙和优良的稳定

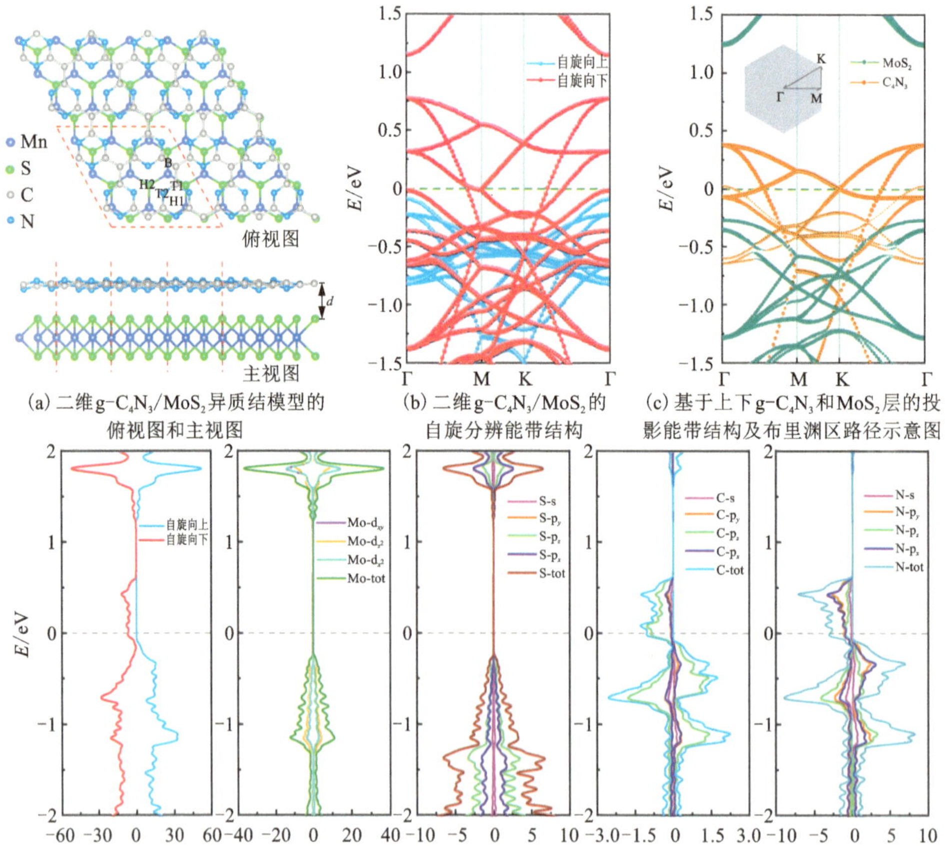

(a) 二维 g-C_4N_3/MoS_2 异质结模型的俯视图和主视图　(b) 二维 g-C_4N_3/MoS_2 的自旋分辨能带结构　(c) 基于上下 g-C_4N_3 和 MoS_2 层的投影能带结构及布里渊区路径示意图

(d) 投影各原子不同轨道的自旋分辨态密度

图 3.1　二维 g-C_4N_3/MoS_2 异质结电子结构特性

性[23,24]，与二维单层 $g-C_4N_3$ 相比，构建的 $g-C_4N_3/MoS_2$ 范德瓦尔斯异质结可以提高二维纳米材料的稳定性，这在半导体领域具有巨大的应用前景，为构筑基于铁磁半金属特性的自旋电子器件提供了丰富的机会。

在 $g-C_4N_3/MoS_2$ 范德瓦尔斯异质结中，MoS_2 不仅提供了更稳定的基底，而且在吸附小气体分子时使得二维材料对分子结构产生更强的相互作用力，从而产生更大的吸附能。这促使人们进一步考虑二维 $g-C_4N_3/MoS_2$ 纳米器件的气体敏感性。由于二维材料具有较大的表面体积比、特殊的结构特性和多种不同于体材料的优异性能，因此二维材料可广泛应用于材料吸附、气体传感等研究领域，这也意味着在设计新型气体传感器时其具有独特的优势[25-28]。具有优异性能的二维气体传感器具有高的化学稳定性与灵敏度和短反应时间。石墨烯是第一种被发现的二维材料并且在之后迅速被各类研究讨论用于检测气体分子的效果，这也引起了科学研究人员对其他二维材料作为化学传感器的兴趣[29-31]。Leenaerts 等人研究了不同气体分子在石墨烯表面的吸附，并发现所测气体的吸附都是物理吸附，气体分子和石墨烯之间只发生非常弱的电荷转移[32]。Li 等人研究了 CO、NO、NO_2 气体分子在二维硼苯单层表面上的化学吸附，并比较了它们在气体敏感性方面的差异[33]。值得注意的是，一些小气体分子在 $g-C_4N_3/MoS_2$ 范德瓦尔斯异质结上的化学吸附会显著改变其电子结构特性，使其费米能级附近的能带结构较原始状态出现较大变化，这也可能进一步导致 $g-C_4N_3/MoS_2$ 基器件在传输性能方面的差异，因而具有作为气敏器件的优异潜力。

本章节设计了一种 $g-C_4N_3/MoS_2$ 范德瓦尔斯垂直异质结，并从理论上研究了其电子结构、自旋极化传输和气敏特性。由于二维 $g-C_4N_3/MoS_2$ 范德瓦尔斯异质结保持了完美的自旋分离特性，通过第一性原理方法在电极中设置不同的自旋构型，可以获得 $g-C_4N_3/MoS_2$ 基纳米器件中不同的自旋电子分离输运信号，自旋分离电流在两种自旋电极构型中均有出现，但特征显著不同。此外，不同气体分子（CO、CH_4、NO、NO_2、NH_3、H_2S 和 SO_2）的吸附行为在异质结中 $g-C_4N_3$ 的表面上显示出不同的气体敏感性。通过设置不同的吸附位点，可以获得不同结构下最稳定的吸附构型。此外，在进一步计算不同气体环境下吸附构型的 Bader 电荷、差分电荷密度以及吸附能之后，发现二维 $g-C_4N_3/MoS_2$ 范德瓦尔斯异质结对形成化学吸附型的 CO、NO、NO_2 和 NH_3 气体分子更为敏感。此外，本章节还研究了不同吸附构型对输运性能的影响，并更深入地从原子级层面探讨了 $g-C_4N_3/MoS_2$ 基气体传感器的气敏规律和作用机理。

3.2 理论模型与计算方法

采用的第一性原理方法使用了 DFT 框架中的 PAW 方法[34]。二维原子厚度的 g-C_4N_3 单元胞的晶格常数为 4.81 Å，而 MoS_2 的晶格常数是 3.16 Å。为了在研究计算中获得尽可能小的周期性超胞结构和尽可能小的晶格失配率，研究人员以 2×2×1 的二维单层 g-C_4N_3 超胞和 3×3×1 的二维 MoS_2 超胞结构为基础构建了垂直范德瓦尔斯异质结计算模型。g-C_4N_3 和 MoS_2 的最大晶格失配比为 1.44%，这是一个非常小的可忽略的误差，并且这表明该异质结适合 2×2×1 的二维单层 g-C_4N_3超胞和 3×3×1 的二维 MoS_2 超胞结构构成，极大地提高了计算效率。针对 g-C_4N_3/MoS_2 范德瓦尔斯异质结的电子结构和力学性能，利用 VASP 实现了 GGA 中的 PBE 泛函，通过共轭梯度算法在结构弛豫过程中将 k 点网格采样点设置为 11×11×1，控制电子步的收敛标准为 10^{-5} eV，平面波截断能量截止值为 520 eV。为了更好地描述 g-C_4N_3/MoS_2 异质结构中弱范德瓦耳斯力的相互作用，研究人员使用 DFT-D3 泛函方法描述计算参数的经验校正。为了避免虚假的垂直层相互作用，在 z 轴方向设置了至少 20 Å 的垂直真空。在吸附模型的构建中，比较位于原子上方(顶位)、空洞上方(空位)和原子键上方(桥位)的三种不同吸附位点，然后通过计算吸附能的大小数值来获得最稳定的吸附位点。

此外，使用 quantum ATK 软件研究基于 g-C_4N_3/MoS_2 的纳米器件的传输特性。二维 g-C_4N_3/MoS_2 范德瓦尔斯异质结器件由三部分组成：左电极、中间散射区和右电极，如图 3.2 所示。二维器件通常沿不同的边界方向出现不同的感

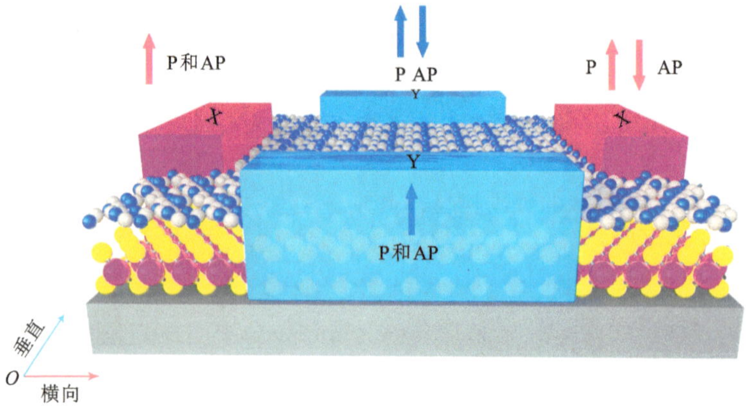

图 3.2　P 和 AP 电极构型 g-C_4N_3/MoS_2 自旋电子器件计算模型示意图

应电流，因此分别计算了水平方向和垂直方向的电输运性质。特别地，自旋纳米器件的电极可以呈现出不同的自旋构型，即平行(parallel，P)[1，1]或反平行(antiparallel，AP)[1，-1]构型，其可以通过磁场或电场沿相同或相反方向施加，以获得不同的初始自旋状态。经过大量的测试，计算中的力容限和截止能量分别设置为 0.01 eV/Å 和 200 Ry(图 3.3)。

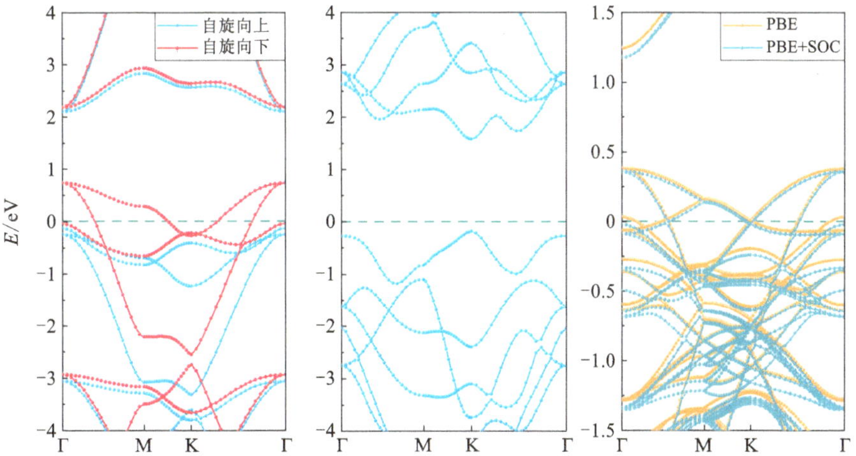

(a) 二维 g-C_4N_3 的自旋能带结构　(b) 二维 MoS_2 的电子能带结构　(c) g-C_4N_3/MoS_2 在 PBE 和 PBE+SOC 方法下能带结构

图 3.3　能带结构分布图

3.3　结果与讨论

3.3.1　二维 g-C_4N_3/MoS_2 电子结构性质

首先，该工作研究了二维 g-C_4N_3/MoS_2 范德瓦尔斯异质结的电子结构性质。经过充分的结构优化后，原子结构的俯视图和主视图如图 3.1(a)所示。由于 MoS_2 的相互作用，优化后的 g-C_4N_3 层表现出轻微的褶皱变形。g-C_4N_3/MoS_2 范德瓦尔斯异质结的晶格参数为 9.595 Å，上部 g-C_4N_3 和下部 MoS_2 之间的层间距为 3.06 Å，这是一个典型的范德瓦尔斯平衡间距。从结构模型中可以清楚地看到，根据 g-C_4N_3 的多孔洞结构特征，在俯视图位置标记了不同的吸附位点，包括顶位(T1 和 T2)、空位(H1 和 H2)和桥位(B)。在随后的计算中将比较不同的吸附位点，并获得最稳定的构型。MoS_2 中分别显示了原始 g-C_4N_3/和 MoS_2 单元胞的电子能带结构。g-C_4N_3/的自旋下降电子通过费米能级并表现出金属特性，而自旋上升通道是绝缘的，这意味着它是具有费米能级完美自旋分离性质的半金属材料。图 3.3(b) 的电子能带结构表明，MoS_2 是带隙为 1.76 eV 的直接带隙半导体，这与先前研究中报道的结果一致[35, 36]。为了进一步验证 g-C_4N_3/MoS_2 异质结的动力学稳定性，通过 VASP 软件对其进行了从头计算分子动力学(ab initio molecular dynamics，AIMD)模拟。如图 3.4 所示，原子在其平衡能量附近轻微振动，此外在整个模拟过程中，没有发生几何重建或断裂键，因而证实了 g-C_4N_3/MoS_2 异质结的动力学稳定性。

图 3.1(b) 显示了 g-C_4N_3/MoS_2 异质结的自旋电子能带结构，其保留了 g-C_4N_3 中 100% 的完美自旋分离特性。图 3.1(c) 是基于异质结构上部和下部材料的投影能带图，位于从 Γ 到 Γ(Γ-M-K-Γ) 的布里渊区高对称路径上，图 3.1(c) 中包括二维布里渊区的示意图。棕黄色线表示 g-C_4N_3 的能带贡献，蓝绿色部分表示 MoS_2 在能带结构中的电子态贡献，由此可知，费米能级附近的能带结构主要由 g-C_4N_3 贡献。因此，垂直异质结上层的 g-C_4N_3 决定了二维 g-C_4N_3/MoS_2 范德瓦尔斯异质结的电子结构性质，这也解释了为什么所构建的异质结表现出类似于 g-C_4N_3 的半金属特性。图 3.1(d) 中的自旋分辨态密度也证实了这一点，自旋向上曲线显示了明显的带隙。同时，通过不同元素和轨道投影的态密度，可以发现 Mo 原子的 d 轨道和 S 原子的 p 轨道贡献了大量的电子态。然而，它们远离费米能级，很难影响异质结的电学性质。C 原子和 N 原子各轨道自旋向上的电子形成的价带非常接近于费米能级的位置，但与导带仍有较大的带隙。只有 C 原子的 p_z 轨道和 N 原子的 p_x 和 p_y 轨道中的自旋下降电子通过费米能级，这意味着在基于 g-C_4N_3/MoS_2 异质结的器件中会存在强大的自旋下降电子通道。在构建器件模

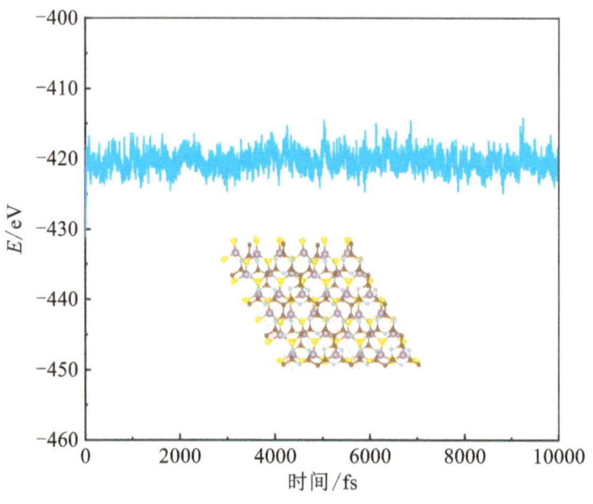

图 3.4　二维 g-C_4N_3/MoS_2 异质结的分子动力学模拟

型之前，有必要将原始二维 g-C_4N_3/MoS_2 晶胞转换为正交结构，如图 3.5(a)所示。从自旋分辨能带结构可以看出，在 Γ-Y 路径中有三条能带通过费米能级，而在 Γ-X 路径中有一条能带。这表明，基于 g-C_4N_3/MoS_2 的器件的传输性能出现明显的各向异性，电流通过垂直方向比通过水平方向更容易传播。

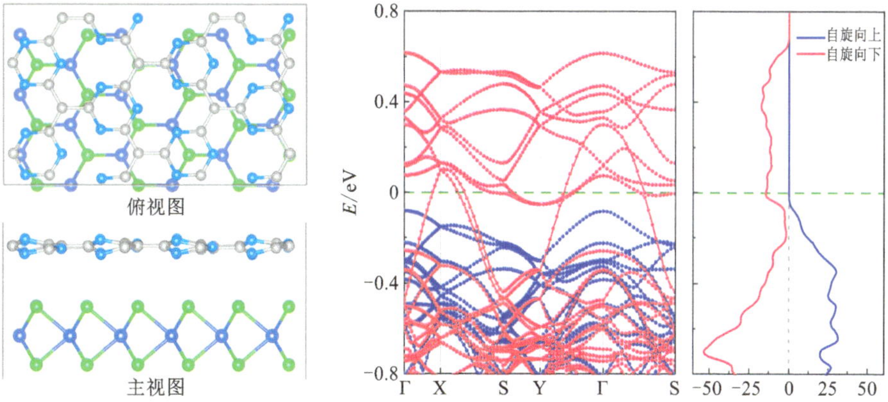

(a) 二维 g-C_4N_3/MoS_2 正交晶格原子结构俯视图和主视图　(b) 正交晶格的二维 g-C_4N_3/MoS_2 自旋能带结构　(c) 自旋态密度

图 3.5　原子结构能带与态密度分布

由于所研究的异质结中 MoS_2 属于 TMDs 家族，并且这种材料包含相对较大原子质量的重元素，因此在考虑 SOC 的情况下获得的 g-C_4N_3/MoS_2 的能带结构也如图 3.3(c)所示。与 PBE 方法相比，SOC 的加入略微改变了带结构并使其出现分裂。作为半金属材料，g-C_4N_3/MoS_2 异质结的能带结构穿过费米能级，并且两种算法得到的能带曲线十分接近。因此，是否添加 SOC 算法对结果的影响很小，为了平衡计算效率和计算精度，在随后的能带计算中采用了 PBE 方法。

3.3.2　二维 g-C_4N_3/MoS_2 的自旋输运特性

在了解 g-C_4N_3/MoS_2 电学性质的基础上，本书继续研究了二维 g-C_4N_3/MoS_2 异质结基二维电子器件的自旋输运特性。图 3.6(a)显示了二维器件在(-1.6 V，1.6 V)偏压范围下的 *IU* 特性，P 和 AP 自旋状态沿水平和垂直方向的自旋输运行为有较大差别。黑线表示自旋上升状态，红线表示自旋下降状态。为了便于描述并结合电极中的不同自旋构型，图 3.6(a)中不同的自旋电子器件根据输运方向标记为 *X*-P、*X*-AP、*Y*-P 和 *Y*-AP。同时，在-0.4 V、0 V、0.4 V 和 1.0 V 的偏压下，*X*-P 的投影局域态密度(projected local density of states，PLDOS）值如图 3.6（b）所示，从 $I-U$ 特性看其存在许多新奇的输运行为。

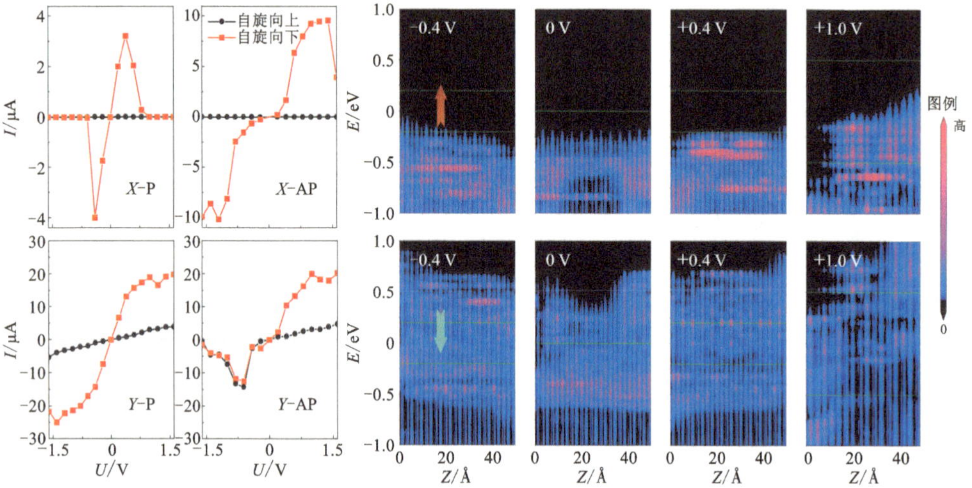

（a）P 和 AP 自旋构型中（-1.6 V，1.6 V）范围内的偏压下 $g-C_4N_3/MoS_2$ 电子器件的自旋分辨电流

（b）在-0.4 V、0 V、0.4 V 和 1.0 V 的偏压下，X-P 的投影局部态密度

图 3.6　电流-电压特征与投影局部态密度

首先，在偏压范围内，沿垂直方向的电流显著高于水平方向。在 Y-P 中，偏置电压为-1.4 V 时，电流可以达到-24.96 μA，而水平方向的电流始终低于 10 μA。这种各向异性电流行为均存在于电极的两种自旋配置中，这表明沿垂直方向的传输效果更好。该研究中 $g-C_4N_3$ 单原子层建立在具有六边形晶胞的三嗪环上，其中所有 N 原子都具有两个最近的相邻 C 原子。$g-C_4N_3$ 的结构性质表明，它是一个具有较大空洞的单层膜。本书测试了输运系统中 $g-C_4N_3/MoS_2$ 范德瓦尔斯异质结空洞的作用影响，发现其对各向异性输运的两个方向干涉结果截然不同。图 3.7 中的传输路径用于说明空洞作用于空洞衬底的后果。箭头的粗细表示电子跳跃的概率，各种颜色的箭头都是电子跳跃的方向，从蓝色的零度角到红色的 π 角以三维空间内的锥形方向变化。对于水平方向，一部分电子在大空洞中以相反的方向传输，而垂直方向的电子全部以一个方向传输。因此，原子单层中大空洞结构特性对水平电子输运有很大影响。图 3.8（a）和（b）显示电子传输几乎只发生在 $g-C_4N_3$ 层，而 MoS_2 很少参与传输。由于 $g-C_4N_3$ 和 MoS_2 纳米片之间的层间相互作用非常弱，$g-C_4N_3$ 的层内相互作用主导了传输行为。

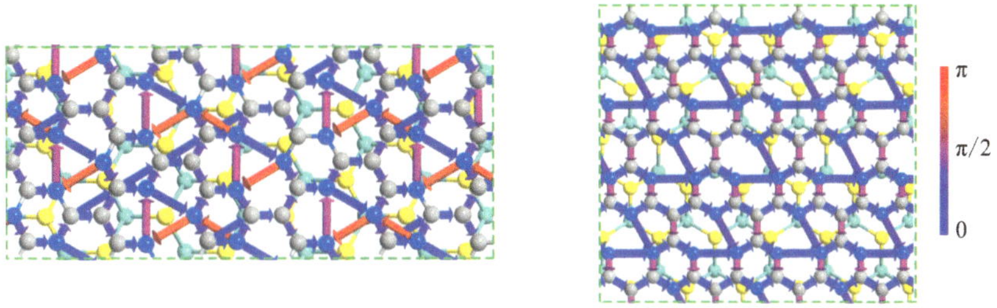

(a) 水平方向电子传输路径　　(b) 垂直方向电子传输路径

图 3.7　零偏压下二维 g-C_4N_3/MoS_2 电子器件在水平和垂直方向上的电子传输路径示意图

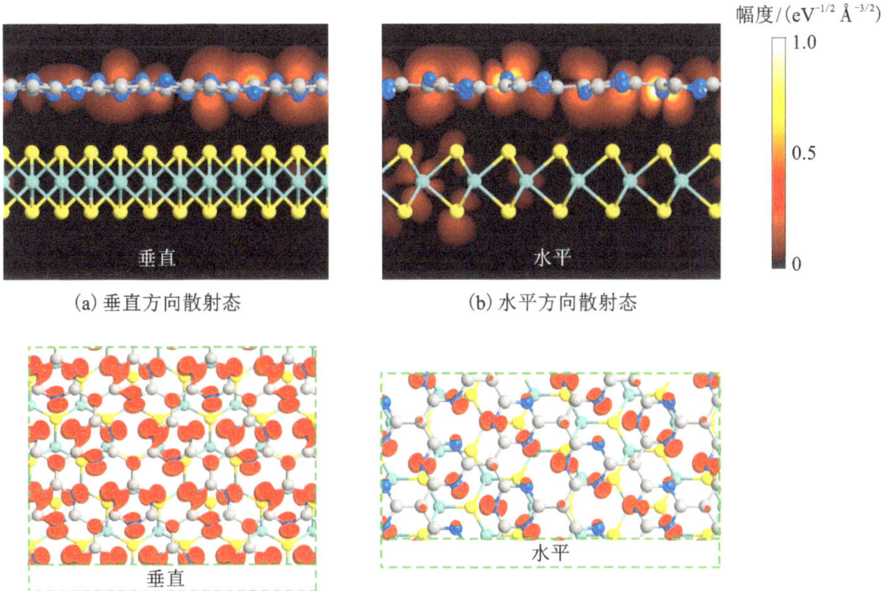

(a) 垂直方向散射态　　(b) 水平方向散射态

(c) 垂直方向局域态密度　　(d) 水平方向局域态密度

图 3.8　零偏压下二维 g-C_4N_3/MoS_2 电子器件沿垂直和水平方向的散射态，以及沿垂直和水平方向的器件局域态密度

其次，层内电荷传输可以通过图 3.8(c) 和(d) 中沿垂直和水平方向的 LDOS 很好地解释。垂直方向的电子概率密度云明显多于水平方向，这进一步证明了输运的各向异性。此外，无论 P 或 AP 的自旋状态如何，在水平和垂直方向上都存在显著的自旋极化。在计算的偏压范围内，自旋下降电流较大，这与上一节中描述的半金属异质结的电学性质一致。在水平方向上，自旋向上电流几乎被抑制为零，与自旋下降电子的输运行为形成鲜明对比。不同自旋方向的电子输运表现出有趣的自旋滤波效应和完美的单自旋传导行为。为了更清楚地显示电子自旋极化的程度，本书引入了自旋滤波率（spin - filtering efficiency，SFE）这一概念，它可以被定义为：

$$\mathrm{SFE} = (I_{\mathrm{down}} - I_{\mathrm{up}})/(I_{\mathrm{down}} + I_{\mathrm{up}}) \tag{3.1}$$

如图 3.9(a)所示，黑色和绿色线分别表示 P 和 AP 自旋状态下沿水平方向的 SFE，并且在偏压窗口范围内始终显示出接近 100%的数值（两条线近似重合），其机理可以通过基于 g-C_4N_3/MoS_2 的器件的偏压相关输运透射谱来解释。如图 3.9(b)所示，色域标尺显示了输运系数从 0（蓝色）到高（红色）的数据，并且可以观察到自旋向下的电子更容易传输，因为它们在正向和反向偏压下都具有较大的传输系数。而对于水平方向，偏压窗口内的自旋向上传输系数几乎为零，自旋向上电子传输被阻断，电流被严重抑制。这种输运现象源于 g-C_4N_3/MoS_2 的强自旋极化，这是其电子结构的固有性质。因此，沿水平方向的 P 和 AP 自旋态具有优异的自旋分离效应，这种输运特性在数字信号、自选择开关和其他自旋器件领域具有广泛的应用前景。

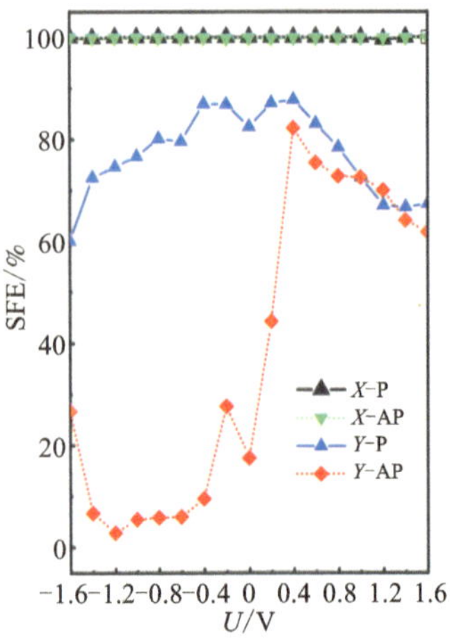

(a) P和AP自旋构型中二维g-C_4N_3/MoS_2电子器件在(-1.6 V, 1.6 V)范围内的自旋滤波率

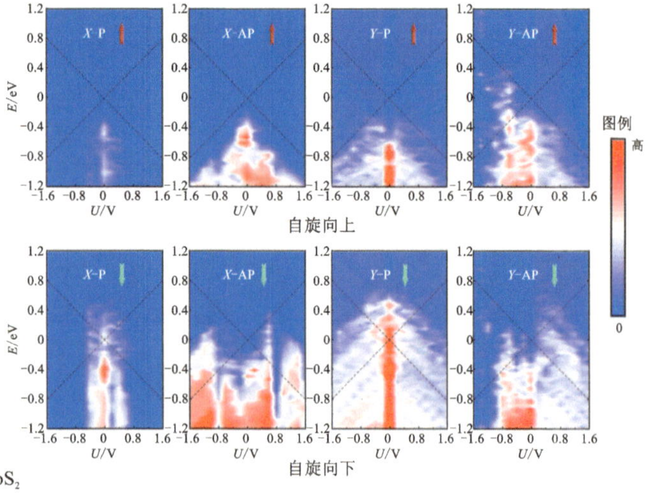

(b) 自旋向上和向下状态的偏压相关输运透射谱

图 3.9　自旋分离效率与输运谱图

尽管沿垂直方向的电流高于沿水平方向的电流，但 SFE 较低且难以达到 100%。对于 Y-P，自旋向下电流在 -1.4 V 时可以达到反向电流的最大值 -24.96 μA，而自旋向上电流在偏压窗口内呈现线性缓慢增长趋势，在 1.6 V 时只能达到最高值 5.49 μA。Y-P 中自旋上升电子的电流显著高于 X-P 中的

相应电流，但仍远低于 *Y*-P 的自旋下降电流。AP 自旋态的 *I*-*U* 特性在垂直方向上是独特的：负偏压下，自旋向上电流和自旋向下电流的大小和趋势非常相似；而在正偏压时，自旋下降电流远远超过自旋上升电流。因此，正偏压下 *Y*-AP 的 SFE 大于负偏压下的 SFE，这一结果也可以在偏压相关输运透射谱中得到证实。对于 *Y*-P，自旋向上状态在偏压窗口下具有少量的输运系数，这表明部分电子参与了输运，但比自旋向下电子态的小得多。对于 *Y*-AP，自旋下降状态的传输系数保持较高值，自旋向上电子在负偏压窗口中具有高的传输系数，但在正偏压下传输行为变得非常弱。

值得注意的是，g-C_4N_3/MoS_2 的 *I*-*U* 特性不仅表现出完美的自旋滤波效应，而且具有负微分电阻(negative differential resistance，NDR)。在图 3.6(a)的 *I*-*U* 曲线中有一个高自旋下降峰值，当自旋下降电流达到其最大值时，它呈现出减小趋势紧接着再次增大。此外，尽管自旋向上电子的电流接近 0，但它也显示出 NDR 效应，这表明 NDR 这一现象是二维本征 g-C_4N_3/MoS_2 范德瓦尔斯异质结的固有性质。如 g-C_4N_3/MoS_2 的 PLDOS 所示，偏压窗口在 0 V 下关闭，传输行为无法进行，而在施加正向和反向偏压后，偏压窗口打开。对于自旋向上状态，导带的缺失导致电子传输受限，因此在偏压窗口下不会产生电流。相反，导带和价带在自旋下降偏压窗口中重叠，电子可以通过沟道，可以观察到电流。这就是为什么 *X*-P 在所有给定偏压窗口内都具有接近 100% 的 SFE。当偏置电压施加到异质结，散射区域左侧和右侧的能带相应地向上或向下移动。与 0.4 V 的正向偏压相比，1.0 V 下的自旋下降状态在偏压窗口内的散射区域的左侧显示出带隙，这导致在 1.0 V 以上的偏压窗口内自旋下降电流急剧下降。NDR 效应在微电子器件领域发挥着重要作用，也可以应用于倍频器、存储器、快速开关电路和高频振荡器。

3.3.3　基于 g-C_4N_3/MoS_2 的二维气敏性器件

接下来，本章节探讨 7 种气体小分子(CO、CH_4、NO、NO_2、NH_3、H_2S 和 SO_2)在二维 g-C_4N_3/MoS_2 范德瓦尔斯异质结表面上的吸附行为，图 3.10 展示了不同气体分子的最稳定吸附构型。由于 g-C_4N_3 表面的结构特征，计算结果表明图 3.10 中大多数气体小分子倾向于吸附在 T1 位置，而 CO 和 SO_2 分子更可能吸附在 H2 位置，每种小分子最稳定的吸附构型被用作后续气敏研究的计算模型。对于最稳定的结构，本书进一步计算了气体分子与 g-C_4N_3/MoS_2 之间获得的吸附能、最短吸附距离以及小分子上的 Bader 电荷转移量，如表 3.1 所示，这一结果与计算结果中化学吸附和物理吸附的测定一致。

对于 CO 分子，首先考虑不同吸附位点的多种初始构型来确定其吸附行为，

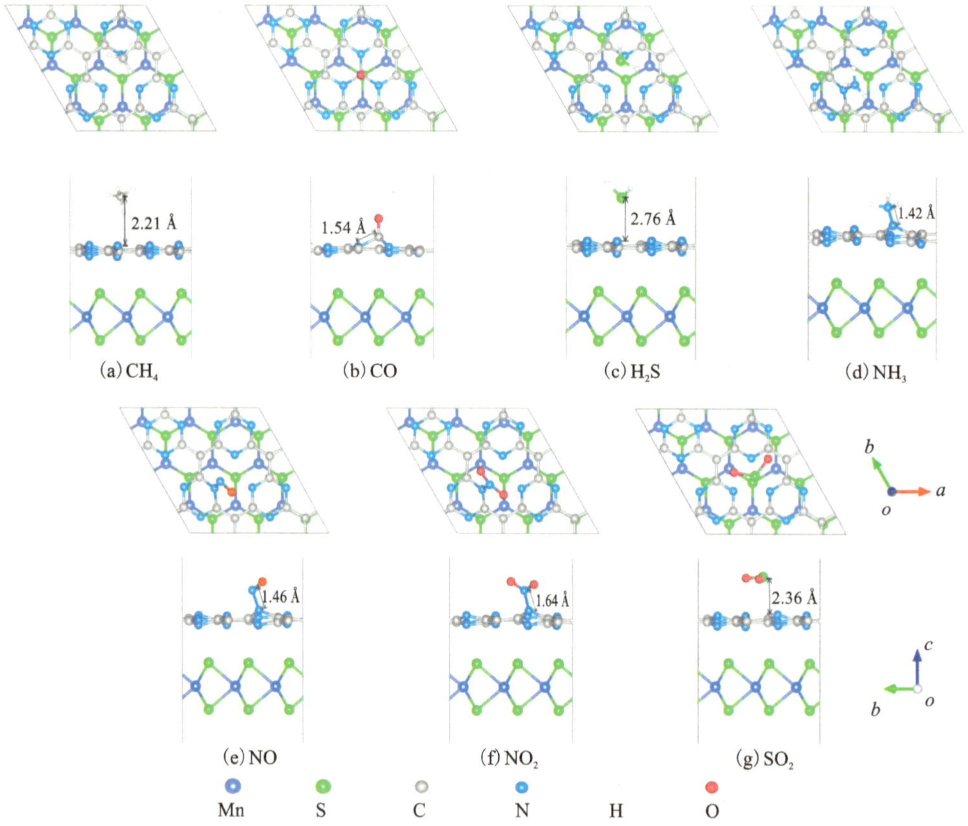

图 3.10　不同气体分子吸附后最稳定吸附构型的 g-C_4N_3/MoS_2 原子结构

发现在 g-C_4N_3 中空位上的 CO 分子的垂直吸附是最稳定的。结构的吸附能约为-1.49 eV，CO 与表面的 N 原子键合，形成稳定的 C-N 键。电子从 g-C_4N_3 层转移到 CO(约-0.49 e)，因此 C-N 键形成了一个独特的电组分，表明为化学吸附。NO 分子的吸附能为-1.88 eV，这是所有吸附构型中最稳定的，表明 N 原子之间形成了特别稳定的 N-N 键。可以预测，NO 分子的吸附将对 g-C_4N_3/MoS_2 范德瓦尔斯异质结的电子结构性质产生很大影响，并可能使基于二维 g-C_4N_3/MoS_2 的气体传感器产生相对较大的气敏性数值。对于 NO_2 在 g-C_4N_3/MoS_2 表面的吸附，获得的 N-N 键长为 1.64 Å。由于有明显的电子转移(-1.10 e)和较大的吸附能(-1.78 eV)，NO_2 与二维异质结之间发生了化学吸附。与 NO_2 相比，更显著的电子转移和更短的 N-N 键长度导致 NO 的吸附能相对较大。NH_3 分子在该研究中显示有较多的原子数，与 NO 和 NO_2 类似，

NH_3 分子通过形成 N-N 键吸附在 g-C_4N_3/MoS_2 表面。然而，NH_3 的 Bader 电荷转移量为 0.28 e，尽管从 NH_3 转移到 g-C_4N_3/MoS_2 的电子量来看符合化学吸附的要求并形成了化学键，但这种电子相互作用非常微弱。此外，CH_4、H_2S 和 SO_2 与 g-C_4N_3/MoS_2 表面的距离大于 2 Å，如此大的距离意味着三个小分子与 g-C_4N_3/MoS_2 之间的相互作用非常弱，可以认为是非键合的，表 3.1 中其低的吸附能和少量的电子转移量也证实了这一点。总之，与其他四种化学吸附过程不同，CH_4、H_2S 和 SO_2 通过物理吸附附着在二维 g-C_4N_3/MoS_2 异质结表面。

表 3.1　二维 g-C_4N_3/MoS_2 异质结最稳定吸附构型的各气体分子吸附参数

气体分子	系统总能 /eV	衬底能量 /eV	分子能量 /eV	吸附能 /eV	吸附距离 /Å	电荷转移量/e	吸附类型
CO(H_2)	-456.87	-430.35	-25.03	-1.49	1.54	-0.49	化学吸附
CH_4(T1)	-462.59	-438.41	-24.04	-0.14	2.21	0.00	物理吸附
NO(T1)	-451.87	-438.09	-11.90	-1.88	1.46	1.04	化学吸附
NO_2(T1)	-457.71	-437.92	-17.99	-1.78	1.64	1.10	化学吸附
NH_3(T1)	-456.51	-437.61	-18.36	-0.54	1.42	0.28	化学吸附
H_2S(T1)	-449.82	-437.94	-11.20	-0.67	2.76	-0.01	物理吸附
SO_2(H2)	-455.87	-437.94	-17.04	-0.88	2.36	0.07	物理吸附

图 3.11 为这些吸附构型的能带结构，其中气体分子和 g-C_4N_3/MoS_2 表面之间复杂的相互作用改变了整个系统的电子结构。CO 主要影响费米能级以下的占据态，而 NH_3 主要影响费米能级以上的未占据态，NO 和 NO_2 则对占据和未占据状态均有影响。在化学吸附的情况下，一方面气体小分子和 g-C_4N_3/MoS_2 之间的键为电子创建了局部散射中心，这抑制了电子传输。另一方面，小分子与 g-C_4N_3/MoS_2 之间的相互作用有可能形成新的传输通道，这有利于电子传输，基于小分子吸附前后体系输运性能变化可以用来检测相应气体的存在。

为了进一步证实小分子与 g-C_4N_3/MoS_2 之间的强化学相互作用，图 3.12 给出了吸附在 g-C_4N_3/MoS_2 表面上的不同小分子的差分电荷密度。从图 3.13 中可以看出，小分子的差分电荷密度明显分布在小分子和 g-C_4N_3/MoS_2 表面之间，这证明此处有额外的电子和化学键形成。强烈的化学吸附和相应的化学键将导致 g-C_4N_3/MoS_2 表面电子局部散射中心的形成，最终影响系统的传输特性，并显示出一定的传感性能。

为了确认气体分子在 g-C_4N_3/MoS_2 上的真实吸附状态，我们还计算了系统的 ELF，如图 3.13 所示。ELF 分析是研究键合机理的有效工具，ELF 的取值范围为从 0 到 1，分别代表离域和共价键完美定位的特性。从 ELF 图中可以清楚地看出，CH_4、H_2S 和 SO_2 与 g-C_4N_3/MoS_2 异质结之间的键合强度几乎为零，表明这些气体分子与 g-C_4N_3/MoS_2 之间未能形成稳定的化学键。相反，CO、NH_3、NO 和 NO_2 与 g-C_4N_3/MoS_2 间的 ELF 值远大于零，表明这四种气体分子在 g-C_4N_3/MoS_2 中发生了强化学相互作用且被化学吸附。最后，通过构建基于二维 g-C_4N_3/MoS_2 范德瓦尔斯异质结的气体传感器来计算气体吸附后体系的输运特性。本书绘制了在 0.0 V 至 0.8 V 的偏置电压范围内，气体分子在器件散射区吸附前后系统的 *I-U* 特性曲线，如图 3.14(a) 所示。在所有吸附系统中，垂直方向的电流明显高于水平方向的电流，这与前一小节 g-C_4N_3/MoS_2 表现出显著的各向异性一致。

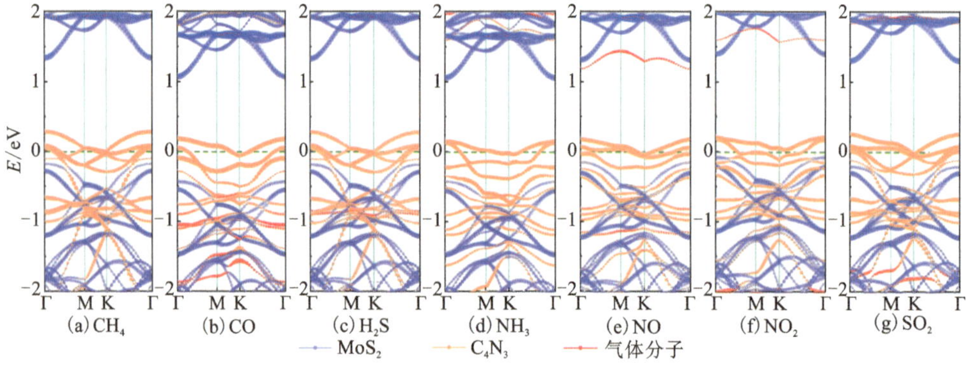

g-C_4N_3、MoS_2 和气体分子的电子态贡献分别用橙色、蓝色和红色表示。

图 3.11　不同气体分子吸附后 g-C_4N_3/MoS_2 异质结的投影能带结构

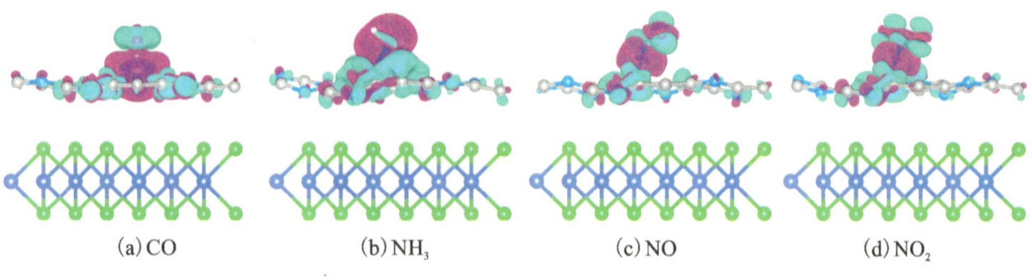

等表面值为±0.003 e/Å^3，蓝绿色/紫红色等值面分别表示电子获得/失去。

图 3.12　四种化学吸附构型的差分电荷密度分布情况

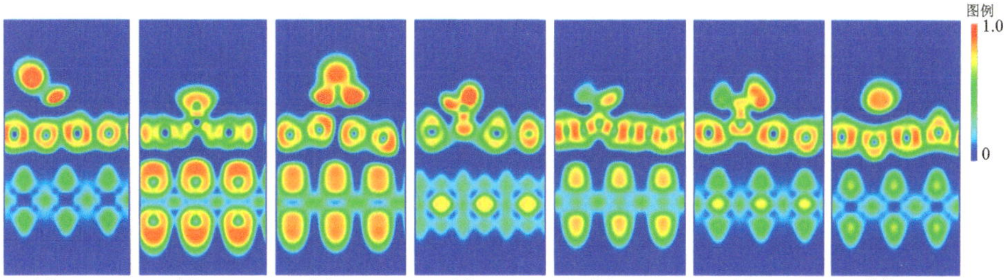

(a) CH_4 (b) CO (c) H_2S (d) NH_3 (e) NO (f) NO_2 (g) SO_2

图 3.13 不同气体分子吸附后最稳定 g-C_4N_3/MoS_2 构型的 ELF 剖面图

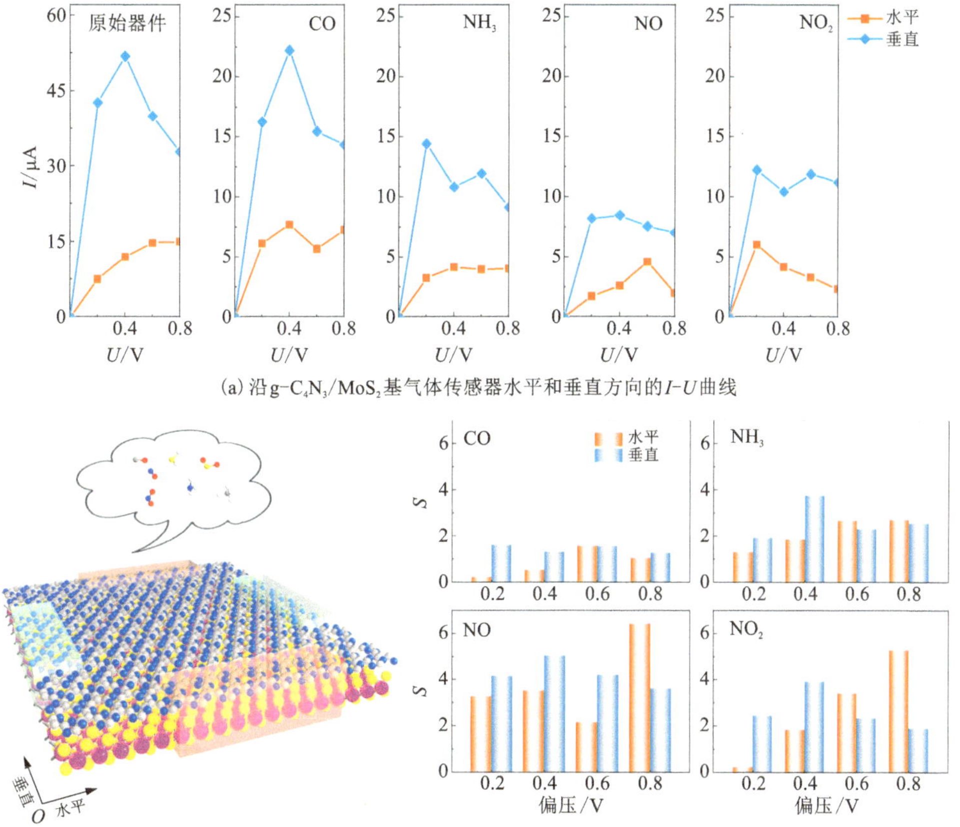

(a) 沿 g-C_4N_3/MoS_2 基气体传感器水平和垂直方向的 I-U 曲线

(b) g-C_4N_3/MoS_2 基气体传感器的 NEGF 计算模型示意图

(c) 基于 g-C_4N_3/MoS_2 的气敏性器对 CO、NH_3、NO 和 NO_2 四种化学吸附气体分子的气体敏感性(外部施加的偏置电压范围为 0.0 V 至 0.8 V)

图 3.14 g-C_4N_3/MoS_2 气敏气器与敏感性性能

图 3.14(c)为 g-C_4N_3/MoS_2 基气体传感器在不同偏压下的气敏性数值柱状图，包括具有化学吸附类型的 CO、NO、NO_2 和 NH_3 四种气体小分子。经过 I-U 特性计算，二维 g-C_4N_3/MoS_2 异质结吸附 NO 分子后显示其电流最小，这表明 NO 分子对传感器的影响最大，气体灵敏度最高，特别是在 0.8 V 的偏压下气敏性的最大值可以达到 6.45，这表明所设计的 g-C_4N_3/MoS_2 基气体传感器对 NO 具有良好的传感性能。

3.4 本章小结

本章研究结果表明，g-C_4N_3/MoS_2 范德瓦尔斯异质结表现出半金属性质，其中自旋向下的电子可穿越费米能级，而自旋向上的电子表现出明显的半导体性质。对于 g-C_4N_3/MoS_2 基二维电子器件，沿垂直方向的感应电流明显大于水平方向，体现出传输方向的强各向异性，自旋电流显示出完美的单自旋传导行为，具有接近 100%的自旋分离率、NDR 效应和其他优异的自旋电子传输性能。气敏分析研究表明，CH_4、H_2S 和 SO_2 三种气体分子为物理吸附，而 CO、NO、NO_2 和 NH_3 为化学吸附，g-C_4N_3/MoS_2气体传感器对 CO、NO、NO_2 和 NH_3 分子尤其是 NO 分子敏感，其最大气体灵敏度可以在 0.8 V 的偏压下达到 6.45。总之，二维 g-C_4N_3/MoS_2 范德瓦尔斯异质结在自旋纳米器件和气体传感器中具有很大的应用前景。

参考文献

[1] BONACCORSO F, COLOMBO L, YU G, et al. Graphene, related two-dimensional crystals, and hybrid systems for energy conversion and storage [J]. Science, 2015, 347 (6217): 1246501.

[2] ACOSTA C M, OGOSHI E, SOUZA J A, et al. Machine learning study of the magnetic ordering in 2D materials[J]. ACS Applied Materials & Interfaces, 2022, 14(7): 9418-9432.

[3] CHEN T, DING W, LI H, et al. Length-independent multifunctional device based on penta-tetra-pentagonal molecule: a first-principles study[J]. Journal of Materials Chemistry C, 2021, 9(10): 3652-3660.

[4] LU J, FAN Z Q, GONG J, et al. Ab initio performance predictions of single-layer In-V tunnel field-effect transistors [J]. Physical Chemistry Chemical Physics, 2017, 19 (30): 20121-20126.

[5] GUIMARÃES M H D, ZOMER P J, INGLA-AYNÉS J, et al. Controlling spin relaxation in

hexagonal BN-encapsulated graphene with a transverse electric field[J]. Physical review letters, 2014, 113(8): 086602.

[6] YE J T, ZHANG Y J, AKASHI R, et al. Superconducting dome in a gate-tuned band insulator [J]. Science, 2012, 338(6111): 1193-1196.

[7] CUI X, LEE G H, KIM Y D, et al. Multi-terminal transport measurements of MoS_2 using a van der Waals heterostructure device platform[J]. Nature nanotechnology, 2015, 10(6): 534-540.

[8] MAHMOOD J, LEE E K, JUNG M, et al. Nitrogenated holey two-dimensional structures [J]. Nature Communications, 2015, 6(1): 6486.

[9] BAFEKRY A, STAMPFL C, GHERGHEREHCHI M. Strain, electric-field and functionalization induced widely tunable electronic properties in MoS_2/BC_3/C_3N van der Waals heterostructures [J]. Nanotechnology, 2020, 31(29): 295202.

[10] DONG X, PENG Z, CHEN T, et al. Electronic structures and transport properties of low-dimensional GaN nanoderivatives: A first-principles study[J]. Applied Surface Science, 2021, 561: 150038.

[11] ZHANG L, TANG C, SANVITO S, et al. Hydrogen-intercalated 2D magnetic bilayer: Controlled magnetic phase transition and half-metallicity via ferroelectric switching[J]. ACS Applied Materials & Interfaces, 2021, 14(1): 1800-1806.

[12] BAFEKRY A, YAGMURCUKARDES M, AKGENÇ B, et al. Van der Waals heterostructures of MoS_2 and Janus MoSSe monolayers on graphitic boron-carbon-nitride (BC_3, C_3N, C_3N_4 and C_4N_3) nanosheets: a first-principles study[J]. Journal of Physics D: Applied Physics, 2020, 53(35): 355106.

[13] LIU L Z, WU X L, LIU X X, et al. Electronic structure and magnetism in g-C_4N_3 controlled by strain engineering[J]. Applied Physics Letters, 2015, 106(13): 132406.

[14] LEE J S, WANG X, LUO H, et al. Fluidic carbon precursors for formation of functional carbon under ambient pressure based on ionic liquids[J]. Advanced Materials, 2010, 22(9): 1004-1007.

[15] DU A, SANVITO S, SMITH S C. First-principles prediction of metal-free magnetism and intrinsic half-metallicity in graphitic carbon nitride[J]. Physical review letters, 2012, 108(19): 197207.

[16] HU T, HASHMI A, HONG J. Transparent half metallic g-C_4N_3 nanotubes: potential multifunctional applications for spintronics and optical devices[J]. Scientific reports, 2014, 4(1): 6059.

[17] DONG X, PENG Z, CHEN T, et al. Electronic structures and transport properties of low-dimensional GaN nanoderivatives: A first-principles study[J]. Applied Surface Science, 2021, 561: 150038.

[18] BAFEKRY A, STAMPFL C, AKGENC B, et al. Control of C_3N_4 and C_4N_3 carbon nitride nanosheets' electronic and magnetic properties through embedded atoms[J]. Physical

Chemistry Chemical Physics, 2020, 22(4): 2249-2261.

[19] BHOWMICK R, KOLEY S, CHATTOPADHYAYA M, et al. G-C_4N_3-graphene-g-C_4N_3: A useful spin thermoelectric material[J]. Journal of Physics and Chemistry of Solids, 2021, 156: 110186.

[20] SHEN J, YANG Z, WANG Y, et al. The gas sensing performance of borophene/MoS_2 heterostructure[J]. Applied Surface Science, 2020, 504: 144412.

[21] ZHANG D, PAN W, ZHOU L, et al. Room-temperature benzene sensing with Au-doped ZnO nanorods/exfoliated WSe_2 nanosheets and density functional theory simulations[J]. ACS Applied Materials & Interfaces, 2021, 13(28): 33392-33403.

[22] ZHANG D, CAO Y, YANG Z, et al. Nanoheterostructure construction and DFT study of Ni-doped In_2O_3 nanocubes/WS_2 hexagon nanosheets for formaldehyde sensing at room temperature[J]. ACS applied materials & interfaces, 2020, 12(10): 11979-11989.

[23] LI X X, FAN Z Q, LIU P Z, et al. Gate-controlled reversible rectifying behaviour in tunnel contacted atomically-thin MoS_2 transistor[J]. Nature Communications, 2017, 8(1): 970.

[24] TANG M, ZHANG D, WANG D, et al. Performance prediction of 2D vertically stacked MoS_2-WS_2 heterostructures base on first-principles theory and Pearson correlation coefficient [J]. Applied Surface Science, 2022, 596: 153498.

[25] AN Y, WANG H, LIAO J, et al. Spin transport properties and nanodevice simulations of NiI_2 monolayer[J]. Physica E: Low-dimensional Systems and Nanostructures, 2022, 142: 115262.

[26] WANG Y, LIU Y, SONG S, et al. Accelerating the discovery of insensitive high-energy-density materials by a materials genome approach[J]. Nature Communications, 2018, 9(1): 2444.

[27] PAN Q, LI T, ZHANG D. Ammonia gas sensing properties and density functional theory investigation of coral-like Au-$SnSe_2$ Schottky junction[J]. Sensors and Actuators B: Chemical, 2021, 332: 129440.

[28] ZHANG D, WU J, LI P, et al. Room-temperature SO_2 gas-sensing properties based on a metal-doped MoS_2 nanoflower: An experimental and density functional theory investigation [J]. Journal of Materials Chemistry A, 2017, 5(39): 20666-20677.

[29] MOUMEN A, KONAR R, ZAPPA D, et al. Robust room-temperature NO_2 sensors from exfoliated 2D few-layered CVD-grown bulk tungsten di-selenide (2H-WSe_2)[J]. ACS Applied Materials & Interfaces, 2021, 13(3): 4316-4329.

[30] SUBHAN F, KHAN I, HONG J. Two-dimensional graphitic carbon nitride (g-C_4N_3) for superior selectivity of multiple toxic gases (CO, NO_2, and NH_3)[J]. Nanotechnology, 2020, 31(14): 145501.

[31] ZHANG Y H, CHEN Y B, ZHOU K G, et al. Improving gas sensing properties of graphene by introducing dopants and defects: a first-principles study[J]. Nanotechnology, 2009,

20(18): 185504.

[32] LEENAERTS O, PARTOENS B, PEETERS F M. Adsorption of H_2O, NH_3, CO, NO_2, and NO on graphene: A first-principles study[J]. Physical Review B, 2008, 77: 125416.

[33] LI J, CHEN X, YANG Z, et al. Highly anisotropic gas sensing of atom-thin borophene: a first-principles study[J]. Journal of Materials Chemistry C, 2021, 9(3): 1069-1076.

[34] YI X, LONG M, LIU A, et al. First principles study on the electronic structures and transport properties of armchair/zigzag edge hybridized graphene nanoribbons[J]. Journal of Applied Physics, 2018, 123(20): 204303.

[35] AHMED Z, SHI Q, MA Z, et al. Analytical monolayer MoS_2 MOSFET modeling verified by first principle simulations[J]. IEEE Electron Device Letters, 2019, 41(1): 171-174.

[36] XIAO J, WANG J, XUE Z, et al. The study of oxygen reduction reaction on Ge-doped MoS_2 monolayer based on first principle[J]. International Journal of Energy Research, 2021, 45(9): 13748-13759.

第 4 章

五边形 Pd_2P_2SeX(X=O，S，Te)单层 PIN 器件的输运研究

4.1 引言

传统的 TMDs 半导体在光致发光[1]、压电效应[2]、谷极化效应[3]等方面表现出巨大潜力，被认为是纳米电子学领域和光电子学领域的有力候选材料[4]。传统的 TMDs 材料原子表面平整且电学性质主要集中于半导体，每个过渡金属原子与六个 S、Se 或 Te 原子结合。然而，理论和实验证明一些贵金属也可以与 S、Se 或 Te 原子形成层状结构，例如通过固相合成及超声剥离法制备的二维钯基硫族化合物 $PdSe_2$ 中，每个 Pd 原子分别与四个 Se 原子键合[5]。虽然六方结构在二维材料中占主导地位并形成平整的原子表面，但 $PdSe_2$ 可以结晶成多种晶型，如正交晶系(Pbca)、单斜晶系和六方晶系(P3M1)[6, 7]。值得注意的是，Oyedele 等人通过从块状晶体剥离的方法得到了一种层状 $PdSe_2$ 并探究了其电子性质和声子模式[8]，它的原子结构表现为具有空间褶皱形态的五边形二维贵金属层状结构，具有 0(块状)~1.3 eV(单层)的宽带隙变化范围、强各向异性和可调控的双极载流子传导特性，其电子场效应迁移率可达 158 $cm^2/(V \cdot s)$。此外，越来越多的二维低对称性五边形褶皱结构被用不同的方法进行了理论预测和实验研究，如 B_2C[9]、BP_5[10]、AlN_2[11]、五边形石墨烯[12]和 SnS_2[13]等，这种新颖的结构具有独特的表面排列以及额外的自由度，形成了一些与传统 TMDs 不同的重要性质，如更高的空气稳定性、高电子迁移率、增强的热电性质和高开关比[14]，不仅表现出众多优异的电学、磁学、光学和机械特性，而且在应变传感器、高速光电探测器、气敏性传感器、晶体管器件、钢铁析出相[16]和系统设备的应用领域中有着巨大潜力[15]。

2021 年，Li 的团队采用高温固态反应和机械剥离技术相结合的方法成功在实验室制备了低对称性褶皱结构的五边形 Janus 材料 PdPSe[17]，这种新型二维材料呈现出优越的化学物理性质，具有 21.37 $cm^2/(V\cdot s)$ 的电子迁移率，高达 10^8 的开关比，以及在 635 nm 处 5070 A/W 的高光响应性，为未来光电和纳米电子学器件提供了新的机遇。同年，二维五边形 PdPS 纳米片通过化学气相转变方法实验制备成功[18]，其作为光电探测器展现出优异的宽光谱响应和光电性能，光响应度为 1000 A/W 并且在 808 nm 处表现出良好的偏振检测性能。作为新颖的实验获得的材料，三元二维的五边形 PdPSe 和 PdPS 层也显示出良好的机械、热和动力学稳定性，并且可以结晶成为正交结构。2022 年，Bafekry 等人利用平面波 DFT 提出了 3 种二维五边形 Janus 材料 Pd_2P_2SeX(X=O，S，Te)单分子层的结构模型并进一步验证了其稳定性，在计算其部分电子结构和光学性质的基础上认为这种新型二维 Janus 材料存在巨大的应用潜力[19]。本书利用 NEGF-DFT 的第一性原理方法系统地计算了二维五边形 Pd_2P_2SeX(X=O，S，Te)材料的电子结构和机械性质，进而构建了多种器件的 NEGF 计算模型，分别研究基于 Pd_2P_2SeX(X=O，S，Te)材料的 TFET 的栅极调控性能、应力感应传感器和气敏性器件的输运调控机制，在理论层面系统发掘其作为高性能低维电子纳米器件的基础性质和应用潜力，为二维五边形 Pd_2P_2SeX(X=O，S，Te)材料成为未来纳米器件的有力候选材料铺平道路。

4.2　理论模型与计算方法

二维 Janus 材料 Pd_2P_2SeX(X=O，S，Te)具有五边形褶皱形状的正交晶格构型，原子结构模型如图 4.1(a)所示。构建的二维晶体结构通过基于 DFT 的 VASP 软件进行充分结构弛豫并完成了热稳定性验证和电子结构计算。结构优化采取了 13×13×1 的 k 点网格，而自洽选择了 21×21×1 以提高计算精度。由于晶格体系中包含原子序数较大的重元素，研究人员还考虑了加入 SOC 进行计算比较，以便获得更加准确的能带结构。在声子色散谱的计算中采用了 DFPT 方法，并对二维晶格进行了 3×3×1 的扩胞，利用 VASP 中的 PHONOPY 代码计算了该材料的声子结构。根据二维 Janus 材料 Pd_2P_2SeX(X=O，S，Te)不同的电子结构性质，利用 Quantum ATK 软件的图形用户界面构建了 TFET 器件、应力感应传感器和气体传感器计算模型。设计的器件均包括左电极、中心散射区和右电极，左电极和右电极都通过沿输运方向两个重复单元的超胞结构来描述，而 TFET 在中心散射区(即沟道区域)设置了顶栅以控制通过器件的电流强度。在计算中，选择了 GGA 的 PBE 公式来描述用于求解 Kohn-Sham 方程的交换相关势。截止能量的网格积分由 150 Ry 定义，优化几何结构直到每个原子上的所有最大力步差小于 0.01 eV/Å，哈密顿量和电子密度的总能量收敛准则为 10^{-5} eV。此外，所使用的真空层至少为 15 Å 以避免周期图像之间的虚假相互作用，费米能级在所有计算中均设置为零，通过中心散射区的非线性自旋相关电流可使用 Landauer 公式计算。

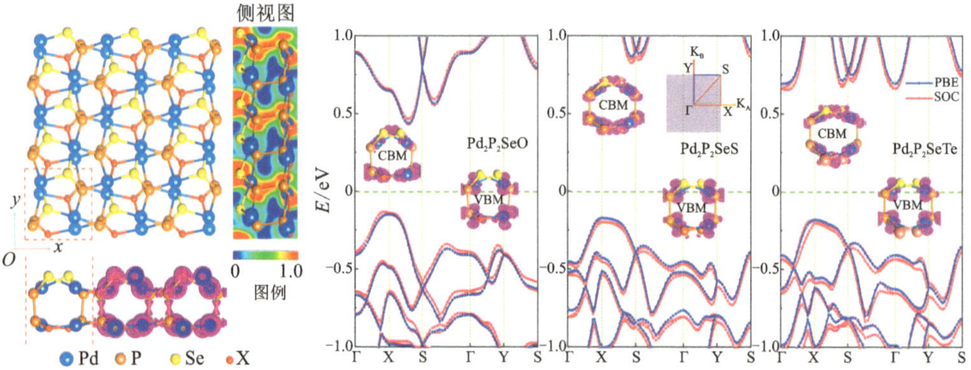

(a) 二维Janus材料Pd_2P_2SeX(X=O, S, Te)原子结构的不同角度视图和电子密度分布图（主视结构）、ELF分布（侧视结构）图

(b) 通过PBE和PBE+SOC方法得到的能带及VBM和CBM处的电荷分布情况（插图为二维布里渊区）

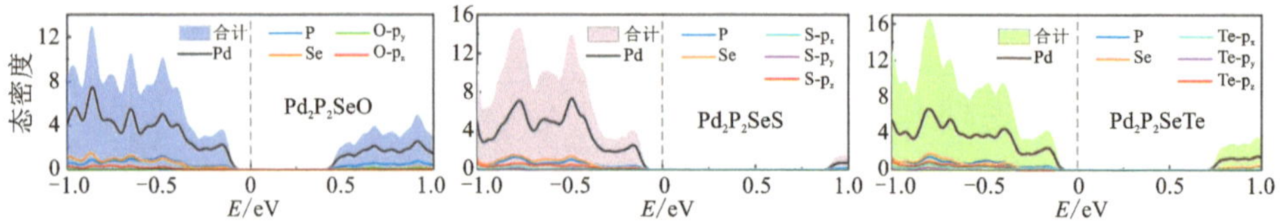

(c) 基于各原子不同轨道投影的态密度分布

图 4.1　二维 Pd_2P_2SeX(X=O, Se, Te)原子结构能带分布及投影态密度分布图

4.3　结果与讨论

4.3.1　二维 Pd_2P_2SeX(X=O, S, Te)的电子结构性质

二维五边形褶皱 Janus 材料 Pd_2P_2SeX(X=O, S, Te)的正交晶胞包含 12 个原子，包括 4 个呈正方形平面配位的 Pd 原子、4 个 P 原子、两个 Se 原子和两个 X 原子。在每个晶胞中，Pd 原子与位于顶部和底部平面的两个 Se 和两个 X

原子共价键合，其原子结构的三视图如图 4.1(a)所示，其中单元胞通过红色的虚线标注出来。基态 Pd_2P_2SeX(X=O, S, Te)晶格常数在无应力的情况下沿 a(b)轴方向分别为 5.57(5.47)Å、5.77(5.71)Å 和 6.00(5.88)Å，二维 Janus 单层的晶格常数随着元素 X 从 O 变为 Te 而增加，与先前报道的结果一致[19]。这是由于元素 X 的原子半径增加，导致 P-X 和 Pd-X 键长增加，晶格常数与这些键长成正比。值得注意的是，在所考虑的三种二维 PdPSeX 结构中，P-P 和 P-Pd 键长度几乎相同。

为了检查该结构的稳定性，在图 4.1(a)右侧的侧视图中同时绘制了以 Pd_2P_2SeO 为代表的 ELF 分布图来评估原子结构的键合强度，ELF 是 0~0.8 之间的空间电子函数，接近 0.8 的 ELF 值显示存在强共价相互作用或孤对电子，而较低的 ELF 表示较弱的离子、金属或范德华相互作用。ELF 分布图的结果表明，在硫族原子周围存在孤电子对，高电子局域化在 P 和硫族原子周围十分显著，而 Pd 原子几乎没有电子局域化。从截面结果也可以看出，X-P 和 P-P 键中心周围的 ELF 值明显较大，表明形成了共价键，由于 X 和 Se 原子的电负性高于 Pd 和 P，它们倾向于从相邻原子吸引电子。图 4.1(b)所示的电子能带结构清楚地表明，基态 Pd_2P_2SeX(X=O, S, Te)材料均表现为间接带隙半导体特性，其 PBE 的带隙分别为 0.59 eV、1.04 eV、0.88 eV。此外，由于材料存在重元素，因此自旋轨道对电子结构特性有重要影响，当考虑 SOC 效应时，Pd_2P_2SeO 和 Pd_2P_2SeS 的 VBM 在 X 点到 S 点的路径区域发生了约 36.2 m eV、7.8 m eV 的能带分裂，CBM 在 Γ 点与 X 点之间发生 26.6 m eV，24.2 m eV 能带分裂，而 Pd_2P_2SeTe 在 X 点至 Γ 点处的 VBM 和 CBM 分别出现了 63.0 m eV 和 27.1 m eV 的能带分裂，其 SOC 效应下的带隙分别为 0.56 eV，1.02 eV，0.84 eV，二维 PdPSeX 结构的 VBM 和 CBM 轨道的电荷密度如图 4.1(b)所示。此外，为了解释 $PtSe_2$ 电子态的来源，本书计算了各 Pd_2P_2SeX 材料的 TDOS 和 PDOS，如图 4.1(c)所示，二维五边形褶皱 Janus 材料 Pd_2P_2SeX(X=O, S, Te)的 VBM 和 CBM 电子态都主要是由 Pd 原子贡献的，本征 Pd_2P_2SeX(X=O, S, Te)单分子层呈现出非磁性基态。

二维 Pd_2P_2SeX(X=O, S, Te)单分子层的计算声子谱如图 4.2(a)~(c)所示，计算模型采用了 3×3×1 的超胞结构并进行了高精度的结构弛豫，发现所有基于原子振动的声子模都具有真实的本征频率，不同声学分支(ZA, TA 和 LA)和光学分支表现为纵坐标大于零的数值，虚频的缺失表明三个原始 Janus 结构的 PdPSeX 单分子层都是动态稳定的。图 4.2(d)为二维 Pd_2P_2SeX(X=O, S, Te)单分子层的平均静电势，其可以结合功函数共同评估电子从材料表面逃逸的能力，并且可以直观地表示不同原子层的电子势能高低。通过本节结构特征与电学特性的计算，可以得到二维 Pd_2P_2SeX(X=O, S, Te)的基础性质。本节验证三种材料的稳定性，并且发现 Pd_2P_2SeX 均表现为间接带隙半导体性质，是否考虑 SOC 效应计算得到的结果十分接近，是一个可以忽略的误差；并且加入 SOC 之后会使得能带结构的带隙值减小，这对于后文构建电子器件来说是有利于电子电流传输的。因此，在综合考虑计算效率与计算精度的前提下，本章接下来将使用基于 GGA 的 PBE 方法来计算 Pd_2P_2SeX 基电子器件的输运性质。电子性质的测试结果表示 Pd_2P_2SeX 基电子器件沿 x 方向具有更好的输运性能，因此所构筑电子器件的传输方向均沿 x 方向进行比较。此外，考虑到三种材料的电学性质具有一定相似性，本书以能带带隙值较小的二维 Pd_2P_2SeO 材料为例展示 Pd_2P_2SeX 材料在电子器件中的应用，基于二维 Pd_2P_2SeS 和 Pd_2P_2SeTe 材料构筑的电子器件各项性能参数见表 4.1，便于同 Pd_2P_2SeO 材料进行对比。

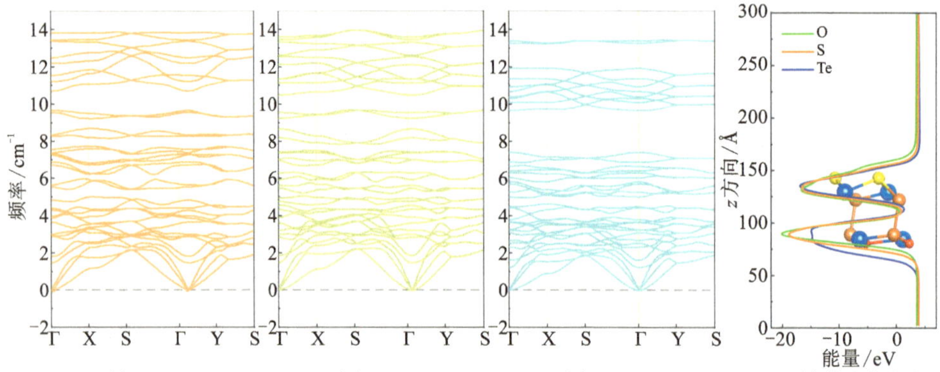

(a) Pd_2P_2SeO　(b) Pd_2P_2SeS　(c) Pd_2P_2SeTe　(d) 静电势分布

图 4.2　二维五边形 Janus 材料 Pd_2P_2SeO、Pd_2P_2SeS 和 Pd_2P_2SeTe 结构的声子散射谱及三种材料的静电势分布情况

表 4.1　二维 Janus 材料 Pd_2P_2SeX(X=O, S, Te)带隙(eV)随双轴应变(−10%至+10%)的变化

单位：eV

Pd_2P_2SeX	双轴应变/%										
	−10	−8	−6	−4	−2	0	+2	+4	+6	+8	+10
Pd_2P_2SeO-ECBM	0.14	0.56	0.76	0.71	0.63	0.44	0.29	0.17	0.13	0.08	0.03
Pd_2P_2SeO-EVBM	−0.12	−0.19	−0.19	−0.18	−0.13	−0.14	−0.16	−0.17	−0.13	−0.08	−0.03
Pd_2P_2SeO-Eg	0.27	0.75	0.95	0.90	0.76	0.59	0.45	0.34	0.27	0.15	0.06

续表4.1

Pd_2P_2SeX	双轴应变/%										
	-10	-8	-6	-4	-2	0	+2	+4	+6	+8	+10
Pd_2P_2SeS-EVBM	0.79	1.19	1.35	1.30	1.20	0.87	0.59	0.36	0.16	0.08	0.03
Pd_2P_2SeS-ECBM	-0.16	-0.18	-0.16	-0.18	-0.16	-0.17	-0.17	-0.15	-0.16	-0.09	-0.04
Pd_2P_2SeS-Eg	0.95	1.38	1.50	1.48	1.36	1.04	0.75	0.51	0.32	0.16	0.06
Pd_2P_2SeTe-EVBM	0.01	0.44	0.72	0.80	0.81	0.69	0.50	0.25	0.11	0.04	0
Pd_2P_2SeTe-ECBM	-0.01	-0.17	-0.19	-0.19	-0.14	-0.19	-0.13	-0.16	-0.12	-0.05	0
Pd_2P_2SeTe-Eg	0.02	0.61	0.912	0.99	0.96	0.88	0.64	0.423	0.236	0.09	0

4.3.2　基于 PIN 结的隧穿场效应晶体管

基于二维五边形 Janus 材料 Pd_2P_2SeO，首先通过使用 P 型和 N 型掺杂电荷补偿法构建 PIN 结，其中 P 型和 N 型载流子的掺杂密度水平为 3×10^{13} cm^{-3}，此方法已被广泛用于多种纳米电子器件的构建中。通过 Pd_2P_2SeO 材料构建的 FET 由 P 型掺杂的漏极、N 型掺杂的源极、顶部栅极片以及长度为 5.1 nm 作为 FET 沟道本征未掺杂的中心散射区组成，如图 4.3(a)所示。顶栅与 FET 沟道区域直接设置了 SiO_2 绝缘层以防止栅极与沟道区域 Pd_2P_2SeO 材料直接接触，相对介电常数为 3.9。对于输运计算，源极和电极由掺杂后长度沿输运方向是半无限的 Pd_2P_2SeO 超胞结构构成，在正向偏压 U_b 的激发下产生从漏极到源极的感应电流方向为正方向，反之亦然。

这里，通过 Pd_2P_2SeO 基 PIN 结 FET 的感应电流密度由 NEGF 计算，顶部栅压分别设置为 0~4 V，如图 4.3(b)所示。当栅压为 0 V 时，尽管中心本征区的 Pd_2P_2SeO 为半导体性质，其电流密度仍受到抑制，在偏压范围内一直接近于 0。然而，当施加栅极电压后，电流密度显著增强，显示出优异的场效应行为。除此之外，本书引入电子输运计算中整流比(rectification ratio, RR)的重要概念，其可以被定义为：

$$RR = | I(-U_b)/I(U_b) | \tag{4.1}$$

整流比的大小表示电流的单向流动强度，整流比越大则电子器件的单项导通性越强。当栅压为 0 V 时，在正偏压下电流一直接近于 0，而负偏压下出现微弱的导通电流，RR 值在 0.6 V 左右的偏压下达到最高；栅压为 2 V 时，出现了较为明显的单向导通电流。然而随着栅极电压的增大，器件逐步表现为双导通性质，双向电流特别是正方向的感应电流显著增强，RR 数值也相对减小。

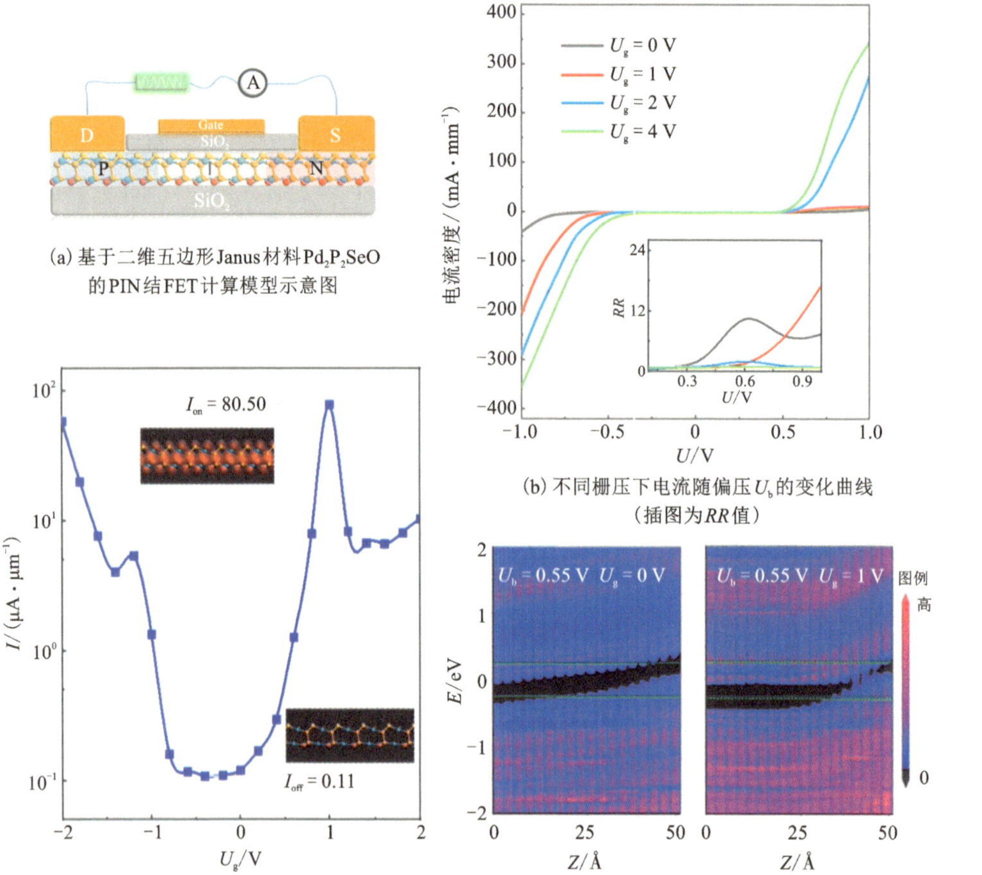

(a) 基于二维五边形Janus材料Pd_2P_2SeO的PIN结FET计算模型示意图

(b) 不同栅压下电流随偏压U_b的变化曲线（插图为RR值）

(c) 在0.64 V的偏压下电流随栅压U_g的变化曲线 (d) 在0.64 V的偏压下栅压分布处于0 V和2 V时的PLDOS分布图

图 4.3　Pd_2P_2SeO 器件结构与场效应晶体管特性

根据国际半导体技术蓝图的标准，本书测试了在 0.64 V 偏压下电流随栅压的变化曲线，如图 4.3(c)所示，实现了电流大范围的调控。为了更好地理解栅压调控下感应电流的变化情况，本书进一步计算了在 0.64 V 偏压下，栅极电压分别为 0 V 和 2 V 时 Pd_2P_2SeO 基 PIN 结 FET 的 PLDOS，U_g = 0 V 时中心沟道区域的电子能级分布情况如图 4.3(d)所示，绿色线条范围之内为偏压窗口。尽管 P 型掺杂与 N 型掺杂使得左右两端的能级下降或者上升，但是在整个沟道范围的偏压窗口内始终保持着一个较大的带隙，严重阻碍了电子的迁移。而在 2 V 的栅压调控下，沟道中心区域能级下降，使得在偏压窗口内导带和价带有了重叠，从电子器件的角度来看，在源极漏极施加偏压的情况下易发生电子迁移形成稳定电流，这也从沟道区域电子能带的角度进一步验证了栅极电压对 Pd_2P_2SeO 基 PIN 结 FET 的调控作用。

4.3.3　高开关比的应力感应传感器

二维 Pd_2P_2SeX(X=O, S, Te)单分子层具有优异的力学性能，例如，据报道 Pd_2P_2SeO 沿 x 轴和 y 轴两个方向分别具有 141 GPa 和 125 GPa 的杨氏模量，优异的弹性常数表明其存在巨大的应用潜力。机械应变是调整 TMDs 性质的有效方法之一，本章节计算了二维 Pd_2P_2SeX(X=O, S, Te)单分子层在 x 和 y 轴方向双轴应变下的电子结构性质，双轴应变的方向如图 4.4(a)所示。在双轴应变调控工程中，本书首先测试了应力随应变的变化曲线[图 4.4(b)]，发现

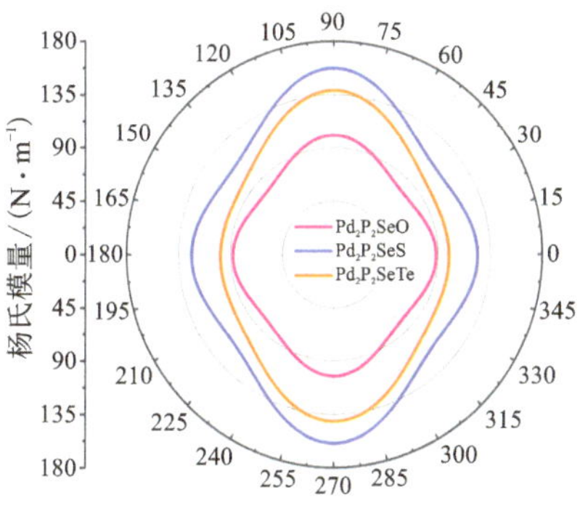

(a) 二维五边形Janus材料 Pd_2P_2SeX 正交结构施加双轴应变示意图

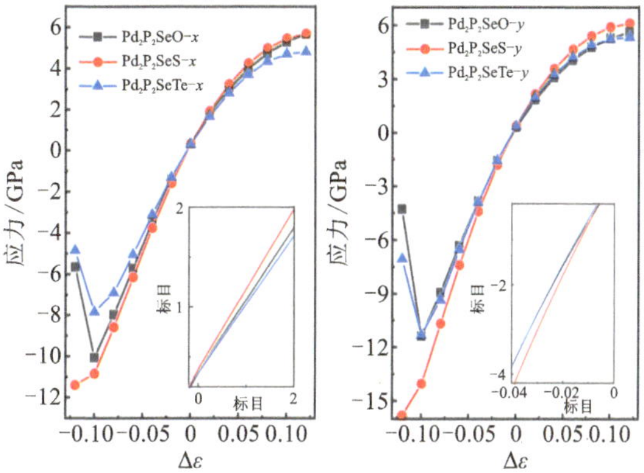

(b) 沿不同方向应力随应变的变化曲线（插图为0附近的放大图）

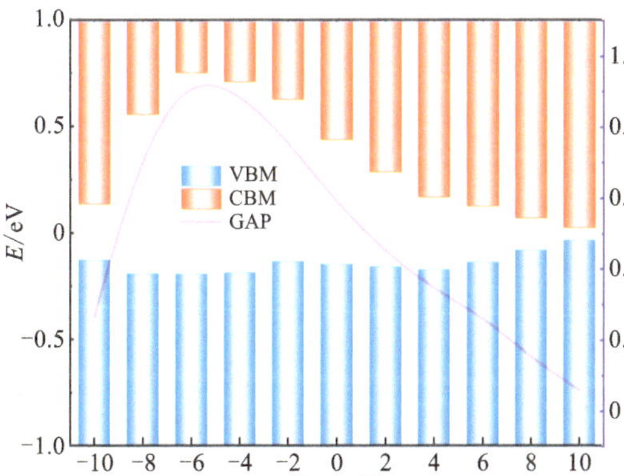

(c) 双轴应变调控下 Pd_2P_2SeO 电子能带结构的VBM和CBM变化（左轴）以及带隙变化（右轴）

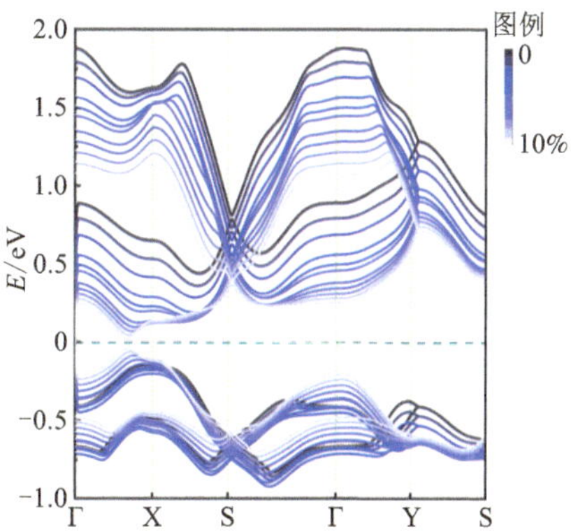

(d) 施加拉伸应变后费米能级附近能带变化趋势

图 4.4　Pd_2P_2SeX 在应变下的电子结构特征

Pd_2P_2SeO 结构在±10%的压缩或拉伸应变范围内，应力保持稳定的变化。而当压缩应变超过-10%以后，稳定变化的应力曲线陡然发生大角度降低，这说明再进一步施加压缩应变会超过 Pd_2P_2SeO 的应变极限而其被破坏，因此本书的应变调控范围设置在±10%之内。图 4.4(c)总结了双轴应变工程下对二维 Pd_2P_2SeO 单分子层电子结构性质的能带调控结果，其中左侧纵轴为 VBM 和 CBM 在不同应变下的能量值(通过柱状图表示)，右侧纵轴表示带隙的变化值(通过曲线图表示)。若施加拉伸应变，VBM 和 CBM 会不断向费米能级靠拢，带隙不断减小，电子从价带跃迁到导带变得更加容易。图 4.4(d)更加直观地表示出拉伸应变对费米能级附近能带结构的调控作用，深蓝色曲线表示未施加应变的本征能带结构，它是一个间接带隙半导体；而随着拉伸应变的增加能带结构曲线逐渐由深蓝色变为浅色，CBM 在布里渊区的位置由 X 点与 S 点之间转移到 Γ 点与 X 点之间，二维 Pd_2P_2SeO 单分子层的电子结构也逐渐转变为直接带隙半导体而具有半金属性质(带隙值为 0.06 eV)，带隙值趋于零使得电子传输能力极大地提高。

在施加双轴压缩应变的情况下，带隙会先持续增加并且半导体性能会增强，电子更难从价带跃迁到导带。特别是压缩应变达到-6%的时候，二维 Pd_2P_2SeO 单分子层的带隙达到最大值 0.95 eV。在此之后，若继续施加压缩应变带，隙值将开始降低，直到压缩应变达到-10%时带隙为 0.27 eV，这相对于二维本征 Pd_2P_2SeO 结构(0.59 eV)而言，带隙依然减小。Pd_2P_2SeS 与 Pd_2P_2SeTe 在双轴应变下 VBM、CBM 以及带隙值的变化如表 4.1 所示，三种材料在应变调控下带隙均减小，且拉伸应变的调控效果优于压缩应变，其中 Pd_2P_2SeTe 在双轴拉伸应变的调控下由半导体性转变为金属性。

在应变调控的基础上，本书利用第一性原理方法构筑了基于二维 Pd_2P_2SeO 材料的应力感应传感器的 NEGF 计算模型，如图 4.5(a)所示。由双轴应变对带隙的调控研究可知，施加拉伸或压缩应变都可以有效地减少二维 Pd_2P_2SeO 的带隙数值，提高其电子传输能力。本征的 Pd_2P_2SeO 材料为具有较大间接带隙的半导体，因此在未施加应变的情况 Pd_2P_2SeO 基应力感应传感器传输效率极低，感应电流几乎为零。由图 4.5(c)中的 LDOS 插图可以看出，在零应变下器件中心散射区的电子云概率极低，抑制了电荷的有效传输。图 4.5(d)中 PLDOS 也表现出整个中心散射区都具有较大的带隙，虚线范围内偏压窗口的电流被阻断；虽然输运透射谱的曲线变化趋势与施加拉伸或压缩应变后相似，但是值得注意的是它们的横坐标具有 6 到 7 个数量级的差距，是一个极小的输运系数值。本征结构下极低的输运性能预示着在施加应变之后会产生巨大的开关比，特别是在拉伸双轴应变为+10%的情况下感应电流密度最高

可以达到 2.72×10^4 mA/mm。在这里本书引入开关比这一重要概念，其数值可以表示为开态电流 I_{ON} 与关态电流 I_{OFF} 的比值，其中 I_{ON} 与 I_{OFF} 分别为相同偏压下拉伸或压缩应变下的电流密度和本征结构下的电流密度数值。在施加+10%的双轴应变后，通过 LDOS 图可以看到原本局域在两端的电子云变为在整个中心散射区均匀分布，而在 PLDOS 中的偏压窗口内出现大面积的有效重叠，说明电流导通性良好。压缩应变虽然也可以减小带隙，但是很难达到拉伸应变的效果，因此在压缩应变为-10%时感应电流明显小于拉伸应变为+10%时的值。应变的施加导致了可观的开关比，拉伸应变可以在-0.5 V 偏压时使开关比达到 8.21×10^4 的最高值，而压缩应变也可以在-0.5 V 偏压时使开关比达到 2.64×10^2，因此二维 Pd_2P_2SeO 材料具有在未来构筑优异的高开关比应力感应传感器的巨大潜力。

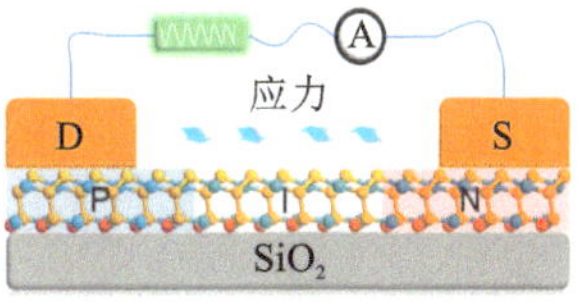

(a) 基于二维五边形Janus材料 Pd_2P_2SeO 的PIN结应力传感器件计算模型示意图

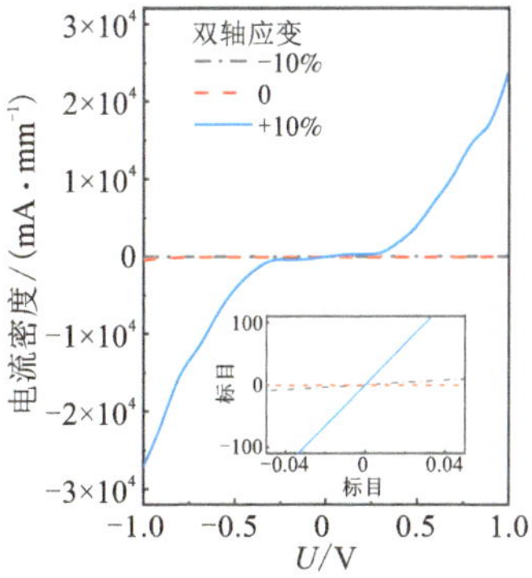

(b) 分别在-10%、0和10%双轴应变下的 I-U 性质（插图为0 V附近的放大图）

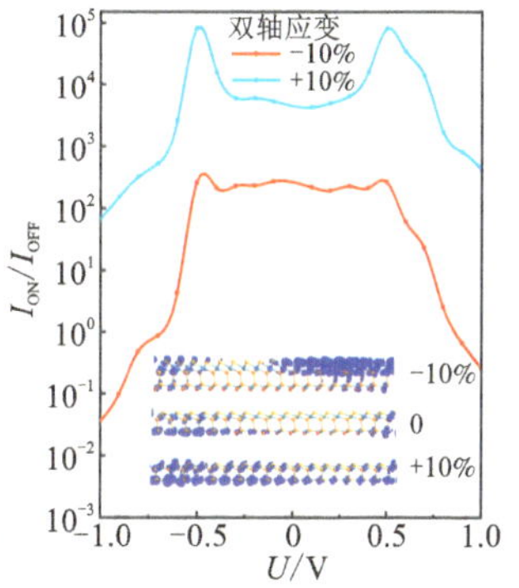

(c) 分别在-10%、0和10%双轴应变下的开关比（插图为零偏压下三种应变施加后器件中心散射区的LDOS图）

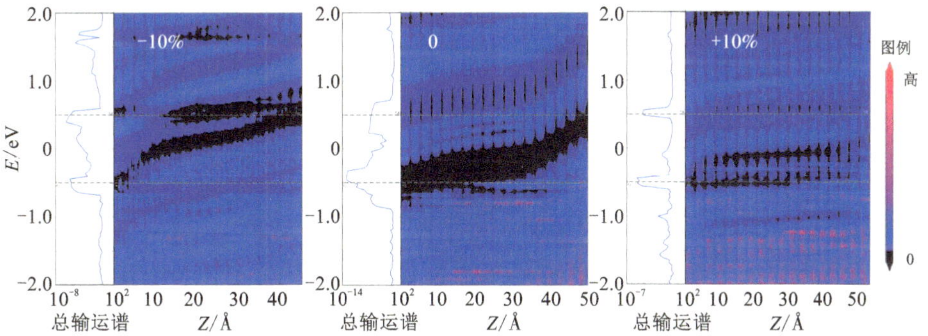

(d) 施加-10%、0和10%双轴应变后零偏压下器件中心散射区在费米能级附近的输运谱和PLDOS分布图

图 4.5　Pd_2P_2SeO 应力传感器件输运特征

4.3.4 基于强化学吸附的气敏性器件

接下来，研究 CO、CO_2、NH_3、NO 和 NO_2 气体分子在二维 Pd_2P_2SeX(X=O, S, Te)单分子层上的吸附。为了避免相邻气体分子之间产生相互作用力影响计算的精度，Pd_2P_2SeX(X=O, S, Te)结构被设置为 3×3×1 的超胞构型。由于分子倾向于吸附在大多数稳定位置，因此考虑了 Pd_2P_2SeX(X=O, S, Te)上的不同位置，包括顶位、空位和桥位，吸附位点的概念和选择可以参考第 3 章内容。对于 CO 和 NO 双原子分子，它们的初始位置相对于表面垂直放置，其中 N、C 和 O 原子都可以指向 Pd_2P_2SeX(X=O, S, Te)的表面。

将所有的吸附构型进行充分的结构弛豫，优化气体分子的吸附位置并使得所有结构在其原始构型的基础上成为能量最小化构型，定义最低吸附能构型为气体分子的最稳定吸附构型，吸附能的计算方法如公式(4.2)所示。CO、CO_2、NH_3、NO 和 NO_2 气体分子在 Pd_2P_2SeO 单分子层上的吸附能分别为−0.29 eV、−0.23 eV、−0.13 eV、−0.78 eV 和−0.61 eV。对于 CO 和 NO 分子，它们都相对于 Pd_2P_2SeO 表面向垂直方向略微倾斜。CO 分子被吸附时其 C 原子指向二维材料的 Pd 原子，最小距离为 2.746 Å；CO_2 分子相对于 PdPS 单层的表面大致呈水平方向吸附，其中气体分子的 O 原子和二维材料的最小距离为 2.569 Å；尽管如此，NH_3 分子呈现出比先前分子更复杂的吸附机制，其倾向于以 N 原子指向 Pd_2P_2SeO 表面的方式水平吸附。在这种情况下，气体分子的 N 原子和二维材料单分子层之间的最小距离为 2.168 Å。以上三种气体分子 CO、CO_2、NH_3 均表现为物理吸附，从图 4.6 的差分电荷密度来看气体分子之间与 Pd_2P_2SeO 表面的电荷交流几乎为零，这说明气体吸附后对底部二维材料的电学性质改变很小。从能带结构图中也可以看到，在吸附 CO、CO_2、NH_3 三种气体分子后费米能级附近的能带结构并没有发生明显的改变，间接带隙的数值依然维持在 0.59 eV 左右(误差均低于 5 m eV)，这只会造成微不足道的影响，普通气体分子在所研究材料上的物理吸附限制了它们对气体传感的直接潜力。

然而，当吸附 NO 和 NO_2 气体分子之后，差分电荷密度出现了明显的电荷转移，分子与二维材料之间形成了稳定的共价键，并且其能带结构在费米能级附近出现了一条杂质带。这条能带的电子态主要由吸附的气体分子贡献，整个吸附体系由原来的半导体性质转变为金属性质，电子跃迁能力得到极大的提高，电子传导能力大幅增强，这是化学吸附的典型特征。强化学吸附使得二维材料的电子结构性质发生了改变，进而影响暴露在该气体环境中的中心散射区材料的输运行为，通过构建 Pd_2P_2SeO 基气敏性器件，可以针对气体分子的化学吸附得到不同于本征态的感应电流，比较其数值差异可实现气体传感应用。

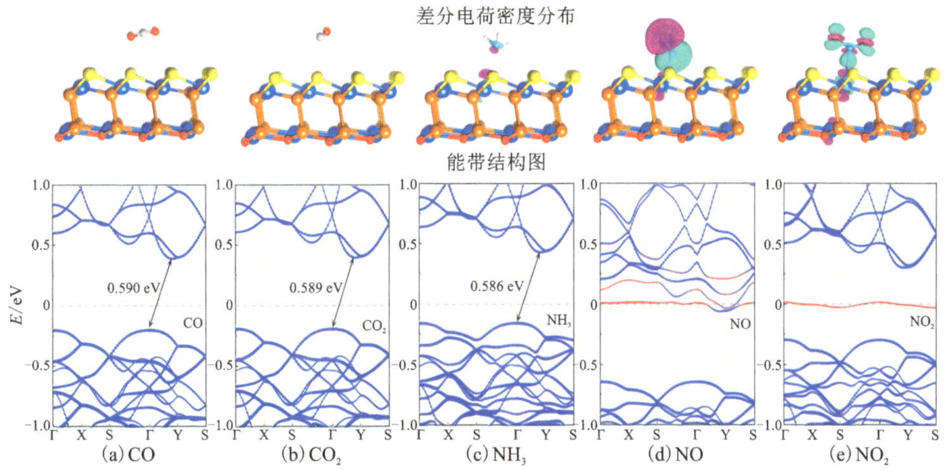

等表面值为±0.003 e/Å³，蓝绿色/紫红色等值面分别表示电子得到/失去，
能带中红色部分表示气体分子的电子态贡献。

图 4.6　二维五边形 Janus 材料 Pd_2P_2SeO 单分子层吸附 CO、CO_2、NH_3、NO、NO_2 气体分子的差分电荷密度分布图和能带结构图

Pd_2P_2SeS 与 Pd_2P_2SeTe 吸附 CO、CO_2、NH_3、NO 和 NO_2 气体分子最稳定构型的吸附参数如表 4.2 所示，结果表明，三种材料对 NO 和 NO_2 分子的吸附能和电荷转移量均大于其他三种气体分子。因此认为 Pd_2P_2SeS、Pd_2P_2SeTe 和 Pd_2P_2SeO 一样对 NO 和 NO_2 产生了化学吸附。其中，吸附能最大的是 Pd_2P_2SeTe 吸附 NO_2 分子，而这会造成吸附后较难解离。

表 4.2　Pd_2P_2SeX(X=O, S, Te)与不同气体的吸附能与 Bader 电荷

Pd_2P_2SeX	吸附能/eV					Bader 电荷/e				
	CO	CO_2	NH_3	NO	NO_2	CO	CO_2	NH_3	NO	NO_2
Pd_2P_2SeO	-0.295	-0.228	-0.128	-0.781	-0.606	0.024	0.028	-0.008	0.092	0.301
Pd_2P_2SeS	-0.175	-0.223	-0.282	-0.783	-0.764	0.023	0.031	-0.023	0.072	0.307
Pd_2P_2SeTe	-0.105	-0.203	-0.284	-0.650	-0.895	0.020	0.030	-0.026	0.032	0.303

为了评估和分析 Pd_2P_2SeX(X=O, S, Te)基气体传感器的性能，应考虑三个重要指标，即恢复时间、灵敏度和选择性。为了得到高性能的气体传感器，

需要短的恢复时间、高的灵敏度和选择性。一般来说，恢复时间定义了传感器材料的可重复使用性。在这方面，恢复时间(τ)也称为解吸时间，是传感器材料的关键指标之一。它指的是吸附分子从物质表面完全解吸所需的时间，且高度依赖于周围温度。根据过渡态理论，可以通过以下方程在理论上确定它的值：

$$\tau = \omega^{-1} e^{(-E_a/\kappa_B T)} \tag{4.2}$$

式中：ω 代表尝试频率；E_a 代表吸附能；K_B 代表玻尔兹曼常数；T 代表温度。这四个器件的化学吸附气体分子对应的 τ 值，如表 4.3 所示。比较结果可以看出，τ 主要取决于吸附能的大小和工作温度，适当大小的吸附能可以有效地提高传感器的重复利用率。值得一提的是，纳秒恢复时间太短，无法在现实实验中实现检测，因为传感器无法有效容纳气体分子，这归因于本征二维 Pd_2P_2SeO 表面对气体分子获得的较小吸附能。

表 4.3 基于 Pd_2P_2SeX(X=O，S，Te)的二维器件性能

器件	材料	电流密度/($mA \cdot mm^{-1}$)		开关比		τ/s	
		I_{ON}	I_{OFF}	(+10%)	(−10%)	NO	NO_2
隧道场效应晶体管	Pd_2P_2SeO	3.77×10^3	4.63×10	—	—	—	—
	Pd_2P_2SeS	3.28×10^{-1}	4.04×10^{-4}	—	—	—	—
	Pd_2P_2SeTe	9.72×10^0	9.10×10^{-2}	—	—	—	—
应力传感器	Pd_2P_2SeO	—	—	8.21×10^4	2.64×10^2	—	—
	Pd_2P_2SeS	—	—	8.17×10^4	2.64×10^2	—	—
	Pd_2P_2SeTe	—	—	9.36×10^6	4.62×10^6	—	—
气体传感器	Pd_2P_2SeO	—	—	—	—	4.90×10	4.22×10^{-2}
	Pd_2P_2SeS	—	—	—	—	5.24×10^4	2.38×10
	Pd_2P_2SeTe	—	—	—	—	2.45×10^{-1}	4.82×10^3

因此，原始 Pd_2P_2SeO 不能作为检测 CO、CO_2、NH_3 和 NO_2 气体的选项，而十分适用于检测 NO 气体。基于 Pd_2P_2SeO 材料构建气敏性传感器，其计算模型如图 4.7(a)所示，中心散射区为暴露在气体环境中的本征 Pd_2P_2SeO 结构。图 4.7(b)为本征态器件输运的 PLDOS，而图 4.7(c)为吸附 NO 分子之后的状态。原本整个范围内都具有明显的带隙值，然而在 NO 气体分子强化学吸附的作用下在散射区右部的偏压窗口内出现重叠态，由此激发感应电流。研究表明

二维 Pd_2P_2SeO 基气敏性器件对 NO 分子具有高敏感性，可用来检查复杂精密环境中的 NO 分子。

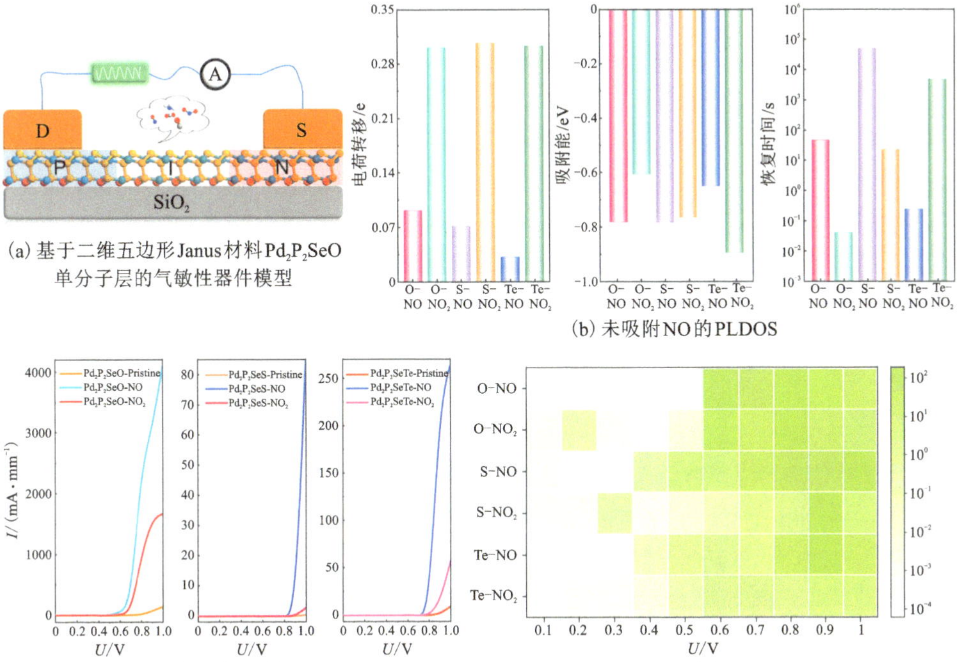

(a) 基于二维五边形Janus材料 Pd_2P_2SeO 单分子层的气敏性器件模型

(b) 未吸附NO的PLDOS

(c) 吸附NO的PLDOS

(d)

图 4.7　基于二维五边形 Janus 材料 Pd_2P_2SeO 单分子层的气敏性器件模型、未吸附和吸附 NO 后 Pd_2P_2SeO 基气敏性器件的 PLDOS

4.4　本章小结

本章节通过 NEFG-DFT 的第一性原理方法研究了二维五边形褶皱 Janus 材料 $Pd_2P_2SeX(X=O,S,Te)$ 的电学性质、机械特性和气体吸附特性，并根据此三种基础性质构筑了输运性能可调控的 $Pd_2P_2SeX(X=O,S,Te)$ 基 PIN 结器件。三种材料的电子能带结构均具有间接带隙半导体特性，带隙值分别为 0.59 eV、1.04 eV、0.88 eV。输运的研究主要集中于带隙较小的 Pd_2P_2SeO。在 TFET 的计算中，Pd_2P_2SeX 表现出明显的场控特性，在施加栅压的情况下 TFET 由输运抑制状态可以转变为电流密度最高可达 3771 mA/mm 的导通状态。此外，Pd_2P_2SeX(X=O, S, Te)具有优异的杨氏模量和应变可调性，在极限应变范围内双轴压缩应变和拉伸应变可分别将 Pd_2P_2SeO 的带隙减少到 0.27 eV 和 0.06 eV，显著提高了材料的电子跃迁能力；基于此原理构建的 Pd_2P_2SeO 应力感应传感器表现出优异的开关特性，特别是在拉伸应变下最高开关比可达 8.21×10^4。最后，本章研究了 Pd_2P_2SeX(X=O, S, Te)单分子层与 CO、CO_2、NH_3、NO 和 NO_2 的分子吸附特性，其中 Pd_2P_2SeO 与 CO、CO_2、NH_3 分子的吸附为物理吸附，对底部二维材料造成微不足道的影响。而与 NO 和 NO_2 分子的吸附为化学吸附，在费米能级附近出现由气体分子贡献的电子态的能带，使得二维材料由间接带隙半导体性质转变为金属性质，特别是对于 NO 气体本书计算的合适的恢复时间 τ 为 49.01 s，因此 Pd_2P_2SeO 基气体传感器对 NO 具有优异的检测能力。

参考文献

[1] TEBYETEKERWA M, ZHANG J, XU Z, et al. Mechanisms and applications of steady-state photoluminescence spectroscopy in two-dimensional transition-metal dichalcogenides[J]. ACS nano, 2020, 14(11): 14579-14604.

[2] CHEN Y, TANG Z, SHAN H, et al. Enhanced out-of-plane piezoelectric effect in In_2Se_3/transition metal dichalcogenide heterostructures[J]. Physical Review B, 2021, 104(7): 075449.

[3] ZHANG C, NIE Y, SANVITO S, et al. First-principles prediction of a room-temperature ferro-magnetic Janus VSSe monolayer with piezoelectricity, ferroelasticity, and large valley polarization[J]. Nano letters, 2019, 19(2): 1366-1370.

[4] CHOI W, KIM J, LEE E, et al. Asymmetric 2D MoS_2 for scalable and high-performance piezoelectric sensors[J]. ACS Applied Materials & Interfaces, 2021, 13(11): 13596-13603.

[5] OYEDELE A D, YANG S, FENG T, et al. Defect-mediated phase transformation in anisotropic two-dimensional $PdSe_2$ crystals for seamless electrical contacts[J]. Journal of the American Chemical Society, 2019, 141(22): 8928-8936.

[6] SELB E, TRIBUS M, HEYMANN G. Verbeekite, the long-unknown crystal structure of monoclinic $PdSe_2$[J]. Inorganic Chemistry, 2017, 56(10): 5885-5891.

[7] LIU X, ZHOU H, YANG B, et al. Strain-modulated electronic structure and infrared light adsorption in palladium diselenide monolayer[J]. Scientific Reports, 2017, 7(1): 39995.

[8] OYEDELE A D, YANG S, LIANG L, et al. $PdSe_2$: pentagonal two-dimensional layers with high air stability for electronics[J]. Journal of the American Chemical Society, 2017, 139(40): 14090-14097.

[9] LI F, TU K, ZHANG H, et al. Flexible structural and electronic properties of a pentagonal

B_2C monolayer via external strain: a computational investigation[J]. Physical Chemistry Chemical Physics, 2015, 17(37): 24151-24156.

[10] LIU S, LIU B, SHI X, et al. Two-dimensional penta-BP_5 sheets: High-stability, strain-tunable electronic structure and excellent mechanical properties[J]. Scientific reports, 2017, 7(1): 2404.

[11] XIAO J, LONG M, DENG C S, et al. Electronic structures and carrier mobilities of blue phosphorus nanoribbons and nanotubes: a first-principles study[J]. The Journal of Physical Chemistry C, 2016, 120(8): 4638-4646.

[12] ZHANG S, ZHOU J, WANG Q, et al. Penta-graphene: A new carbon allotrope[J]. Proceedings of the National Academy of Sciences, 2015, 112(8): 2372-2377.

[13] MA Y, KOU L, LI X, et al. Room temperature quantum spin Hall states in two-dimensional crystals composed of pentagonal rings and their quantum wells[J]. NPG Asia Materials, 2016, 8(4): 264-264.

[14] BAFEKRY A, FADLALLAH M M, FARAJI M, et al. Puckered penta-like PdPX(X= O, S, Te) semiconducting nanosheets: first-principles study of the mechanical, electro-optical, and photocatalytic properties[J]. ACS Applied Materials & Interfaces, 2022, 14(18): 21577-21584.

[15] AASI A, MORTAZAVI B, PANCHAPAKESAN B. Two-dimensional PdPS and PdPSe nanosheets: Novel promising sensing platforms for harmful gas molecules[J]. Applied Surface Science, 2022, 579: 152115.

[16] 熊辉辉. 钢中析出相的界面行为[M]. 北京：冶金工业出版社，2022. 10.

[17] WANG X, XIONG T, ZHAO K, et al. Polarimetric image sensor and fermi level shifting induced multichannel transition based on 2D PdPS[J]. Advanced Materials, 2022, 34(2): 2107206.

[18] LI P, ZHANG J, ZHU C, et al. Penta-PdPSe: a new 2D pentagonal material with highly in-plane optical, electronic, and optoelectronic anisotropy[J]. Advanced Materials, 2021, 33(35): 2102541.

[19] BAFEKRY A, FARAJI M, FADLALLAH M M, et al. Ab-initio-driven prediction of puckered penta-like PdPSeX(XO, S, Te) Janus monola[J].

第 5 章

BC_3N_2 基气体传感器对无机和有机分子的高气敏性能研究

5.1 引言

石墨烯因其独特的单原子层厚度和固有的二维电子结构激发了各领域人们的研究热潮，继石墨烯之后发现的六方氮化硼（h-BN）也引发了广泛的关注[1-3]。尽管它们具有超薄的原子层厚度、超强的化学键和优异的载流子迁移率，但两者均不适于做半导体器件，因为石墨烯是零带隙的半金属而原始的 h-BN 则是宽禁带绝缘体。石墨烯和 h-BN 的优异特性引发了一个新思考，即是否可以在实验中使用石墨烯和 B、C 和 N 组成的三元网络来进一步展开相关化合物的实验合成。理论上，一种简单有效的设计此类新型二维材料的方法是用 B 或 N 原子部分或全部替换石墨烯中的碳原子，由于 B 和 N 原子也可以形成强 sp^2 杂化共价键，因而该方法设计的二维材料既保留了蜂窝状结构又包含与石墨烯相同的 sp^2 杂化共价键，该二维材料被称为类石墨烯材料。研究显示，根据 B、C、N 的三元相图来合成相应的复合材料和层状化合物（如类石墨烯 $B_xC_yN_z$）是完全可行的[4, 5]。由于 B、C、N 复合材料通常是原子层厚度的纳米晶体、非晶态或结构相的混合物，因此 B、C、N 的合成通常是基于使用各种前驱体分子的化学气相沉积法[6, 7]。

大多数理计的 $B_xC_yN_z$ 结构都呈蜂窝状，有报道显示单原子层厚度的六方石墨 BCN（h-BCN）已经在实验中成功合成[8]。第一性原理计算模拟显示，h-BCN 是直接带隙为 1.5 eV 的半导体[7]，其带隙值介于石墨烯和 h-BN 之间，并表现出比石墨烯和 h-BN 更低的热导率。同时，其热导率还可以通过应变工程来进行调控[4]。继 h-BCN 之后，BC_2N 也被理论预测并在实验中成功合成。

进一步地，B_4CN_3 和 B_3CN_4 也被第一性原理预测并被证明可用作自旋电子学材料[9]。由此可以看出，二维三元 BCN 材料有效地扩展了类石墨烯家族，并表现出许多新颖的电子特性。然而，尽管研究人员在探究新的类石墨烯家族材料的优异特性方面有很大的兴趣并付出了极大的努力，但关于类石墨烯家族 $B_xC_yN_z$ 的研究报道仍然稀少。

此外，二维材料在检测有害气体方面也被广泛研究，因其在极限尺寸效应下还存在较大的表面体积比[10, 11]。作为二维材料的鼻祖，石墨烯在气体传感领域的应用与开发在理论和实验层次都得到了深入的研究。据报道，原始石墨烯与气体分子之间的弱相互作用导致了弱气敏性能，需要进一步通过缺陷工程来改善石墨烯的传感特性[12]。除了石墨烯外，其他一些二维材料也被提议用来吸附有机和无机气体分子以开发新型气体传感器[11]。例如，将薄原子层厚度的 β_{12}-硼烯叠加在 MoS_2 基底上和 χ_3-硼烯叠加在 WSe_2 基底上来构建气体传感装置以用于检测无机气体分子[13]。此外，研究人员还从理论上设计了硼烯/MoS_2 异质结气体传感装置，以探究其在有机气体分子检测领域的应用潜力。迄今为止，新型碳基材料的传感性能仍然未知，特别是构型独特的类石墨烯 $B_xC_yN_z$ 还可能会出现一些意想不到的气体传感行为[6, 7]。

本章我们首先通过声子色散曲线和分子动力学模拟验证了二维 BC_3N_2 单层的结构稳定性。然后，研究了无机气体分子 CO、NH_3、NO、NO_2 和 SO_2 以及有机分子 CH_4、C_2H_2、C_2H_4、HCHO 和 CH_3OH 在 BC_3N_2 单层上的吸附行为。为了了解无机和有机气体分子在 BC_3N_2 单层上吸附行为的差异，对其吸附能、电荷转移和 ELF 等相关电子性质进行了全面系统的分析。最后，结合非平衡格林函数方法研究了 BC_3N_2 基气体传感器的输运行为，特别是其对化学吸附气体分子的气敏特性。研究发现，BC_3N_2 基气体传感器在沿扶手椅形方向和沿锯齿形方向表现出显著的输运各向异性。同时，在所考虑的偏压范围内，BC_3N_2 基气体传感器对有机气体分子 C_2H_2 的气体灵敏度高达 10.43，对无机气体分子 CO 的气体灵敏度也高达 1.36。这些结果表明，二维 BC_3N_2 单层可用于开发高各向异性和高气敏特性的气体传感器。

5.2　计算方法

本章所有电子结构的计算都是通过基于 DFT 开发的软件包 VASP 完成[14]。电子交换关联相互作用采用广义梯度近似下的 PBE 泛函进行处理[15]。此外，利用 HSE06 泛函对能带结果进行了进一步检验[16]。为避免层间相互作用，真空层设置为 20 Å。使用 Monkhorst-Pack 方法在布里渊区中进行 21×21×1 的 k 网格撒点。范德华相互作用采用半经验的 DFT-D3 方法进行描述[17]。在 PHONOPY 代码中通过 3×3×1 的超胞构型构建力常数矩阵来验证二维 BC_3N_2 单层的稳定性。

5.3 结果与讨论

5.3.1 BC_3N_2 单层的几何结构和电子性质

图 5.1(a)为 BC_3N_2 单层的俯视和侧视图，由图 5.1(a)可知 BC_3N_2 单层由 1 个 B、3 个 C 和 2 个 N 原子组成，优化后的晶格常数为 4.28 Å。图 5.1(b)显示的能带结构和态密度清楚地表明了二维 BC_3N_2 单层固有的金属特性。具体来说，在 Γ-M 和 K-Γ 路径上存在跨越费米能级的能带分布，同时单胞中哪种元素占比越多，该元素对态密度的贡献越大。图 5.1(c)中的声子谱进一步揭示了 BC_3N_2 单层的结构稳定性，其声子色散曲线在整个布里渊区中不存在虚频。

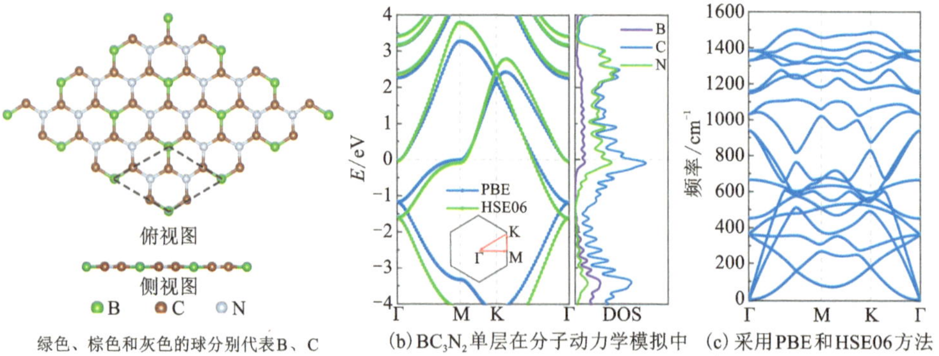

绿色、棕色和灰色的球分别代表B、C和N原子。黑色菱形虚线代表原胞

(a) BC_3N_2 单层的俯视图和侧视图

(b) BC_3N_2 单层在分子动力学模拟中的温度和几何结构的变化

(c) 采用PBE和HSE06方法得到的 BC_3N_2 单层的能带结构以及在各元素上的态密度(DOS)图

图 5.1　BC_3N_2 单层的几何结构和电子性质

为了探究无机和有机气体分子在 BC_3N_2 单层上的吸附特性，本节考虑了多种可能的吸附位点气体分子朝向，气体分子的能量最优吸附构型如图 5.2(a)~图 5.2(j)所示。相应地，吸附能(E_{ad})、电荷转移、吸附类型及气体分子与 BC_3N_2 之间的最短距离都列于表 5.1 中。从图 5.2(a)~图 5.2(e)可以看出，所有的无机气体分子都更倾向于吸附在 B 原子上，而不是元素占比较多的 C 和

N 原子上。与无机气体分子相比，有机气体分子显示出完全不同的吸附偏好，如图 5.2(f)~图 5.2(j)所示。无机气体分子 CO、NO 和 NO_2 属于化学吸附，而 NH_3 和 SO_2 则属于物理吸附；有机分子 C_2H_2 和 HCHO 属于化学吸附，而 CH_4、C_2H_4 和 CH_3OH 则属于物理吸附。以上研究结果表明，无机和有机气体分子在 BC_3N_2 单层上的吸附行为繁杂，与无机和有机气体分子在硼烯上的吸附有显著差异[13]。

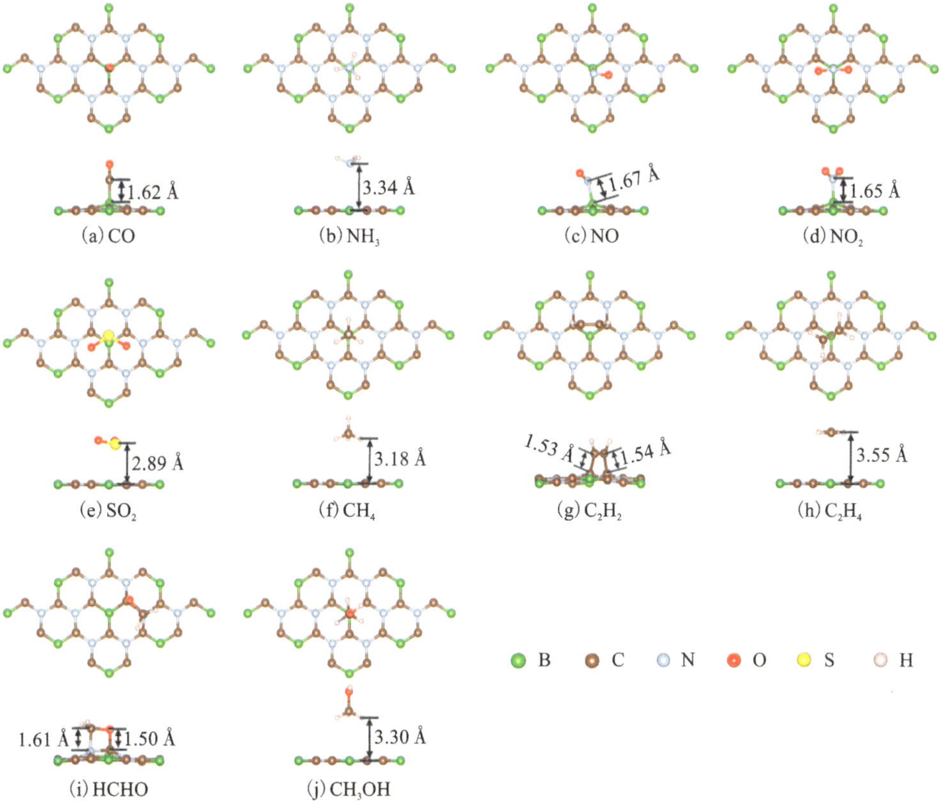

图 5.2　无机气体分子在 BC_3N_2 单层上吸附的能量最优构型

表 5.1 有机和无机气体分子的吸附能(E_{ad})、电荷转移、最短吸附距离和吸附类型

吸附系统	E_{ad}/eV	电荷转移/e	最短吸附距离/Å	吸附类型
CO	-1.31	-0.71	1.62	化学吸附
NH_3	-0.13	-0.01	3.34	物理吸附
NO	-1.45	-0.67	1.67	化学吸附
NO_2	-2.71	-0.62	1.65	化学吸附
SO_2	-0.32	-0.28	2.89	物理吸附
CH_4	-0.21	+0.01	3.18	物理吸附
C_2H_2	-5.56	-0.98	1.53	化学吸附
C_2H_4	-0.10	-0.01	3.55	物理吸附
HCHO	-3.51	-0.83	1.50	化学吸附
CH_3OH	-0.31	+0.01	3.03	物理吸附

5.3.2 无机气体分子在 BC_3N_2 单层上的吸附行为

如图 5.2(b)和(e)所示，在无机气体分子的吸附构型中，NH_3 和 SO_2 吸附系统的几何结构几乎没有变化，气体分子与 BC_3N_2 单层之间的最短距离分别为 3.34 Å 和 2.89 Å，这些相对较长的吸附距离表明气体分子与 BC_3N_2 单层之间的范德华相互作用力十分微弱。同时，NH_3 和 SO_2 吸附系统的吸附能分别为 -0.13 V 和-0.32 eV，远高于典型的物理吸附能量(-0.5 eV)。由于 NH_3、SO_2 与 BC_3N_2 之间没有形成共价键，属于弱物理相互作用，电荷转移可以忽略不计(见表 5.1)。此外，图 5.2(a)、(c)和(d)分别给出了 CO、NO 和 NO_2 三种气体分子的能量最优吸附构型。对于 CO 分子，由于 C 原子与 B 原子相互吸引，形成了长度为 1.62 Å 的 C-B 共价键，这表明 CO 分子和 BC_3N_2 单层之间存在强相互作用，且 CO 吸附系统的吸附能为-1.31 eV，远小于该气体分子在硼烯单层上的吸附能。通过对比还发现，CO 分子在 BC_3N_2 单层上的吸附行为还与该分子在 β_{12}-硼烯和 χ_3-硼烯异质结上的吸附行为高度相似[13]。而对于 NO 和 NO_2 分子，由于 N 原子和 B 原子相互吸引，形成了长度为 1.67 Å 和 1.65 Å 的 N-B 化学键，且吸附能分别为-1.45 eV 和-2.71 eV，表现出强烈的化学吸附特性。通过电荷转移分析可知，CO、NO 和 NO_2 三种吸附系统的电荷转移量分别为-0.71 e、-0.67 e 和-0.62 e，远大于相应气体分子在石墨烯上的电荷转移量[19]。

气体的化学吸附行为会在气体传感器上形成强烈的气敏反应。因此，接下

来我们主要考虑三种化学吸附气体分子的相关电子性质，CO、NO 和 NO_2 吸附系统的差分电荷密度图和能带结构图如图 5.3(a)~(c)和图 5.4(a)~(c)所示。从差分电荷密度图来看，所有化学吸附的无机气体分子都属于电荷受体。此外，由能带分析可知这三种气体分子与 BC_3N_2 单层之间的强相互作用对整个吸附系统的电子特性产生了显著的影响。具体来说，CO、NO 和 NO_2 三种气体分子贡献的电子态分布在系统费米能级附近，与原始 BC_3N_2 单层在费米能级周围的占据和非占据态存在非常强的相互作用。这一现象意味着化学吸附气体分子 CO、NO 和 NO_2 可以在有限偏压下改变 BC_3N_2 基气体传感器的电子输运行为，这在气体传感领域具有重要的应用前景。然而，对于采取物理吸附方式的 NH_3 和 SO_2 而言，引入的额外电子态与 BC_3N_2 单层的费米能级相距甚远，与 BC_3N_2 单层的占据和非占据电子态的相互作用很小，可以预计这些气体分子对原始 BC_3N_2 基纳米器件的电子输运特性影响甚微。

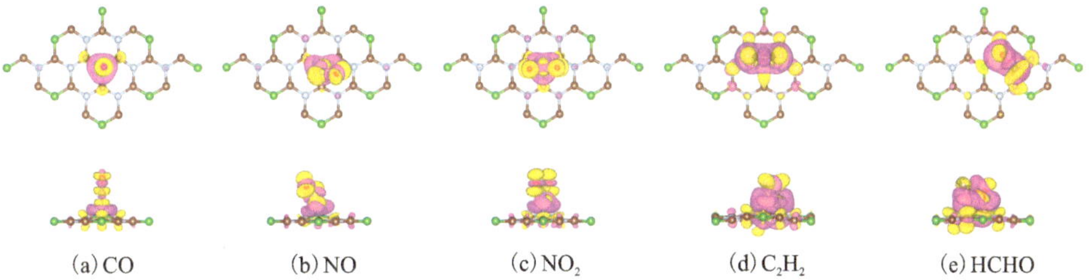

黄色和洋红色的电子云分别表示电子的积累与消耗。

图 5.3　BC_3N_2 单层分别吸附 CO、NO、NO_2、C_2H_2 和 HCHO 后的差分电荷密度图

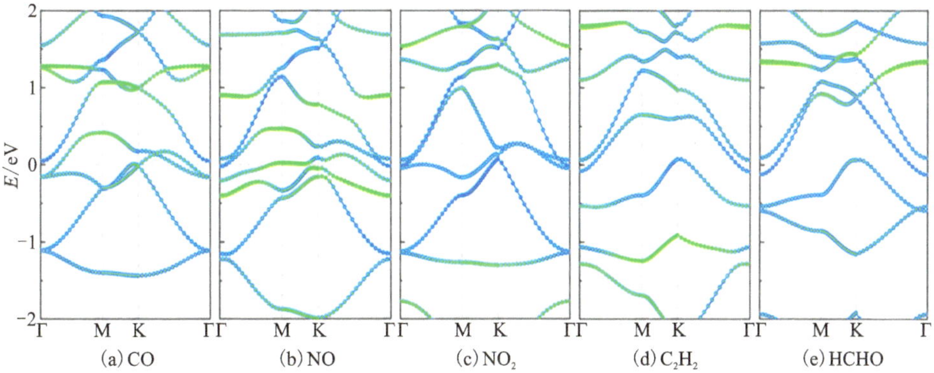

绿色和蓝色分别表示原始 BC_3N_2 单层和气体分子的贡献。

图 5.4　BC_3N_2 单层吸附 CO、NO、NO_2、C_2H_2 和 HCHO 分子后的投影能带图

5.3.3 有机气体分子在 BC_3N_2 单层上的吸附行为

图 5.2(f)~(j) 为五种有机气体分子在 BC_3N_2 单层上的能量最优吸附构型，表 5.1 中还总结了这些有机气体吸附系统的吸附能、电荷转移、最短吸附距离和吸附行为等相关属性。与无机气体分子均匀地吸附在 B 原子上的情况不同，有机气体分子的吸附行为非常复杂。具体来说，由于 CH_4、C_2H_4 和 CH_3OH 三种气体分子离 BC_3N_2 表面的最短距离分别为 3.18 Å、3.55 Å 和 3.30 Å，较长的吸附距离表明气体分子对整个吸附系统产生的影响非常微弱，也表明三种有机气体分子的吸附类型属于典型的物理吸附范畴。同时，三者的吸附能分别为-0.21 eV、-0.10 eV 和-0.31 eV，都远大于典型的物理吸附能量，进一步说明这三种有机气体分子为物理吸附。同时，这三种有机气体分子的差分电荷密度图与 NH_3 和 SO_2 等无机气体分子高度相似，系统之间没有形成共价键而是远离 BC_3N_2 单层表面，且系统间的电荷转移量相当小(为 0.01 e)。通过对比分析发现，这些有机气体分子在 BC_3N_2 单层上的吸附行为类似于它们在硼烯和石墨烯上的吸附行为[13, 19]。

与上述三种有机气体分子不同，C_2H_2 和 HCHO 在 BC_3N_2 单层上的吸附行为更为复杂，与无机气体分子也明显不同。对于 C_2H_2，两个 C 原子与 BC_3N_2 单层的其他两个 C 原子相互吸引，所形成的 C-C 键长分别为 1.53 Å 和 1.54 Å。当 C_2H_2 吸附在 BC_3N_2 单层上时，C 原子的杂化类型从 sp 变为 sp^2。而对于 HCHO 而言，HCHO 的 C 和 O 原子分别与 BC_3N_2 单层的 N 和 C 原子相互吸引，形成 C-N 键和 C-O 键，长度分别为 1.61 Å 和 1.50 Å。计算发现，C_2H_2 和 HCHO 的吸附能分别高达-5.65 eV 和-3.51 eV，这些值远大于在硼烯异质结和石墨烯中的数值，这意味着 BC_3N_2 单层对 C_2H_2 和 HCHO 两种有机气体分子显现出强烈的化学吸附特性。为了进一步理解这两种有机气体分子的化学吸附行为，书中列出了它们的差分电荷密度图[图 5.3(d)~(e)]和能带结构图[图 5.4(d)~(e)]。显然有机气体分子与 BC_3N_2 单层之间存在着明显的相互作用，相关的化学键中含有共价成分。电荷转移分析显示，电子从 BC_3N_2 单层转移到 C_2H_2 和 HCHO 气体分子中的电荷量高达-0.98 e 和-0.83 e，充分表明两种有机气体分子与 BC_3N_2 单层之间形成了离子键。此外，两种气体吸附系统的能带结果表明，系统的金属特性得到了保留并且两种有机气体分子的引入明显改变了本征 BC_3N_2 单层的占据和非占据电子态。与 CO、NO 和 NO_2 三种无机气体分子类似，C_2H_2 和 HCHO 两种有机气体分子的强烈化学吸附行为使 BC_3N_2 基气体传感器的电子输运特性发生了显著变化且影响程度要远高于无机气体分子。

进一步设计和制造 BC_3N_2 基气体传感检测装置的首要条件是精准判定气体分子在 BC_3N_2 单层上的吸附行为。无机和有机气体分子吸附在 BC_3N_2 单层上的计算结果表明，CO、NO、NO_2、C_2H_2 和 HCHO 均以化学吸附的方式吸附在 BC_3N_2 单层上。ELF 是判断系统是否成键的稳健手段，从图 5.5 所示的 ELF 图可以看出，NH_3、SO_2、CH_4、C_2H_4 和 CH_3OH 与 BC_3N_2 单层之间的 ELF 值几乎为零，表明这些气体分子与 BC_3N_2 单层之间没有形成化学键。相反，CO、NO、NO_2、C_2H_2 和 HCHO 与 BC_3N_2 单层之间的 ELF 值远大于零，表明这五种气体分子与 BC_3N_2 单层相互成键。因此，接下来探究二维 BC_3N_2 基气体传感器在气体检测领域的应用潜力主要是通过 CO、NO、NO_2、C_2H_2 和 HCHO 五种气体分子对其输运性质的影响来进行分析。

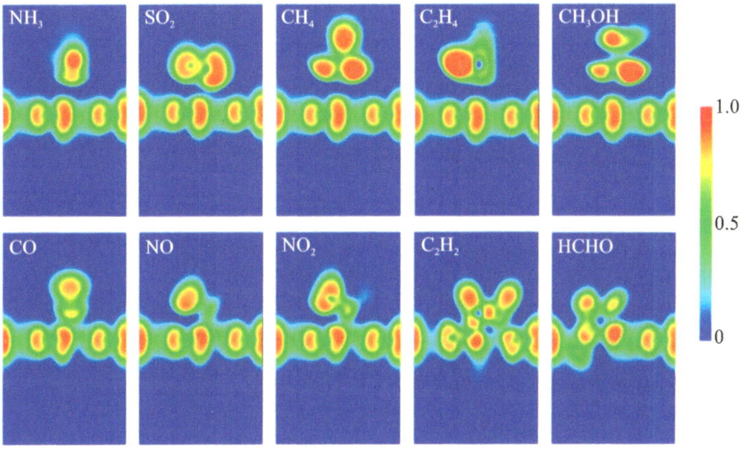

图 5.5　无机和有机气体吸附系统的 ELF 图

5.3.4　BC_3N_2 基气体传感器的气敏性能

BC_3N_2 基气体传感器的结构示意图如图 5.6(a)所示，由于所设计的 BC_3N_2 基气体传感器不存在整流效应且在正负偏压下电流沿扶手椅形(AD)方向和锯齿形(ZD)方向呈对称性分布，因此我们只考虑器件在正偏压下的电子输运行为以评估其气敏性能。此外，由于弱物理相互作用不能在器件散射区上产生额外的电子散射，气体传感器的电流在此类气体分子吸附前后几乎保持不变，因而器件气敏性能不明显。因此，在接下来的研究中主要探究 BC_3N_2 基气体传感器对 CO、NO、NO_2、C_2H_2 和 HCHO 五种气体分子的气敏特性。图 5.7(a)显示了 BC_3N_2 单层矩形单胞的能带结构，结果表明 BC_3N_2 单层在

Γ-X 和 Γ-Y 两条路径的费米能级区域存在明显的各向异性。如图 5.6(b)所示，在施加相同的偏压下，电子在本征的 BC_3N_2 基二维器件中沿 AD 方向比沿 ZD 方向更容易流动，在所考虑的偏压范围内沿两个方向的最大电流值分别为 21.30 μA 和 46.50 μA。

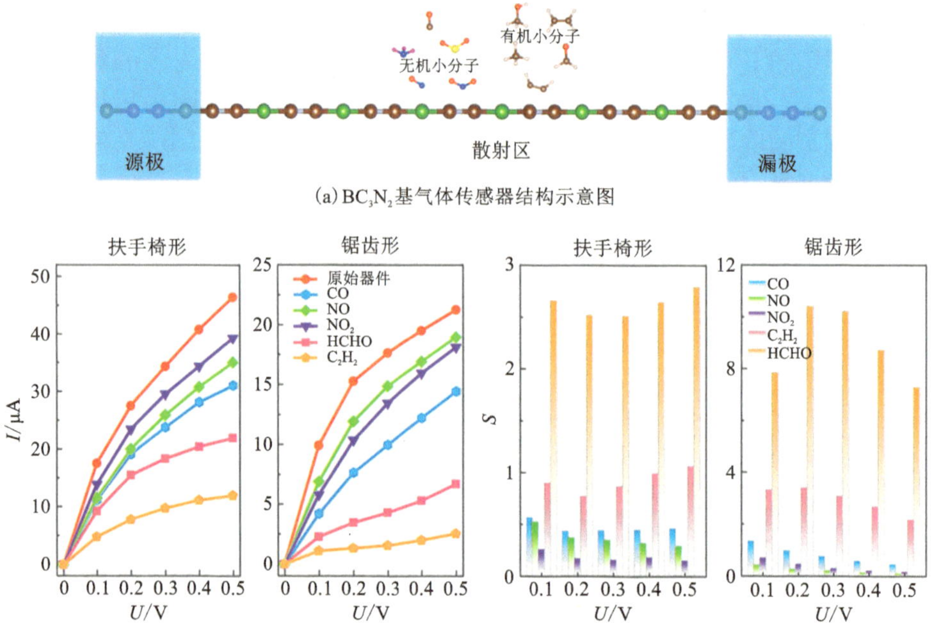

(b) BC_3N_2基气体传感器沿扶手椅形和锯齿形方向的电流-电压曲线

(c) 不同偏压下，BC_3N_2基气体传感器沿扶手椅形和锯齿形方向的气体灵敏度

图 5.6　BC_3N_2 气敏器件及其气敏性能

图 5.6(b)为 BC_3N_2 基气体传感器吸附气体分子后在不同方向上的 I-U 曲线变化情况。与原始 BC_3N_2 器件输运结果相比，气体传感器在吸附五种气体分子后，电流均受到了明显抑制。这是因为气体分子在电极之间的传输区域造成了大量的电子散射，从而抑制了已有的电流通道，也可以等效为气体分子给整个器件系统额外引入了新“电阻”，从而导致电流的下降。此外，还计算了 CO、NO、NO_2、HCHO 和 C_2H_2 五种气体分子的各向异性比(I_a/I_z)，如图 5.7(b)所示。结果表明，BC_3N_2 基气体传感器对五种气体分子表现出各向异性选择性。由图 5.7(b)可知，C_2H_2 在所有考虑气体分子中吸附效果最好，在偏压为 0.3 V 时，其各向异性比高达 6.22。同时，在 CO、NO、NO_2 和 HCHO 四种气体分子中也发现了各向异性传感行为，它们的各向异性比的最大值分别为 2.66、

1.84、2.41 和 4.48。总而言之，气体分子吸附在 BC_3N_2 基气体传感器上的各向异性电流可以沿着 AD 或 ZD 方向进行适当调制。

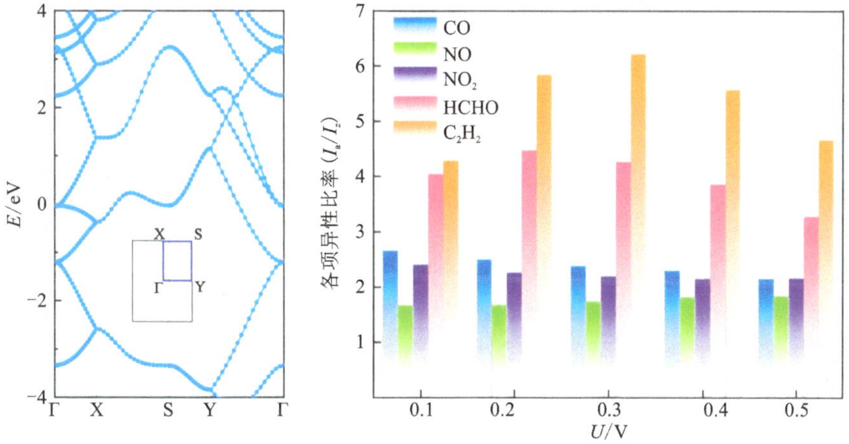

(a) BC_3N_2 单层的能带结构　(b) BC_3N_2 基气体传感器在吸附五种化学吸附气体分子后的各向异性电流比

图 5.7　二维 BC_3N_2 能带及其气敏器件各向异性电流比

进一步地，图 5.6(c) 显示了 BC_3N_2 基气体传感器沿 AD 和 ZD 方向对 CO、NO、NO_2、HCHO 和 C_2H_2 五种气体分子灵敏度 S 的大小，可以看出五种气体分子在 AD 方向和 ZD 方向有明显可区分的气体灵敏度。对于无机气体分子，CO 分子被吸附后电流下降比例明显高于 NO 和 NO_2 两种分子，这表明 BC_3N_2 基气体传感器对 CO 分子的气敏性更显著。同时，CO 分子在 AD 和 ZD 方向的最高灵敏度分别为 0.56 和 1.3，这表明沿 ZD 方向检测 CO 分子比沿 AD 方向更有利。尽管在五种气体吸附系统中，沿 AD 方向的电流比沿 ZD 方向大得多，但它们的气体灵敏度却恰好相反，较低的电流反而对应于较大的气体灵敏度。综上所述，BC_3N_2 基气体传感器在检测无机和有机气体分子上存在高度各向异性且气敏性能优异。

有趣的是在有机气体分子 C_2H_2 和 HCHO 被吸附后，器件系统中各向异性仍然存在。与其他有机气体分子的情况相比，C_2H_2 分子会在 BC_3N_2 基气体传感器的中心散射区形成更强的电子散射，表现为 BC_3N_2 基气体传感器在吸附 C_2H_2 之后电流被显著抑制，沿 ZD 和 AD 方向的最大电流仅为 2.79 μA 和 12.00 μA。在所考虑的偏压范围内，C_2H_2 气体分子的灵敏度在两个方向上都非常高。在 0.2 V 时，C_2H_2 气体分子沿 ZD 方向的气体灵敏度 S 最大，可达 10.43，且在 0.5 V 时其最小气体灵敏度也高达 7.30，这比其他四种气体分子气敏性能优异得多。另外，BC_3N_2 基气体传感器在 AD 方向对有机气体分子的灵敏度远高于同偏压下的无机气体分子，这表明 BC_3N_2 基气体传感器件对有机气体分子更敏感，特别是 C_2H_2 分子。此外，对于 HCHO 分子，其沿 ZD 和 AD 方向最大气体灵敏度值 S 分别为 3.41 和 1.07，这些值虽然比 C_2H_2 气体分子小，但远高于其他文献中所报道的数值[20]。总的来说，BC_3N_2 基气体传感器对有机气体的探测性能要比无机气体优异，在气体分子检测领域显示出巨大的应用潜力。

为了解释 BC_3N_2 基气体传感器的高气敏性能的物理机理，进一步计算了器件系统在不同偏压下沿 ZD 方向吸附 C_2H_2 分子后的散射态，如图 5.8 所示。对于原始的二维 BC_3N_2 基器件，其优异的金属特性使其在零偏压下展现出三条稳固的散射通道，并产生如图 5.6(b) 所示的巨大电流。在 C_2H_2 分子吸附后，第一条散射通道的散射态在零偏压时沿着器件输运方向均匀分布，而另外两条散射通道的散射态则主要局域在左侧。当偏压增加到 0.2 V 时，第一条散射通道也受到抑制，导致 BC_3N_2 基气体传感器的电流急剧减少，从而此时的气体灵敏度高达 10.43。当偏压增加到 0.5 V 时，第一条散射通道逐渐恢复，虽然保留了部分离域特性，但电子重新参与电导，从而导致气体灵敏度降低。总而言之，五种气体分子主要通过在 BC_3N_2 基气体传感器的中心散射区引入一些局域态来影响传输通道中的电子传输，从而降低器件电导率，形成高气敏性。

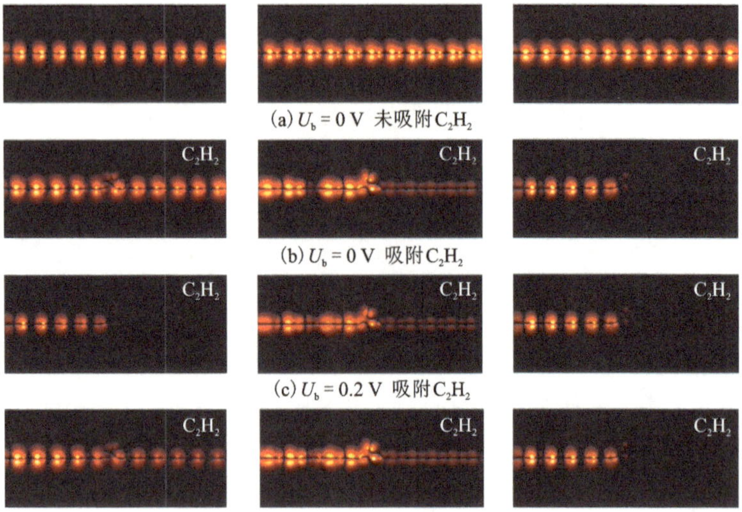

(a) $U_b = 0$ V 未吸附 C_2H_2

(b) $U_b = 0$ V 吸附 C_2H_2

(c) $U_b = 0.2$ V 吸附 C_2H_2

(d) $U_b = 0.5$ V 吸附 C_2H_2

图 5.8　BC_3N_2 基气体传感器的散射态

5.4　本章小结

综上所述，本章研究了无机（CO、NH_3、NO、NO_2 和 SO_2）和有机（CH_4、C_2H_2、C_2H_4、HCHO 和 CH_3OH）气体分子在 BC_3N_2 单层上的吸附行为。无机和有机气体分子在 BC_3N_2 单层上的吸附类型可以分为两类：第一类是 CO、NO、NO_2、C_2H_2 和 HCHO 分子的化学吸附，第二类则是 NH_3、SO_2、CH_4、C_2H_4 和 CH_3OH 分子的物理吸附。此外，结合非平衡格林函数方法还探究了 BC_3N_2 基气体传感器的电子输运特性。结果表明，本征的 BC_3N_2 基气体传感器的电子输运行为具有很强的各向异性。进一步地，气体分子发生化学吸附后，由于气体分子会在器件中心散射区引起额外的电子散射，BC_3N_2 基气体传感器的电子传输通道被抑制，因而与原始 BC_3N_2 基二维器件相比，器件电流在气体吸附后均明显减弱。气体分子被吸附后形成的不同电信号表明 BC_3N_2 基气体传感器对气体分子具有不同的灵敏度。在锯齿形方向上，对无机气体分子 CO 和有机气体分子 C_2H_2 的最大气体灵敏度分别是 1.36 和 10.43，而两者在扶手椅形方向上的最大气体灵敏度仅为 0.57 和 2.79。同时，通过计算 BC_3N_2 基气体传感器在不同偏压下吸附 C_2H_2 分子后的散射态解释了该气体传感器高气敏性能的物理机理。总的来说，BC_3N_2 基气体传感器在探测无机和有机气体分子领域具有极大的应用前景。

参考文献

[1] GHANY N A, ELSHERIF S A, HANDAL H T. Revolution of Graphene for different applications: State-of-the-art[J]. Surfaces and Interfaces, 2017, 9: 93-106.

[2] LI Z, DENG S, XU R, et al. Combination of nitrogen-doped graphene with MoS_2 nanoclusters for improved Li-S battery cathode: Synthetic effect between 2D components[J]. Electrochimica Acta, 2017, 252: 200-207.

[3] HAYASHI C, GARMIRE D, YAMAUCHI T, et al. High on-off ratio graphene switch via electrical double layer gating[J]. IEEE Access, 2020, 99: 1-1.

[4] ZHANG Y, PEI Q, LIU H, et al. Thermal conductivity of a *h*-BCN monolayer[J]. Physical Chemistry Chemical Physics, 2017, 19(40): 27326-27331.

[5] YU J, HE C, PU C, et al. Prediction of stable BC_3N_2 monolayer from first-principles calculations: Stoichiometry, crystal structure, electronic and adsorption properties[J]. Chinese Chemical Letters, 2021, 32(10): 3149-3154.

[6] SONG L, LIU Z, REDDY A, et al. Binary and ternary atomic layers built from carbon, boron, and nitrogen[J]. Advanced Materials, 2012, 24(36): 4878-4895.

[7] BENIWAL S, HOOPER J, MILLER D, et al. Graphene-like boron-carbon-nitrogen monolayers[J]. ACS Nano, 2017, 11(3): 2486-2493.

[8] Seo T H, Lee W K, Lee K S, et al. Dominant formation of h-BC_2N in h-$B_xC_yN_z$ films: CVD synthesis and characterization[J]. Carbon, 2021, 182: 791-798.

[9] PAN H, SUN Y, ZHENG Y, et al. B_4CN_3 and B_3CN_4 monolayers as the promising candidates for metal-free spintronic materials[J]. New Journal of Physics, 2016, 18(9): 093021.

[10] LIU C, JIA R, YE X, et al. Non-hexagonal symmetry-induced functional T graphene for the detection of carbon monoxide[J]. The Journal of Chemical Physics, 2013, 139(3): 034704.

[11] KO K, PARK K, LEE S, et al. Recovery improvement for large-area tungsten diselenide gas sensors[J]. ACS Applied Materials & Interfaces, 2018, 10(28): 23910-23917.

[12] SCHEDIN F, GEIM A, MOROZOV S, et al. Detection of individual gas molecules adsorbed on graphene[J]. Nature Materials, 2007, 6(9): 652-655.

[13] HUO Y, LIU R, SUN Q, et al. Inorganic gas sensing performance of χ_3-borophene and thevan der Waals heterostructure[J]. Applied Surface Science, 2022, 581: 151906.

[14] KRESSE G, FURTHMÜLLER J. Efficient iterative schemes for ab initio total-energy calculations using a plane-wave basis set[J]. Physical Review B, 1996, 54(16): 11169.

[15] PERDEW J, BURKE K, ERNZERHOF M. Generalized gradient approximation made simple[J]. Physical Review Letters, 1996, 77(18): 3865.

[16] HEYD J, SCUSERIA G, ERNZERHOF M. Hybrid functionals based on a screened Coulomb potential[J]. The Journal of Chemical Physics, 2003, 118(18): 8207-8215.

[17] GRIMME S. Semiempirical GGA-type density functional constructed with a long-range dispersion correction[J]. Journal of computational chemistry, 2006, 27(15): 1787-1799.

[18] SMIDSTRUP S, MARKUSSEN T, VANCRAEYVELD P, et al. QuantumATK: an integrated platform of electronic and atomic-scale modelling tools[J]. Journal of Physics: Condensed Matter, 2019, 32(1): 015901.

[19] LEENAERTS O, PARTOENS B, PEETERS F M. Adsorption of H_2O, NH_3, CO, NO_2, and NO on graphene: A first-principles study[J]. Physical Review B, 2008, 77(12): 125416.

[20] SHEN J, YANG Z, WANG Y, et al. Organic gas sensing performance of the borophene van der Waals heterostructure[J]. The Journal of Physical Chemistry C, 2020, 125(1): 427-435.

第 6 章

基于 C_5N 的二维器件的电子输运和无机气敏性能研究

6.1 引言

21 世纪以来，材料科学一直在迅速发展。新型的二维材料因其卓越的电学、光学和力学性能而受到广泛关注。尽管石墨烯具有许多令人惊叹的特性，诸如其优异的导电性和强韧性，但科学家们逐渐认识到其局限性，例如零带隙以及在一些特定应用中的限制[1-6]。

为了突破这些限制，研究者开始探索引入其他元素，如用氮来改变石墨烯的性质。由于 C-N 键(1.41 Å)和 C-C 键(1.42 Å)的键长相近，掺杂 N 原子之后，石墨烯的结构并没有产生扭曲或变形。N 的电负性(3.04)大于 C 的电负性(2.55)，N 原子会在碳结构网络中产生极化，从而影响石墨烯的电学、磁学以及光学特性。此外，氮原子的掺杂极大地改变了石墨烯的电子状态，使其对特定反应和催化过程表现出更高的活性。通过掺杂氮原子，研究者们成功改变了石墨烯的性质，为开发新型二维材料打开了新的局面。

截至目前，实验中合成的二维碳氮材料表现为半导体性质，而理论上预测的二维碳氮材料大多也是半导体或绝缘体材料[7-8]。具有金属或半金属特征的二维碳氮材料仅有少数，如 C_4N[9-10] 和 C_9N_4[11] 等。因此，寻找具有金属或半金属性质的二维碳氮材料对于未来实际应用的多样性具有重要意义。在这个背景下，C_5N 材料的研究变得尤为重要。C_5N 是一种由碳原子构成的纳米材料，其结构由交叉连接的石墨烯纳米带组成，为一种网络状的结构。与其他碳纳米材料(如碳纳米管和石墨烯)相比，C_5N 具有更高的力学强度和导电性。其卓越的力学性能使其在高强度材料的应用中表现出色，具有出色的耐久性和抗拉强度。同时，C_5N 的优越导电性能使其在电子器件、能源存储、催化剂和传感器等领域具有广泛应用潜力。科学家们一直在不断深入探索 C_5N 的结构、性能和潜在应用，希望将其引入更多领域，并为材料科学领域带来新的突破和创新。

Wang 等人提出使用 C_5N 作为一种可行的宿主材料来解决锂硫电池中锂多硫化物溶解和迁移的问题。在他们的研究中，对 C_5N 进行了晶格参数、能带结构、态密度以及电子能带间隙等方面的计算。同时，对 C_5N 与锂多硫化物之间的吸附能和相互作用进行了计算。这项研究的结果对于设计和开发更高性能的锂硫电池具有重要意义[12]。Mortazavi 等人深入研究了纳米孔状 C_5N 单层材料的电子性质、光催化性质和热传导性质。他们发现，C_5N 单层材料具有优良的导电性和高电子迁移率，并表现出良好的光催化活性。在可见光范围内，该材料具有优异的光吸收和光催化反应效率。这一研究为开发和利用该材料提供了理论基础和指导[13]。

基于以上研究，我们对 C_5N 的电子性质和光催化以及热传导性质有了一定的了解，但是对于该材料的电子输运方面并未看到相关信息。那么在此次工作中，我们利用第一性原理方法计算了 C_5N 的传输性能和气敏特性。首先我们构建了沿两个方向的 C_5N 纳米器件，发现两个方向的电子输运差别显著，并且出现了负微分电阻效应。然后在此基础上还设计了吸附五种无机小分子(如 CO、NO、NO_2 和 NH_3)的气体传感器器件模型，通过不同的吸附位点来确定最稳定的结构，进而探究它们的气敏特性。通过这一系列研究，我们有望揭示 C_5N 二维材料的独特之处，并为其在新型材料领域的发展和应用提供深刻的理论基础。这不仅将推动二维材料领域的发展，同时也为未来碳基材料的设计和合成提供新的思路和方法[14]。

6.2 结构和理论模型

C_5N 的电子结构和力学性质的计算是通过维也纳从头算模拟软件包(VASP)进行的，使用了 GGA-PBE 交换-相关泛函。在第一布里渊区进行优化和计算的 k 点网格采样点为 13×13×1。为了排除周期性图像之间的相互作用，在超胞中设置了大约 20 Å 的真空空间。在计算过程中，原子力的收敛标准设定为 0.01 eV/Å。平面波基组截断能量值为 520 eV，自洽环路截止能量设定为 10^{-5} eV。此外，Grimme 提出的 DFT-D3 方法被用来描述 C_5N 层间或无机分子和 C_5N 结构之间的 vdW 相互作用。

在研究五种气体分子（CO、CO_2、NO、NO_2 和 NH_3）在 C_5N 表面的吸附行为时，我们比较了原子（顶部）上方、空穴（空心）上方和原子键（桥）上方的位置，根据吸附能的大小确定了总能量最低最稳定的吸附位点，吸附在材料表面上的气体分子的吸附能（E_{ad}）定义如下：

$$E_{ad} = E_{tot} - E_{C_5N} - E_{gas} \tag{6.1}$$

其中，E_{tot} 为吸附结构的总能量；E_{C_5N} 为原始 C_5N 的能量；E_{gas} 为气体分子（CO、NO、NO_2、NH_3、SO_2）的能量。

为了更有效地比较传感器对不同气体分子的传感性能，气体传感器的灵敏度（S）定义为：

$$S = \frac{|I_0 - I|}{I} \times 100\% \tag{6.2}$$

其中，I_0 为在 C_5N 表面上没有气体分子情况下的电流；I 为有气体分子情况下的电流。

6.3　结果和分析

6.3.1　C_5N 单层的几何结构与电子特性

图 6.1（a）为原始 C_5N 单层的电子结构示意图，上面板为俯视图，呈现出网状结构。在该结构中，C_5N 由 5CN（五边形）-8CN（八边形）-5C（五边形）环组成。下面板为 C_5N 单层的侧视图，与其他褶皱二维材料不同，它的结构如平面一样平坦。图 6.1（a）中蓝色方框是 C_5N 材料的最小重复单元，晶胞由 10 个 C 原子和 2 个 N 原子组成，具有 AMM2 对称性，优化后的晶格参数为 a = 3.65 Å，b=8.9 Å。这一结果与 Wang 之前的报告一致。为了更好地了解 C_5N 的分子结构和键合机制，我们计算了其 ELF，如图 6.1（a）左上角所示。ELF 用于描述电子在分子中的局域性分布，提供了电子在空间中的分布情况以及键合性质的信息。从图 6.1（a）中可以观察到 C-N 键的 ELF 值为 0.8，C-C 键的 ELF 值高达 0.9，这说明它们之间存在较强的共价特征。此外，我们还可以看到中空位点的电子分布很稀疏［图 6.1（a）左上角所示的蓝色部分］，这意味着电子可以更容易地在空位附近移动而不受局域态的束缚，从而促进了电子的传输。较低的局域态密度也可以提高材料的光电性能。这些发现为 C_5N 材料在电子传输和光电性能方面的优越性提供了深入的理论支持。

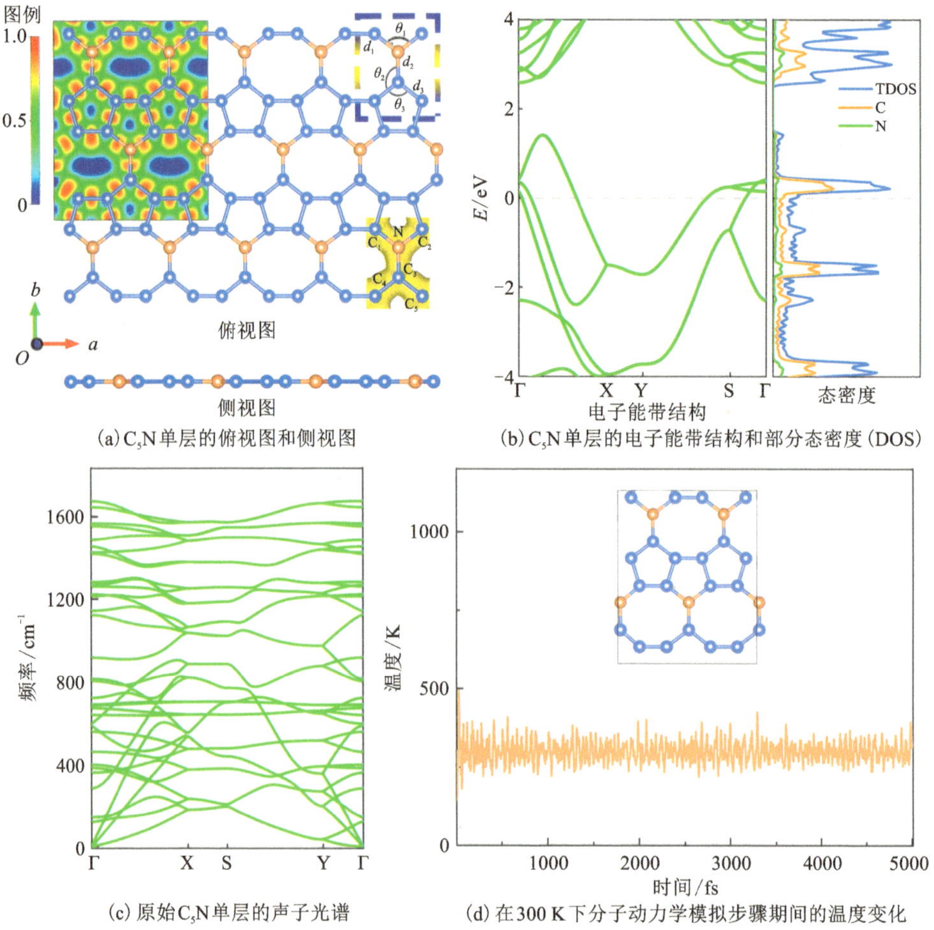

(a) C_5N单层的俯视图和侧视图

(b) C_5N单层的电子能带结构和部分态密度(DOS)

(c) 原始C_5N单层的声子光谱

(d) 在300 K下分子动力学模拟步骤期间的温度变化

图 6.1　C_5N 单层的几何结构和电子特性

图 6.1(b)中左方框是用 PBE 方法计算的 C_5N 单层的能带结构图(绿色线)。从图 6.1(b)中可以观察到价带的最大值远高于费米能级，这表明 C_5N 具有金属性质。同时，我们对 C_5N 的部分态密度(DOS)进行了研究，明显观察到在费米能级处的贡献主要来自 C 原子(橙色线)，直接说明了 C_5N 的金属性质由 C 原子决定。此外，我们还计算了 C_5N 单层的声子色散曲线，用来验证其稳定性。根据图 6.1(c)的观察结果，C_5N 单层在整个布里渊区域内没有虚频率的存在，且最高声子频率达到 1678.62 cm^{-1}。这表明原始 C_5N 单层是动态稳定的二维材料。通过从头算分子动力学(AIMD)模拟，我们成功验证了 C_5N 单层的热力学稳定性。如图 6.1(d)所示，在整个模拟过程中，未观察到几何重建或

键的断裂现象，这表明 C_5N 单层在模拟室温条件下能够保持良好的结构稳定性。

6.3.2　二维 C_5N 纳米器件的输运特性

在二维材料中，晶格结构的不同取向可能导致电子在传输过程中的速度和路径存在差异。这意味着电子在材料中的传输将受到晶格结构各向异性性质的影响。为了深入挖掘二维纳米器件 C_5N 单层的传输特性，我们设计了沿锯齿形方向和扶手椅方向的二维纳米器件，器件模型如图 6.2(a)所示，由三个部分组成，分别是左电极(L)、中间的散射区域(C)和右电极(R)。左电极和右电极用于引入和提取电流，而中间的散射区域则是电流在器件中传输的区域。接下来，我们计算了沿扶手椅方向(绿色)和锯齿形方向(橙色)的 $I-U$ 特性曲线，如图 6.2(b)所示。在 0~2 V 的偏压范围内，C_5N 单层在扶手椅方向的电导率明显高于锯齿形方向的电导率，表现出强烈的各向异性。当扶手椅方向(绿色)的电压小于 1.5 V，锯齿形方向(橙色)的电压小于 1.2 V 时，观察到两个方向上的电流与电压之间近似成正比关系，电流随着偏压的增加而线性增加。因此，当外加偏压较小时，两个方向的器件都表现为较好的良导体。

然而，当外加偏压超过 1.2 V 时，我们观察到锯齿形方向的电流不再随偏压的增加而增大，而是呈现逐渐减小的趋势，并最终趋近于零。这种现象表明出现了 NDR 效应，即电流与电压之间的关系呈现负斜率关系，电流随着电压的增加而减小。这一效应使气体传感器能够利用 NDR 效应减小响应时间，从而快速检测气体浓度的变化。同时，还可以利用 NDR 效应来优化工作点，使其在不同环境条件下保持稳定，并且减少对传感器性能的影响。这为 C_5N 单层作为二维材料在纳米器件应用中展现出的优越传输性能提供了深入的理论基础。

为了进一步揭示 C_5N 单层的电子输运各向异性，我们给出了扶手椅方向(绿色)和锯齿形方向(橙色)的相关输运光谱，如图 6.2(c)所示。根据图 6.2(c)所显示的信息，可以直观地观察到扶手椅方向比锯齿形方向在费米能级具有更大的传输系数。图 6.2(c)中的结构插图是零偏压下费米能级处的局部态密度分布(LDOS)，从图 6.2(c)中可以观察到，扶手椅方向上的 LDOS 分布在整个纳米带中表现出良好的离域性。这有助于电子通过中心散射区域过渡到右电极，促进有效的电子传输并导致更高的电流值。相反锯齿形方向的 LDOS 主要分布在纳米带的左边区域，比较局域化，这种局域化意味着通道被抑制，影响了电子的传输能力。根据以上分析结果，C_5N 单层结构呈现出强烈的各向异性。扶手椅方向在费米能级处表现出更好的传输性能。

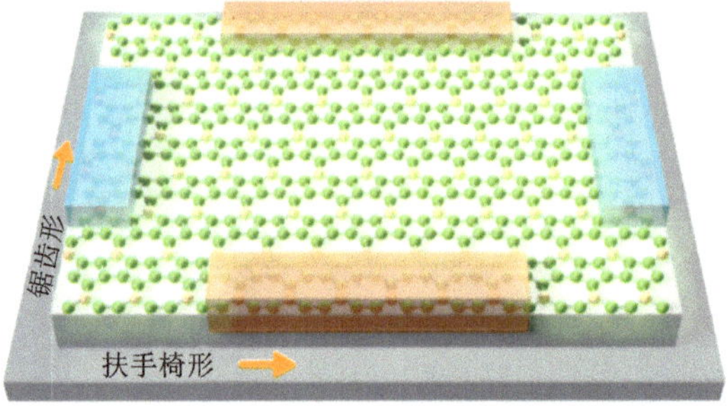

(a) 基于2D C_5N的器件模型结构示意图

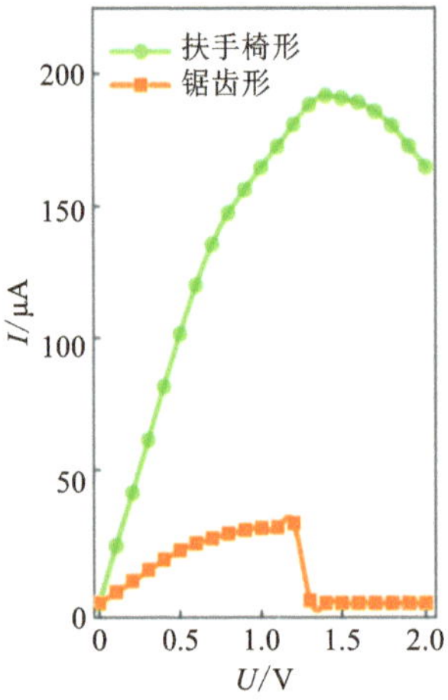

(b) 基于C_5N的纳米器件的电流-电压 (I-U) 特性

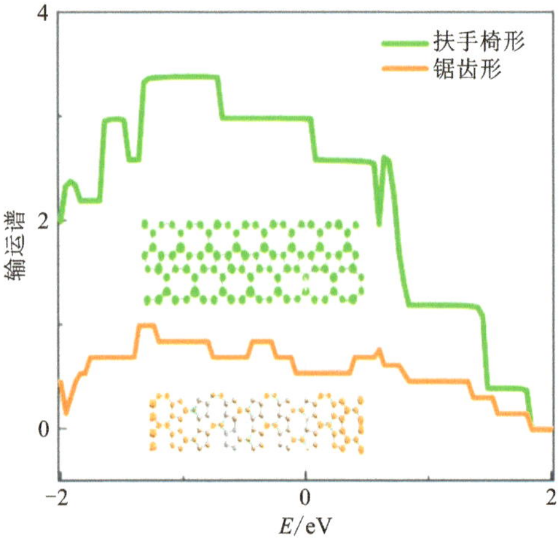

(c) 零偏压下沿两个方向的透射光谱

插图显示了费米能级的局域态密度(LDOS)。

图 6.2　二维 C_5N 纳米器件输运特性

6.3.3　基于 C_5N 的气体传感器的气敏性能

接下来，我们对五种无机气体小分子(CO、NH_3、NO、NO_2、SO_2)在 C_5N 单层上的吸附行为进行详细研究。在构建吸附模型时，我们全面考虑了多种吸附位点，以确保获得最稳定的吸附构型。这些位置包括 5CN 环和 8CN 环中 C 或 N 原子的顶部(即原子上方)，五方环的 C 原子的顶部(即原子上方)、空心(即空穴上方)，以及 C-C 键和 C-N 键上的桥接位置(即原子键上方)。我们最终确定了五种气体分子在 C_5N 单层上能量最稳定的吸附构型，如图 6.3 所示。此外，我们还计算了气体分子与 C_5N 片之间相关的参数，如吸附能、最短距离以及小分子上的 Bader 电荷，详细数据列于表 6.1。

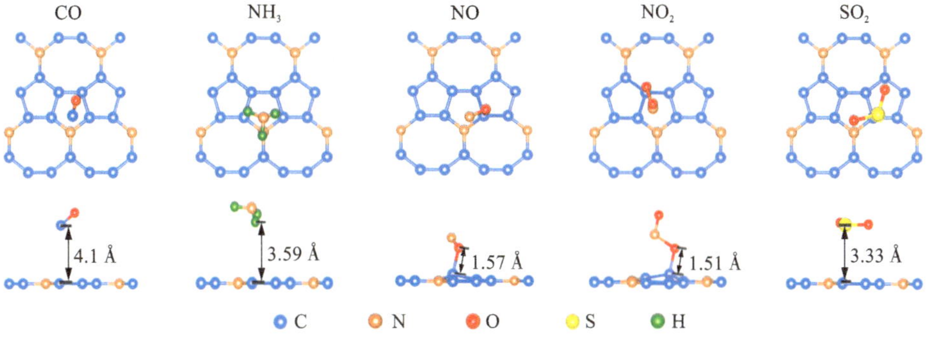

(a) 最稳定构型的 C_5N 原子结构

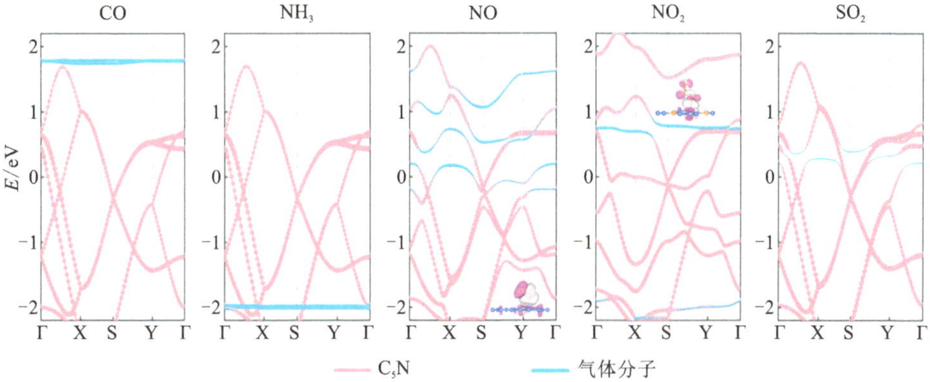

(b) 能带结构

图 6.3　不同气体分子吸附后最稳定吸附构型的 C_5N 原子结构与吸附结构相对应的能带结构

表 6.1　二维 C_5N 最稳定吸附构型的各气体分子吸附参数

气体分子	吸附能/eV	吸附距离/Å	电荷转移/e	吸附类型
CO	−0.02	4.10	0.01	物理吸附
NH_3	−0.02	3.59	−0.01	物理吸附
NO	−1.01	1.57	0.48	化学吸附
NO_2	−1.64	1.51	0.62	化学吸附
SO_2	−0.12	3.33	0.11	物理吸附

气体分子在吸附过程中倾向于以平行方向或垂直方向被吸附，这取决于吸附物和基底之间的相互作用力以及吸附位点的几何结构，当衬底与气体分子的相互作用较弱，如范德华力等非共价相互作用时，气体分子更容易以平行方向

被吸附。在图6.3中观察到CO、NH_3、SO_2三种分子都倾向于以平行方向被吸附，并且在吸附小分子后，C_5N单层的结构几乎没有变化。三种气体分子与C_5N片之间的最短距离分别为4.10 Å、3.59 Å和3.33 Å。根据表6.1中给出的数据进一步分析，可以发现三种吸附能的绝对值都小于0.5 eV。吸附能的大小反映了分子和表面之间相互作用的强度，较大的吸附能表示分子和表面相互作用较强，吸附更加稳定。相反，较小的吸附能意味着相互作用较弱，吸附相对不稳定，吸附分子容易脱离。电荷转移是指从吸附表面到吸附分子(或从吸附分子到吸附表面)的电子转移过程。若电荷转移幅度很小，则说明在吸附过程中离子之间的相互作用不显著。CO、NH_3和SO_2吸附模型上的电荷转移幅度小于0.05 e，因此，根据以上分析可以得出结论，三种气体分子都通过物理吸附吸附在C_5N片上。

当气体分子与吸附位点之间的相互作用较为强烈时，它们倾向于以垂直方向被吸附。这种吸附方式通常发生在具有较强的化学键形成或电荷转移的情况下。在图6.3中观察到NO、NO_2两种分子都倾向于以垂直方向被吸附，并且在吸附小分子后，C_5N单层的几何结构发生变化。NO和NO_2气体分子和C_5N片之间的最短距离分别为1.57 Å和1.51 Å，吸附能分别为-1.01 eV和-1.64 eV，电荷转移分别为-0.48 e和0.62 e，如表6.1所示。短的距离、大的吸附能和电荷转移这些特征表明吸附分子与C_5N衬底之间发生了较强的相互作用，并且更倾向于化学吸附。气体小分子在表面的吸附可以改变体系的电子结构，从而影响其特性和性能。

为了更全面地了解吸附系统。图6.3中给出了这些吸附构型的能带图。其中粉色和蓝色曲线分别表示C_5N和气体小分子的贡献。我们可以观察到CO、NH_3和SO_2吸附在C_5N单层系统上的能带与原始的能带相差不大，表明吸附分子的电子态对于C_5N单层的电子结构影响非常有限。CO主要影响费米能级以上的占据态，而NH_3主要影响费米能级以下的未占据态，两种气体小分子都远离费米能级，吸附小分子仅通过弱的范德华力或物理吸附与固体表面相互作用。比较图6.3中NO、NO_2能带结构可以清楚地看出，NO和NO_2分子在C_5N上的吸附改变了系统在费米能级附近的能带分布。图6.3中的插图为吸附在C_5N表面的NO和NO_2小分子的差分电荷密度，粉色区域代表电子的增益，表明在该区域电子从衬底单层转移到气体分子，白色区域是电子的损益，表明在该区域电子从气体分子转移到衬底单层。从图中可以看出，在小分子和C_5N表面之间存在着大量电子相互作用，可以推断出在小分子和衬底表面之间产生了额外的电子和化学键，这是由于小分子与衬底表面发生了化学吸附，形成了化学键，从而引入了额外的电子。该结果与表6.1中列出的Bader电荷计算结果一致。因此，进一步证明了 NO、NO_2 表现出较强的吸附性。

正如我们所知，电导率或电阻率是气敏材料中电子传输的关键参数。当气体分子与气敏材料相互作用时，电子的传输会受到气体分子的散射影响，从而改变材料内部的电子输运。因此，在传感器、催化剂和电子器件等应用领域，这种影响具有重要意义。基于我们对 NO 和 NO_2 吸附行为的研究，我们构建了以 C_5N 单层为基础的气体传感器装置，如图 6.4(a) 所示。在图 6.4(b) 中，我们计算了气体分子吸附前后系统的 I–U 特性曲线，偏压范围为 0.0~0.8 V，上面板为扶手椅方向的 I–U 图，下面板为锯齿形方向的 I–U 图。在相同的偏置电压下，吸附系统沿两个方向的电流显著低于原始 C_5N(蓝色实线)单层。这是因为电子流经材料时，它们可以在气体分子周围散射从而导致电子改变原本的运动轨迹，这种散射会在电子传输过程中引入附加的阻力或障碍，从而导致电子流的减弱。我们还能够从图 6.4(b) 中清晰地观察到扶手椅方向的电流明显高于锯齿形方向的电流，这表明了显著的各向异性。有一个有趣的现象是，无论在哪个方向，NO_2 分子在 I–U 特性中都表现出最小的电流，这表明 NO_2 分子对传感器的影响比 NO 分子大。气体分子的吸附对 C_5N 单层电流的影响也可以通过气体敏感性来表征，如图 6.4(c) 所示。在偏置电压为 0.1 V 时，NO 的灵敏性最大值可达 0.43 左右，而 NO_2 的灵敏性高达 81%左右，表明所设计的气体传感器对 NO_2 具有良好的传感性能。即使在传感器所测量的气体浓度变化很小时，如 0.1 V 的电压变化，传感器也能够相对准确地检测和报告这种浓度变化。

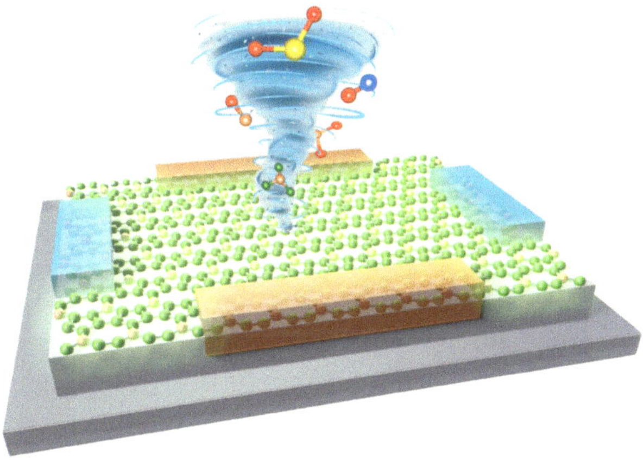

(a) 基于 C_5N 结构的气体传感器模型的示意图

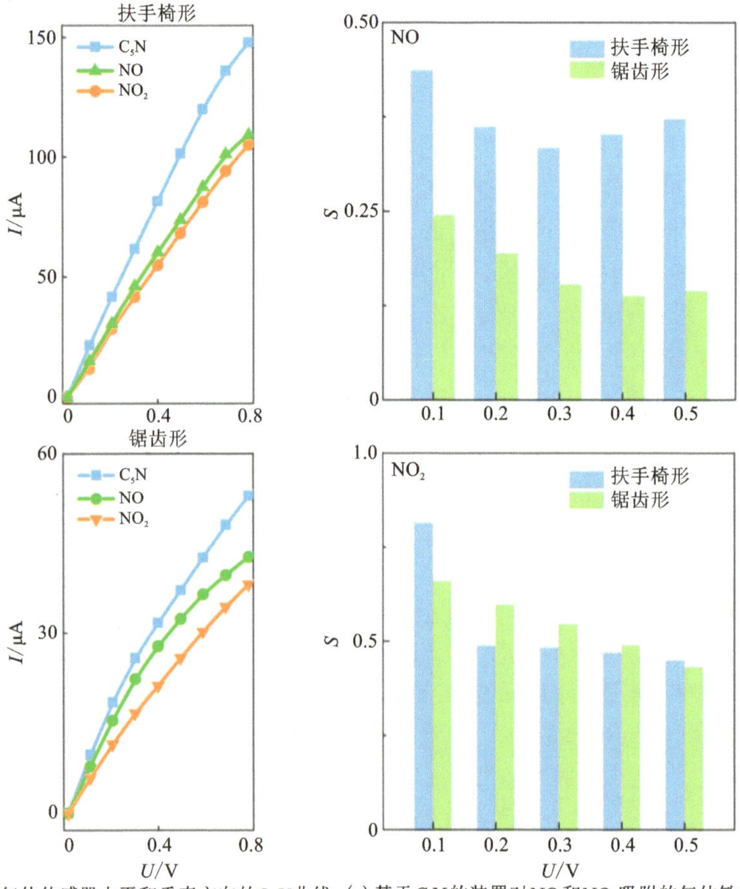

(b) 气体传感器水平和垂直方向的I–U曲线 (c) 基于C_5N的装置对NO和NO_2吸附的气体敏感性

图 6.4　基于 C_5N 的气体传感器模型及其 I–U 特性和气敏性

6.3.4　应变工程对气体传感器的良好响应

我们提出了一个非常有趣的想法，基于已有的知识，对二维材料施加应变可以改变其电子能隙大小，进而改变二维材料的光学性质，包括吸收光谱、发射光谱和折射率等。因此，我们探讨了在器件上施加一定范围内的应力对器件性能的潜在影响。接下来，我们进行了应力测试，应用于吸附了小分子 NO 和 NO_2 的器件。

图 6.5(a)为 NO 和 NO_2 在扶手椅方向上施加应力后的 I–U 曲线，我们可以清晰地看到，不论是吸附了 NO 还是 NO_2，当施加−4%的应力时，都可以得

到最佳电流，且该值高于未施加应力的本征气敏吸附电流值。前面介绍了，原始 NO 和 NO_2 气敏器件与 C_5N 纳米器件相比，在相同偏置电压下，吸附系统在两个方向上的电流都会显著下降。这是因为两个气体分子在两个电极之间形成了有效的散射中心，电子发生了额外的散射。因此，通过施加适当应力于器件，去弥补电子的这种额外散射，从而提高气敏器件的性能。

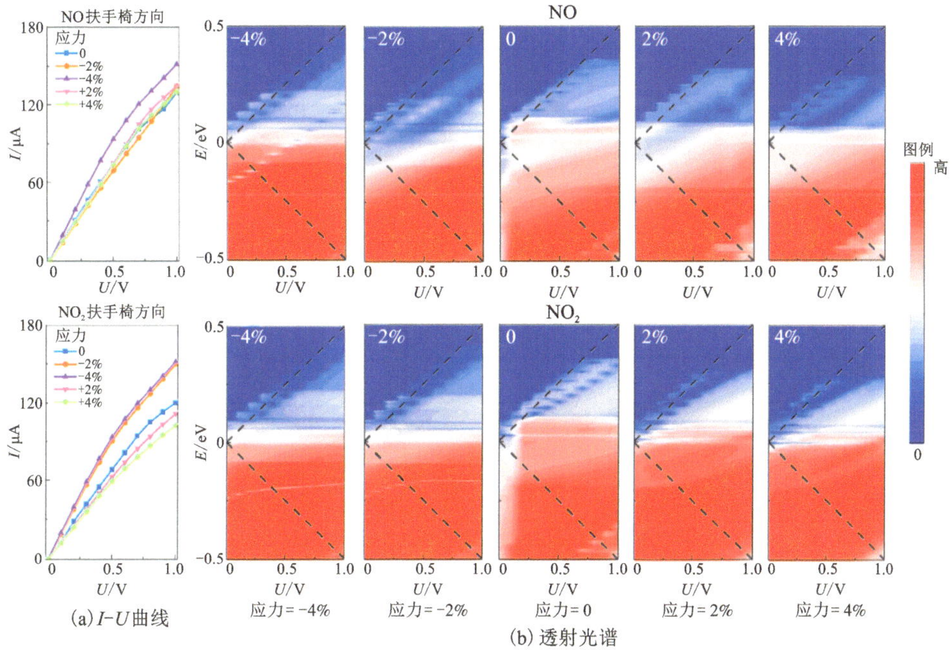

图 6.5　沿扶手椅方向承受应力的 NO 和 NO_2 气体分子的电流−电压曲线和透射光谱

气体传感器件在偏压下的性能是由费米能级附近的透射光谱决定的。在一定偏压条件下，传感器内部的电子状态和能级分布可能会发生变化，这与费米能级附近的电子态有关。而透射光谱是一种分析这些电子态的方法，为揭示偏压下传感器内部电子态的变化情况。图 6.5(b) 为透射光谱图，与 $I-U$ 图相对应。透射光谱中观察到的颜色变化反映了电流的变化趋势。在−4%应力条件下，我们注意到随着偏置电压的逐渐增加，传输系数逐渐增大，颜色逐渐变为深红色，与之相对应的是电流显著增大，这时传输系数表示的颜色呈现最深的颜色，对应了 $I-U$ 图中的最大电流。此外，在锯齿形方向 NO 的 $I-U$ 图和透射光谱图中，同样可以看到，在−4%应变条件下电流和透射光谱表现最佳，且两个方向的透射光谱图在颜色深浅上存在明显的差异，再次证明材料具有强烈的各向异性。NO_2 整体的透射光谱，显示呈现深红色，这表明应力对 NO_2 吸附器件产生更显著的效果，并且在-2%和-4%的应力下，透射光谱的传输系数都超过了 NO_2 的本征吸附电流。

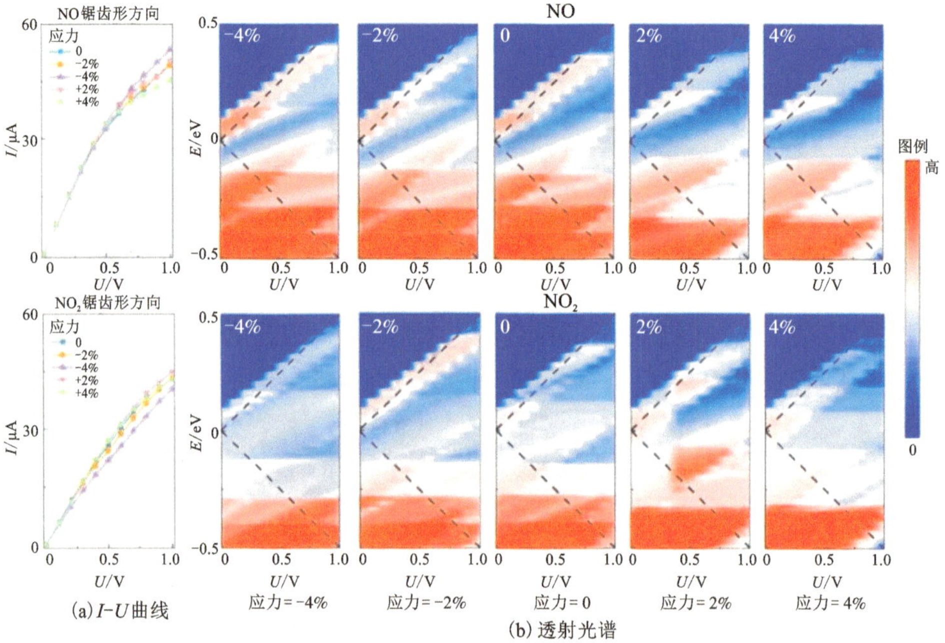

图 6.6 (a)沿锯齿形方向承受应力的 NO 和(b)NO_2 气体分子的电流-电压曲线(最左边的曲线图)和透射光谱(右边的五个图)，每个透射光谱在左上角指示施加的应力大小

与图 6.6(b)相比，同样能观察到明显的各向异性。通过应力调控器件，我们可以精细调整材料的电子结构，从而改善其 *I-U* 特性。这将有助于开发高性能的光电器件，如光伏电池、光探测器和光发射二极管。此技术还可以改变传感器的灵敏度，从而增强其检测性能用于高灵敏度传感器，如气体传感器、压力传感器等。

6.4 本章小结

我们采用 DFT 结合非平衡格林函数方法研究了 C_5N 结构的电子特性，并基于此构建了纳米器件和气体传感器，以深入探究其电子输运性质。研究结果表明，C_5N 结构呈现出金属性。在 C_5N 纳米器件方面，我们观察到沿着扶手椅方向的电流明显高于沿锯齿形方向，这表明 C_5N 纳米器件具有显著的各向异性，同时在锯齿形方向还存在 NDR 效应。气敏实验的结果显示，CO、NH_3、SO_2 可以通过物理吸附附着在 C_5N 纳米片上，而 NO 和 NO_2 则表现出较强的化学吸附性能。特别值得注意的是，我们的传感器在 0.1 V 电压下对 NO_2 表现出高达 81%左右的灵敏性。这意味着即使气体浓度变化很小，传感器也能够相对准确地检测和报告这种浓度变化。这一发现对于需要进行高精度和高分辨率的气体浓度测量非常重要。

最后，我们还发现在器件上施加适当的应力可以显著改善其性能，特别是解决了电子额外散射导致的电流降低问题。这为高性能光电器件和传感器的开发提供了潜在机会。

参考文献

[1] HU J K, TAN J X, WU D, et al. Exploring magnetic stability and valley splitting on CrI3/SiC van der Waals heterostructure[J]. Appl Surf Sci. 2021, 560: 149858.

[2] BAFEKRY A, STAMPFL C, GHERGHEREHCHI M, et al. A first-principles study of the effects of atom impurities, defects, strain, electric field and layer thickness on the electronic and magnetic properties of the C2N nanosheet[J]. Carbon, 2020, 57: 71-384.

[3] NOVOSELOV K S, GEIM A K, MOROZOV S V, et al. Electric field effect in atomically thin carbon films[J]. Science, 2004, 306: 666-669.

[4] ZENG J, CHEN Z, ZHAO X, et al. From All-Triazine C_3N_3 Framework to Nitrogen-Doped Carbon Nanotubes: Efficient and DurableTrifunctional Electrocatalysts [J]. ACS Appl Nano Mater., 2019, 2: 12.

[5] MAHMOOD J, LEE E K, NOH H J, et al. Fused Aromatic Network with Exceptionally High Carrier Mobility[J]. Adv Mater, 2021, 33: 2004707.

[6] ZHANG T, SUN J, REN L, et al. Nacre-inspired polymer composites with high thermal conductivity and enhanced mechanical strength, Compos[J]. Part A Appl Sci Manuf, 2019, 121: 92-99.

[7] ONG W J, TAN L L, NG Y H, et al. Graphitic carbon nitride (g-C_3N_4)-based photocatalysts for artificial photosynthesis and environmental remediation: are we a step closer to achieving sustainability? [J]. Chemical reviews, 2016, 116(12): 7159-7329.

[8] MAHMOOD J, LEE E K, JUNG M, et al. Two-dimensional polyaniline (C_3N) from carbonized organic single crystals in solid state[J]. Proceedings of the National Academy of Sciences, 2016, 113(27): 7414-7419.

[9] PU C, ZHOU D, LI Y, et al. Two-dimensional C_4N global minima: unique structural

topologies and nanoelectronic properties[J]. The Journal of Physical Chemistry C, 2017, 121(5): 2669-2674.

[10] LI L, KONG X, LEENAERTS O, et al. Carbon-rich carbon nitride monolayers with Dirac cones: Dumbbell C_4N[J]. Carbon, 2017, 118: 285-290.

[11] CHEN H, ZHANG S, JIANG W, et al. Prediction of two-dimensional nodal-line semimetals in a carbon nitride covalent network[J]. Journal of Materials Chemistry A, 2018, 6(24): 11252-11259.

[12] WANG D, LI H, ZHANG L, et al. 2D Nitrogen-Containing Carbon Material C_5N as Potential Host Material for Lithium Polysulfides: A First-Principles Study[J]. Advanced Theory and Simulations, 2019, 2(2): 1800165.

[13] MORTAZAVI B, SHAHROKHI M, SHOJAEI F, et al. A first-principles and machine-learning investigation on the electronic, photocatalytic, mechanical and heat conduction properties of nanoporous C_5N monolayers[J]. Nanoscale, 2022, 14(11): 4324-4333.

[14] 严深浪，岑康微，陈铜. 分子尺度器件输运性质与调控的理论研究[M]. 北京：冶金工业出版社，2022. 12.

第 7 章

基于 C_3B/石墨烯和 C_3N/石墨烯异质结气体传感器的有机分子敏感检测

7.1 引言

有机小分子(如 CH_4、C_2H_4 等)是形成细颗粒物等二次污染物的关键前提，而二次污染物又会导致雾霾、光化学烟雾等大气环境问题[1]。此外，该区域空气重污染发生频率更高，范围更广，同时发生，严重制约了社会经济的可持续发展，威胁着人们的健康[2]。然而，这些气体的排放源复杂，排放形式多样，物质种类繁多。因此，开发具有优异性能的二维气体传感器是非常必要的，其中气体传感器的材料至关重要。

单层 Gra 的成功制备，打破了二维材料在室温下不可能稳定存在的观念，为二维材料的探索打开了大门[3]。在众多二维材料中，碳材料由于具有比表面积大、稳定性高、导热性好、电子迁移性好等优异的物理化学性质，近年来在光电子器件、自旋输运器件、气敏器件等方面得到了广泛的应用[4-6]。Leenaerts[7]等人利用第一性原理方法研究了 H_2O、NH_3、CO、NO_2 和 NO 在 Gra 基底上的吸附行为。然而，石墨烯的零带隙严重阻碍了其在各个领域的实际应用。Ao[8]等人揭示了 CO 与本征石墨烯的结合能很小，吸附能力弱。有趣的是，Gra 的电子性质可以通过缺陷、掺杂、氢化和纳米带的构建来调节，尽管其载流子迁移率会有不同程度的降低。Ma[9]等人发现，用 Pt 掺杂 Gra 可以增强对小分子的敏感性。以往的研究表明，二维碳基材料具有超薄原子厚度的优越性能，可广泛应用于材料吸附、气体传感器等领域，在新型气体传感器的设计中具有独特的优势。

近年来，基于 Gra 的 vdW 异质结和其他二维层状材料以其优异的性能受到了人们的广泛关注，这为进一步发展二维 vdW 纳米器件提供了新的机遇[10]。由半导体五边形-PdSe 和半金属 Gra 单层组成的 vdW 异质结可以通过外加电场在 P 型和欧姆接触之间切换[11]。此外，在黑磷和 InSe 之间的纳米界面上插入 Gra 层抑制了层间的络合作用，显著提高了光探测性能[12]。对于 vdW 纳米器件，二维层状材料的不同组合可以表现出独特的物理化学性质，并在很大程度上可调节其特性。因此，功能二维 vdW 异质结的发现和新概念纳米器件的设计将有助于推动新技术的发展。

近年来，新型合成氮化碳纳米材料因其独特的电子特性而受到研究人员的青睐[13]。具体而言，通过碳取代技术成功合成了单层 C_3B，形成了类似于 Gra 的二维蜂窝无空腔结构，其中硼原子占总数的 25%[14]。此外，Tao[15]等人还研究了 C_3B 以及 Al 掺杂 C_3B 单层对有害气体的吸附和传感行为。2017 年，Yang[16]等人通过聚合 2，3-二氨基吩嗪成功制备了新型二维半导体纳米材料 C_3N。C_3N 由 C 和 N 原子组成，结构类似于 Gra，被认为是一种新的碳基二维半导体材料，具有优异的机械和电子性能[17]。越来越多的研究人员利用堆积模式的方法，使调节与层状材料有关的性质成为可能。以往的研究表明，类 Gra、C_3B 和 C_3N 均具有优异的物理性能，包括高面内刚度、强各向异性、高热输运性能和电子迁移率。其他的研究主要集中在异质结的堆叠方法和材料选择上，对基于异质结的气敏器件的探索很少[18]。诱导高性能气体传感器的关键要求在于材料的金属性能。C_3B 和 C_3N 单层具有半导体性质，由于其电子结构与 Gra 相似，因此是构建零带隙 Gra 的 vdW 异质结的理想材料。

本研究采用第一性原理结合 DFT 的方法，设计了 C_3B/Gra 和 C_3N/Gra vdW 异质结，从理论上系统研究了 C_3B/Gra 和 C_3N/Gra vdW 异质结对不同有机小分子吸附的输运性质和敏感性。构建的异质结在费米能级附近表现出金属丰度，并且计算出两种异质结都是动力学稳定的。此外，通过设置不同的吸附位点，我们获得了具有不同构型的最稳定的结构。我们还通过 C_3B/Gra 和 C_3N/Gra 异质结的差异，探讨了不同种类的有机小分子（C_2H_2、C_2H_4、CH_3OH、CH_4 和 HCHO）在 C_3B（C_3N）上方和 Gra 下方的吸附。在此基础上，不同种类的小有机分子的吸附表现出不同的物理化学性质。进一步探讨了 C_3B/Gra 和 C_3N/Gra 气体传感器的灵敏度和作用机理，为今后制备和设计用于有机气体分子检测的高灵敏度气体传感器提供理论依据。

7.2 计算方法

为了在研究计算中获得尽可能小的周期性单体，在异质结构建之前验证了材料晶格常数与衬底材料晶格常数的相对大小。晶格失配(δ)是用来描述衬底和外延薄膜之间晶格匹配程度的参数。其计算公式为：

$$\delta = \frac{|a - a_0|}{a} \times 100\%$$

式中：a 和 a_0 分别为 C_3B(C_3N)和 Gra 单层单晶胞的晶格常数。Gra 单层、C_3B 单层和 C_3N 单层的晶格常数分别为 4.92 Å、5.15 Å 和 4.86 Å。

本研究中所有材料的电子结构和力学特性的优化和计算都基于 DFT 结合第一性原理计算，使用维也纳从头算模拟包(VASP)[19]。采用 GGA-PBE 泛函来描述交换相关函数共轭梯度算法[20]。结构松弛一致使用 15×15×1 的 Monkhorst-Pack k 点采样布里渊区。自洽循环截止能量收敛值设置为 10^{-5} eV。原子力收敛值设为 0.02 eV/Å。平面波截断能量截止设置为 600 eV。为了准确描述 C_3B/Gra 和 C_3N/Gra 异质结结构中相对较弱的 vdW 相互作用，以及吸附过程中气体分子与底层分子之间的相互作用，采用 DFT-D3 方法进行经验校正进行描述[21]。为避免碳异构体与周期图像之间的相互作用，真空空间设置为 25 Å。在吸附模型的构建中，根据不同的构型测试不同的吸附位点，比较位于底物原子(T)、原子键(B)、空腔(H)上方的各种吸附点，最终通过计算吸附能(E_{ad})得到最稳定的吸附位点，计算式为：

$$E_{ad} = E_{tot} - E_{hetero} - E_{gas}$$

式中：E_{tot} 为整个吸附结构的总能量；E_{hetero} 为原始二维异质结 C_3B/Gra 和 C_3N/Gra 的能量；E_{gas} 为有机气体小分子(C_2H_2、C_2H_4、CH_3OH、CH_4 和 HCHO)的能量。在等效吸附位点中，E_{ad} 绝对值最大的构型被认为是最稳定的结构。

7.3　结果与讨论

7.3.1　原始 Gra、C_3B、C_3N 单层和 C_3B(C_3N)/Gra 的电子结构性质

了解二维 Gra 和其他碳材料的电子结构特性是探索其实际应用的基础。C_3B 和 C_3N 在结构上与 Gra 相似，都是由 sp^2 杂化键形成单原子层的二维晶体。完全优化后的 Gra、C_3B 和 C_3N 单层的俯视图、侧视图和能带结构图如图 7.1(a)~(c)所示。从顶部和侧面可以明显看出，C_3B 和 C_3N 与 Gra 单层具有相同的平面结构。原始的 Gra、C_3B 和 C_3N 单层的晶格参数分别为 4.92 Å、5.15 Å 和 4.86 Å。图 7.1(a)显示了基于 Gra 单层的能带结构，Gra 单层位于 Γ 至 Γ(Γ-M-K-Γ)的高对称点上，图中包含布里渊区区示意图。毫无疑问，Gra 在 K

路径上具有费米能级的狄拉克锥，如图 7.1(a)~(c)中的能带结构所示，这表明 Gra 是一种带隙为零的金属材料。此外，如图 7.1(b)、(c)所示，C_3B 和 C_3N 单层的带隙分别为 0.64 eV 和 0.39 eV，表明 C_3B 和 C_3N 为半导体材料。此外，通过更精确的 HSE06 混合函数计算得到的 Gra、C_3B 和 C_3N 单层的电子能带结构与 PBE 计算得到的电子能带结构略有不同，但并没有改变其金属丰度，如图 7.1(a)~(c)所示。C_3B(C_3N)单层的带隙为 2.0 eV(1.1 eV)，略大于 PBE 计算结果。然而，它的半导体特性没有改变。因此，为了与后续的气敏输运和电输运计算方法保持一致，最终选择 PBE 方法进行后续计算。

在原始 Gra、C_3B 和 C_3N 单层电子结构的基础上，进一步研究了由这三种材料组成的异质结的结构和电子特性。C_3B 和 C_3N 的晶格参数与 Gra 相似，有利于形成 vdW 异质结。根据晶格参数计算，vdW 异质结 C_3B/Gra 和 C_3N/Gra 的晶格失配率分别为 4.8%和 1.2%，都小于 5%，这是一个可以忽略不计的误差。因此，我们认为由 2×2 C_3B(C_3N)和 Gra 超单位群构建的异质结是合适的。由于能带没有改变其金属丰度，这表明超级单体的大小不影响 vdW 异质结的金属性质。此外，异质结以高度对称的堆叠顺序堆叠，即 AA 和 AB 堆叠。对于 AA 堆叠方式，Gra 单层中的原子位于 C_3B(C_3N)单层中的 B(N)原子的正下方。同样，在 AB 叠加模式下，C_3B(C_3N)单层中的一个 B(N)原子恰好位于 Gra 单层中的 C 原子上方，而另一个 B(N)原子则直接位于 Gra 六边形的空心位置上方。计算结果表明，AB 叠加模式下的能带有一个带隙，对于 AA 叠加模式来说，带隙是金属性质的。由于气体传感器的关键要求在于材料的金属性能，因此本文主要探讨 AA 堆叠模式的电子结构和输运行为。

由于晶格参数具有可比性，C_3B/Gra 和 C_3N/Gra 异质结形成后，保持了原有的平面结构，两者均未发生起皱变形，如图 7.1(d)~(e)所示。C_3B(C_3N)与 Gra 之间的距离为 3.51(3.49)Å。图 7.1(d)、(e)中的能带结构为基于上下单层材料异质结构的加权能带图。紫色线为 Gra 的能带贡献，玫瑰红色为 C_3B 的能带贡献，橙色为 C_3N 的能带贡献。从图 7.1(d)、(e)中可以清楚地看出，Gra 主要对费米能级附近的能带结构有贡献。此外，C_3B/Gra 和 C_3N/Gra 在原始带隙 C_3B 和 C_3N 单层与 Gra 构成异质结后，在高对称点 K 点上的高度对称路径上具有不同的 Dirac 锥。C_3B/Gra 和 C_3N/Gra 异质结形成后具有明显的金属性能。为了进一步验证异质结的稳定性，我们使用分子动力学从头计算(AIMD)在 300 K 下，5 ps 内对 C_3B/Gra 和 C_3N/Gra 进行了模拟，如图 7.1(f)所示。结果表明，在整个模拟过程中，其在平衡位置附近的轻微振动证实了所构建的异质结的动力学稳定性。

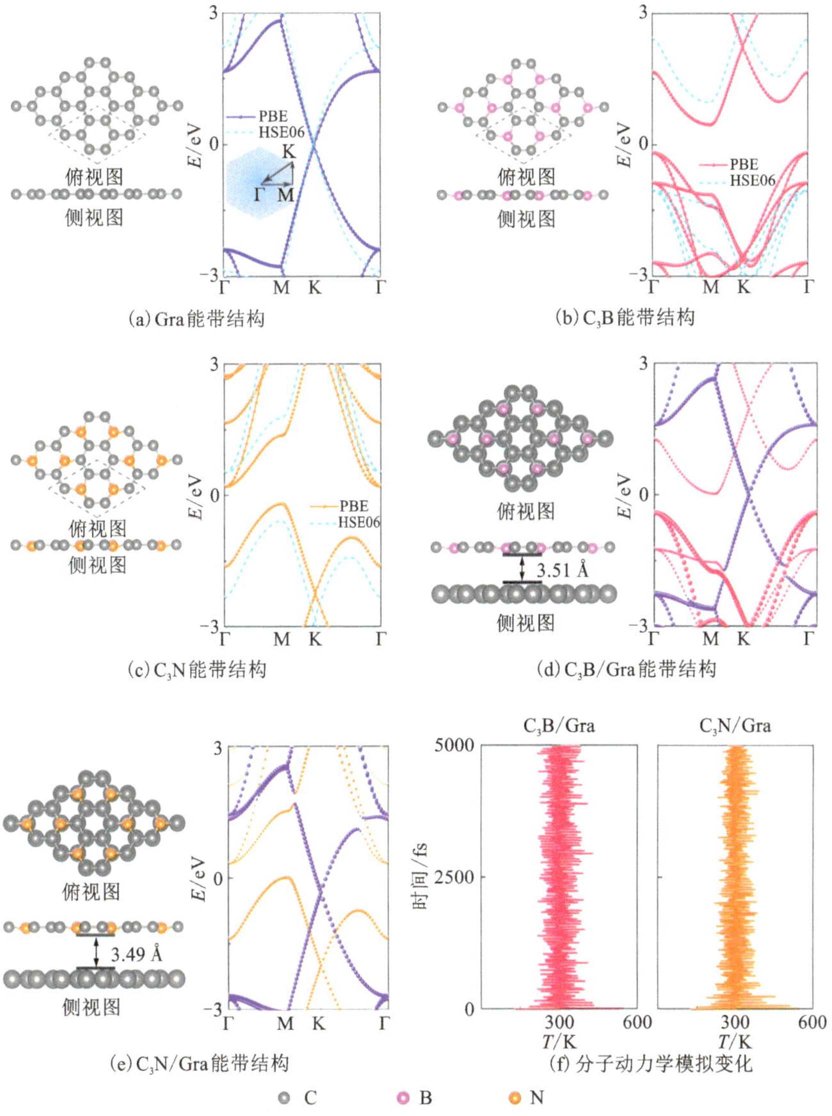

(a) Gra能带结构　(b) C_3B能带结构

(c) C_3N能带结构　(d) C_3B/Gra能带结构

(e) C_3N/Gra能带结构　(f) 分子动力学模拟变化

黑色菱形虚线表示Gra，C_3B和C_3N单层的2×2单胞；在0 eV处的灰色虚线表示费米能级。
灰色、玫瑰色和橙色分别用来表示原子C、B和N。

图7.1 Gra、C_3B、C_3N单层膜和C_3B/Gra、C_3N/Gra异质结的俯视图、侧视图和能带结构以及300 K时C_3B-Gra和C_3N/Gra异质结的分子动力学模拟变化

7.3.2 C_3B/Gra 和 C_3N/Gra 吸附气体分子的电子结构性质

考虑到气体分子的质量、分布、含量和毒性，本研究选择了 C_2H_2、C_2H_4、CH_3OH、CH_4 和 HCHO 五种有机气体分子。由于异质结是由两种不同材料的单分子层组成，因此被吸附的小分子分为两种类型。对于 vdW 异质结，C_3N/Gra 分为 C_3N 层和 Gra 层，作为吸附小分子的吸附层。通过命名 Gra/C_3B 和 Gra/C_3N 吸附系统来区分，以避免小分子在 Gra 侧吸附时发生混淆。此外，考虑了每种分子在 C_3B/Gra 和 C_3N/Gra 上的不同吸附位点，包括 C、B 和 N 原子的顶部，C−C 键、C−B 键和 C−N 键上方的位置以及空心的位置。以 C_3B/Gra 为例，研究了小分子在 6 个位置的吸附构型：C 原子顶部（T1）、B 原子顶部（T2）、C−C 键上方（B1）、C−B 键上方（B2）、Gra 空心上方（H1）、C 和 B 原子组成的六元空心空位上方（H2）。同样，C_3N/Gra 具有与 C_3B/Gra 相同的电子结构和吸附构型。对于 Gra 侧的吸附，由于石墨烯侧是完全对称的，并且所有碳原子都是等效的，因此考虑了三种分子吸附构型。C_2H_2 最稳定的吸附位是 T1，C_2H_4、CH_3OH 和 CH_4，HCHO 最稳定的吸附位是 H1。从最稳定的吸附构型中获得的吸附能、电荷转移和键长/气体分子到异质结的最近距离列于表 7.1 中。

表 7.1　C_3B/Gra 和 C_3N/Gra 异质结在 C_3B（C_3N）侧吸附 C_2H_2、C_2H_4、CH_3OH、CH_4 和 HCHO 的最稳定吸附构型的吸附能（E_{ad}）、Bader 电荷（B_C）、键长/层间距离（D）

体系	分子类型	E_{ad}/eV	B_C/e	D/Å	吸附特征
C_3B/Gra	C_2H_2	−6.02	−0.15	1.00	化学吸附
	C_2H_4	−4.86	−0.13	1.50	化学吸附
	CH_3OH	−0.17	0.02	2.64	物理吸附
	CH_4	−0.15	0.02	2.80	物理吸附
	HCHO	−0.20	0.01	2.67	物理吸附
C_3N/Gra	C_2H_2	−4.19	−0.11	1.52	化学吸附
	C_2H_4	−4.38	−0.12	1.51	化学吸附
	CH_3OH	−0.14	0.01	3.12	物理吸附
	CH_4	−0.15	0.01	3.00	物理吸附
	HCHO	−0.23	0.04	3.01	物理吸附

这四种异质结吸附小分子后，形成了化学键的吸附结构。对于C_3B/Gra异质结、C_3N/Gra与C_3B异质结以及C_3N吸附在顶部的小分子异质结，通过底物与小分子C_2H_2和C_2H_4相互作用形成稳定的化学键。此外，从侧视图可以看到，优化后的C_3B和C_3N侧出现了明显的变形。C_2H_2和C_2H_4与底物C_3B/Gra（C_3N/Gra）形成的化学键的键长仅为1.00 Å和1.50 Å（1.52 Å和1.51 Å），如表7.1所示。吸附后产生的化学键表明吸附剂和吸附物之间有很强的相互作用。此外，吸附能用于评价气体分子与底物之间的界面相互作用。为了区分物理吸附和化学吸附，能量阈值设置为0.5 eV。C_3B/Gra（C_3N/Gra）对C_2H_2和C_2H_4小分子的吸附能分别为-6.02 eV和-4.86 eV（-4.19 eV和-4.38 eV），吸附能绝对值远大于0.5 eV，说明C_2H_2和C_2H_4的吸附是化学吸附。此外，在C_3B/Gra体系中，小分子吸附C_2H_2时，与底物形成4个C-C键，吸附能明显大于被吸附的其他小分子。另外一个原因是C_2H_2是一个线性分子，两个碳原子之间有一个稳定的三键。其中一个C-C σ键是由C的s轨道和p轨道杂化形成的，而剩下的两个C-C π键是由两个C原子的p轨道重叠形成的。吸附C_2H_2后，破坏了原本稳定的化学键，与底物C_3B和C_3N结合，这一过程需要大量的能量，吸附能很大。对于C_2H_4也是类似的，其中C-C σ键是由两个碳的sp^2轨道重叠形成的，其中p轨道的π键是重叠的。双键断裂所需的能量低于三键断裂所需的能量，导致C_2H_4相对于C_2H_2的吸附能相对较低。除此之外，相应的电荷转移量为-0.15 e和-0.13 e（-0.11 e和-0.12 e），如表7.1所示。Bader电荷的负值表明底物从小分子中获得电子。电荷转移量均大于0.05 e，进一步说明该吸附构型为化学吸附。

同样，对于Gra侧吸附小分子的异质结Gra/C_3B，吸附C_2H_2和C_2H_4后，分子与底物Gra/C_3B之间的化学键长为1.53 Å。较短的键长意味着分子与底物之间发生了更强的相互作用，如图7.2（e）、（f）所示。此外，C_2H_2和C_2H_4的吸附能和Bader电荷分别为-2.76 eV和-3.44 eV，-0.07 e和-0.09 e，如表S1所示，为明显的化学吸附。对于Gra/C_3N体系，在吸附C_2H_2和C_2H_4时，只有C_2H_2被化学吸附，其键长、吸附能和电荷转移量分别为1.45 Å、-4.04 eV和-0.11 e。C_2H_4的吸附表现为物理吸附，层间距为3.36 Å，吸附能为-0.22 eV，电荷转移量为-0.01 e。

早期的研究指出，气体敏感性的主要机制体现在电荷传递中。为了进一步了解化学吸附对异质结电子性能的影响，利用电荷密度差和加权能带结构分析了化学吸附体系中电荷分布的变化。如图7.2所示，图7.2（a）为差分电荷密度，图7.2（b）为加权能带结构。在不同的电荷密度中，青色代表电子的积累，黄色代表电子的消耗。从化学吸附体系的电荷密度差异可以明显看出，有机小

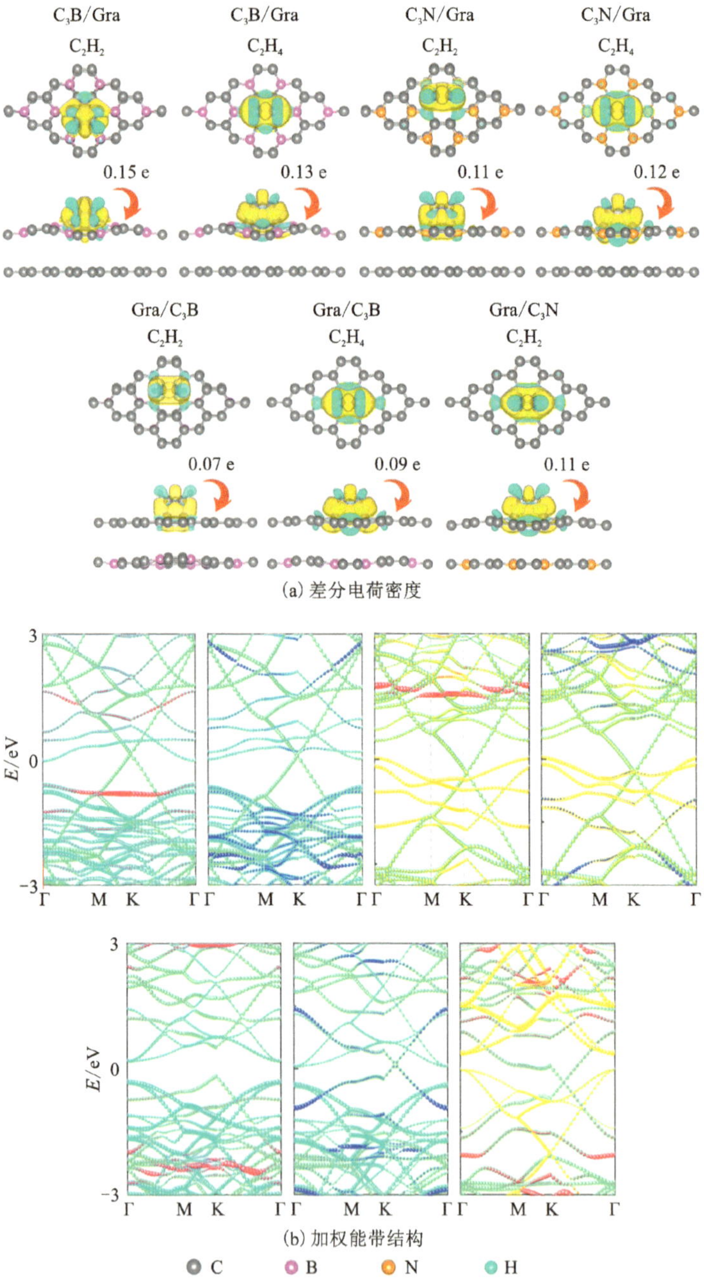

绿色和黄色等面分别代表电子积累和消耗。等值面为±0.003 e/Å^3。在能带结构中，绿色、蓝绿色和黄色分别代表 Gra、C_3B 和 C_3N 单层的贡献，玫瑰色和深蓝色分别代表 C_2H_2 和 C_2H_4 的贡献。

图 7.2　化学吸附的异质结电荷密度和加权能带结构

分子 C_2H_2 和 C_2H_4 既失去电子，又充当电子供体。C_3B/Gra、C_3N/Gra、Gra/C_3B 和 Gra/C_3N 异质结获得小分子丢失的电子并充当电子受体。此外，利用加权电子能带结构研究了小分子有机气体在异质结上的吸附所引起的电子修饰。C_3N/Gra 体系对小分子的吸附主要影响费米能级附近的导带，贡献态相对较小。而在 C_3B/Gra 和 C_3N/Gra 体系上吸附 C_2H_2 和 C_2H_4 后，其狄拉克锥性质保持不变。对于吸附小分子的 C_3B/Gra(Gra/C_3B)和 Gra/C_3N 体系，在费米能级附近的价带和导带存在小分子不同程度的贡献。由于 C_2H_2 和 C_2H_4 之间的吸附以及异质结，可能会产生额外的输运通道，这可能会导致整个体系的输运性质发生变化，从而影响其气敏传感器的电导率。

有趣的是，Gra/C_3B 体系在吸附 C_2H_2 后打开了 0.34 eV 的带隙。说明吸附 C_2H_2 后，该体系的输运通道被完全阻断，导致原有的金属性质转变为半导体性质。此外，C_3B/Gra、C_3N/Gra、Gra/C_3B 和 Gra/C_3N 异质结被剩余的三种有机分子 CH_3OH、CH_4 和 HCHO 物理吸附。同样，对于 Gra 端吸附 CH_3OH、CH_4 和 HCHO，Gra/C_3B(Gra/C_3N)体系与小分子的距离约为 3.0 Å。

为了进一步确定这四种异质结对有机分子的吸附类型，绘制了 ELF 图。图 7.3 为化学吸附和物理吸附的 ELF 图。ELF 是了解电子分布和化学键性质的有效工具，0 至 1 之间不同的 ELF 值反映了电子之间不同的电子性质。ELF 值在 0 至 0.5 范围内表明原子间主要以离子键连接；ELF = 0.5 表示原子间主要以金属键连接，ELF 值在 0.5 至 1 范围内表示原子间以共价键连接为主。首先，图 7.3 展示了吸附系统中所有化学吸附的 ELF。从图 7.3 中可以看出，由

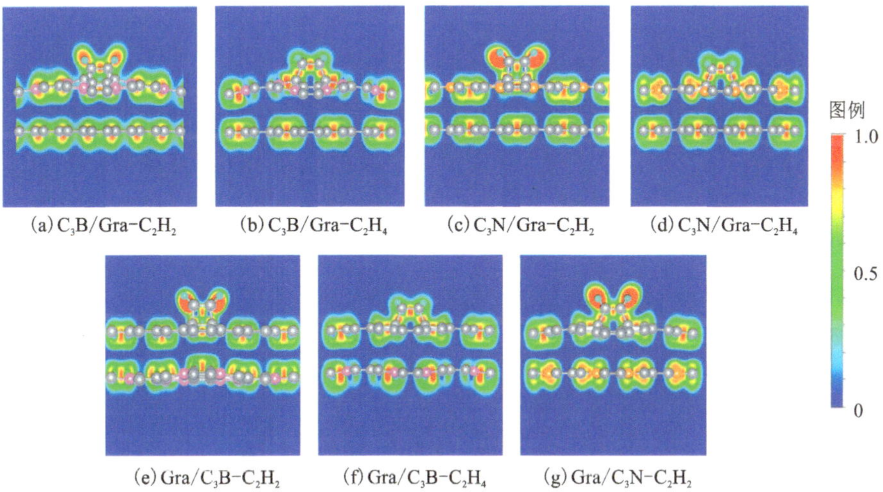

图 7.3 Gra/C_3B 和 Gra/C_3N 异质结吸附 C_2H_2 和 C_2H_4 的 ELF 图

C_2H_2 和 C_2H_4 小分子生成的 C-C 键与底物之间分布有相当数量的电子，ELF 值均在 0.6 至 0.9 范围内，证明 C-C 键是强相互作用的共价键连接的。而对于物理吸附的小分子，底物与小分子之间的 ELF 值均为零。这进一步解释了 C_3B/Gra、C_3N/Gra、Gra/C_3B 和 Gra/C_3N 异质结对剩余三种有机分子 CH_3OH、CH_4 和 HCHO 的吸附为物理吸附。

7.3.3 二维 vdW 纳米器件电子输运特性

由于异质结对有机小分子 CH_3OH、CH_4 和 HCHO 的吸附方式主要是物理吸附，因此本章节主要研究基于异质结气体传感器电子输运效应的化学吸附有机分子。通过前一节的仔细分析，讨论了 C_3B/Gra、C_3N/Gra、Gra/C_3B、Gra/C_3N 四种异质结在吸附过程中导电性能的变化，可以有效区分 C_2H_2 和 C_2H_4 两种小类型。因此，本小节将开始研究基于异质结的气体传感器的电子输运特性。二维气敏器件模型如图 7.4 所示。其中青蓝色和橙色箭头分别表示设备沿锯齿形和扶手椅方向的无限延伸。同时，D_Z(D_A) 和 S_Z(S_A) 分别表示细胞组成锯齿形(扶手椅)方向的左右电极，中间区域分别表示散射区。检测气体吸附的一个重要指标是电导。因此，计算得到的气体传感器的电流-电压(I-U)特性曲线如图 7.5 所示。由于四个异质结都是金属的，因此气体传感器没有整流效应，只需要考虑正向偏置电压(U_b)。图 7.5(a)、(b)显示了在 0~0.5 V 偏置电压下 C_3B/Gra 沿锯齿形(I_z)和扶手椅(I_a)方向的 I-U 曲线。随着 U_b 的增加，该体系对 C_2H_2 和 C_2H_4 气体分子的吸附 I_z 和 I_a 明显呈电流线性增长趋势。在 C_3B/Gra 体系和沿扶手椅放置方向吸附 C_2H_2 和 C_2H_4 的气敏器件中，在 U_b 为 0.5 V 时，I_a 最大值分别为 8.63 μA、8.61 μA 和 8.62 μA。此外，在 U_b = 0~0.5 V 时，C_3B/Gra 体系和吸附 C_2H_2、C_2H_4 的 I_z 逐渐增大，在 U_b = 0.5 V 时分别达到最大值 31.2 μA、30.0 μA 和 33.7 μA。相比之下，该器件在吸附小分子时产生的电流比在本征态下产生的电流大。这可以归因于气体分子吸附在装置的中心产生了额外的散射，扩大了电子传输。此外，在 C_3N/Gra 系统的扶手椅方向，三个器件的电流非常接近，在 0.5 V 时，本征器件和吸附了 C_2H_2 和 C_2H_4 的气敏器件的电流分别为 8.63 μA、8.61 μA 和 8.62 μA，如图 7.5(c)、(d)所示。而吸附 C_2H_2 和 C_2H_4 的本征器件和气敏器件在 U_b 为 0.5 V 时出现峰值，对应的 I_z 分别为 38.5 μA、45.3 μA 和 47.8 μA。从图 7.5 的纵坐标可以看出，I_z 明显大于 I_a，这也说明了 C_3B/Gra(C_3N/Gra) 和 Gra/C_3B(Gra/C_3N) 体系的各向异性。此外，I-U 特性曲线显示吸附小分子后器件电流显著激增，说明该器件对这两种分子的检测能力增强。

高灵敏度(S)是一个合格的气体敏感装置所必需的。基于异质结的气体传

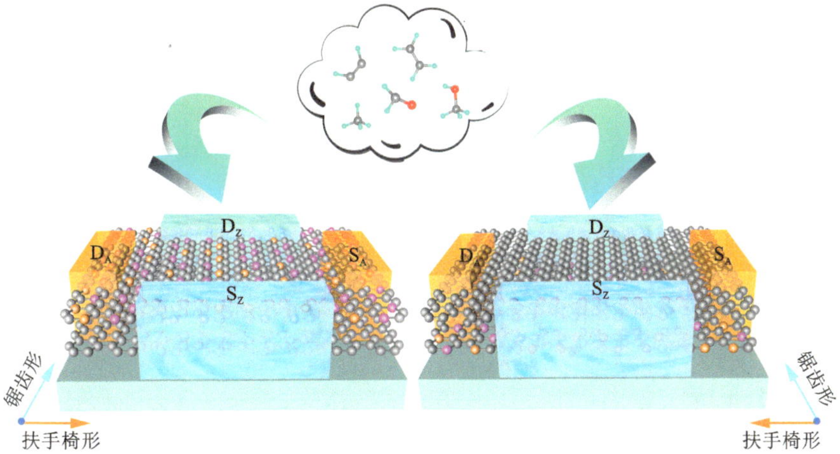

图 7.4　C_3B/Gra(C_3N/Gra)和 Gra/C_3B(Gra/C_3N)异质结气体传感器模型图

感器对两种有机气体分子的灵敏度也可以通过电流差来证明，其计算公式为：

$$S(\%) = \left|\frac{I_0 - I}{I_0}\right| \times 100\%$$

式中，I_0 为本征装置的电流；I 为暴露于目标气体后的电流。从 I–U 曲线得到的灵敏度被广泛应用于评价传感性能。C_3B/Gra 和 C_3N/Gra 异质结吸附 C_2H_2 和 C_2H_4 的灵敏度如图 7.5(i)、(j)所示。玫瑰色和蓝色的梯度条形图分别代表了 C_2H_2 在锯齿形(*Sz*)和扶手椅(*Sa*)方向上的吸附灵敏度，而橙色和绿色分别代表了 C_2H_4 在这两个方向上的吸附灵敏度。从图 7.5 中可以看出，C_3B/Gra 体系的 *Sa* 明显大于 *Sz*。在 0 至 0.5 V 的偏置电压范围内，C_3B/Gra 系统对扶手椅方向吸附的 C_2H_2 和 C_2H_4 的灵敏度最高，分别为 28.5%和 28.3%。而在 C_3N/Gra 体系中，*Sz* 明显大于 *Sa*。沿锯齿形方向吸附的 C_2H_2 和 C_2H_4 的最大灵敏度分别为 18.2%和 24.4%。

值得一提的是，在研究了 C_3B 和 C_3N 侧吸附小分子的电子输运和灵敏度之后，Gra 侧的输运性质也值得探索。因此，基于这三种体系(Gra/C_3B–C_2H_2、Gra/C_3B–C_2H_4 和 Gra/C_3N–C_2H_2)构建气敏器件，并沿两个方向构建其电子结构特征，绘制相应的 I–U 特征曲线和灵敏度图，如图 7.5 所示。从图 7.5 中可以明显看出，对于 Gra/C_3B 和 Gra/C_3N，I_z 始终大于 I_a。此外，电流与电压正相关，这意味着电流在 0.5 V 时达到最大值。如图 7.5(g)，(h)所示，在 U_b = 0.5 V 时，Gra/C_3B 本征体系和吸附 C_2H_2 和 C_2H_4 的体系的 I_z 分别为 31.2 μA、34.2 μA 和 31.8 μA。在这种情况下，小分子吸附后电流有差异增大。而在

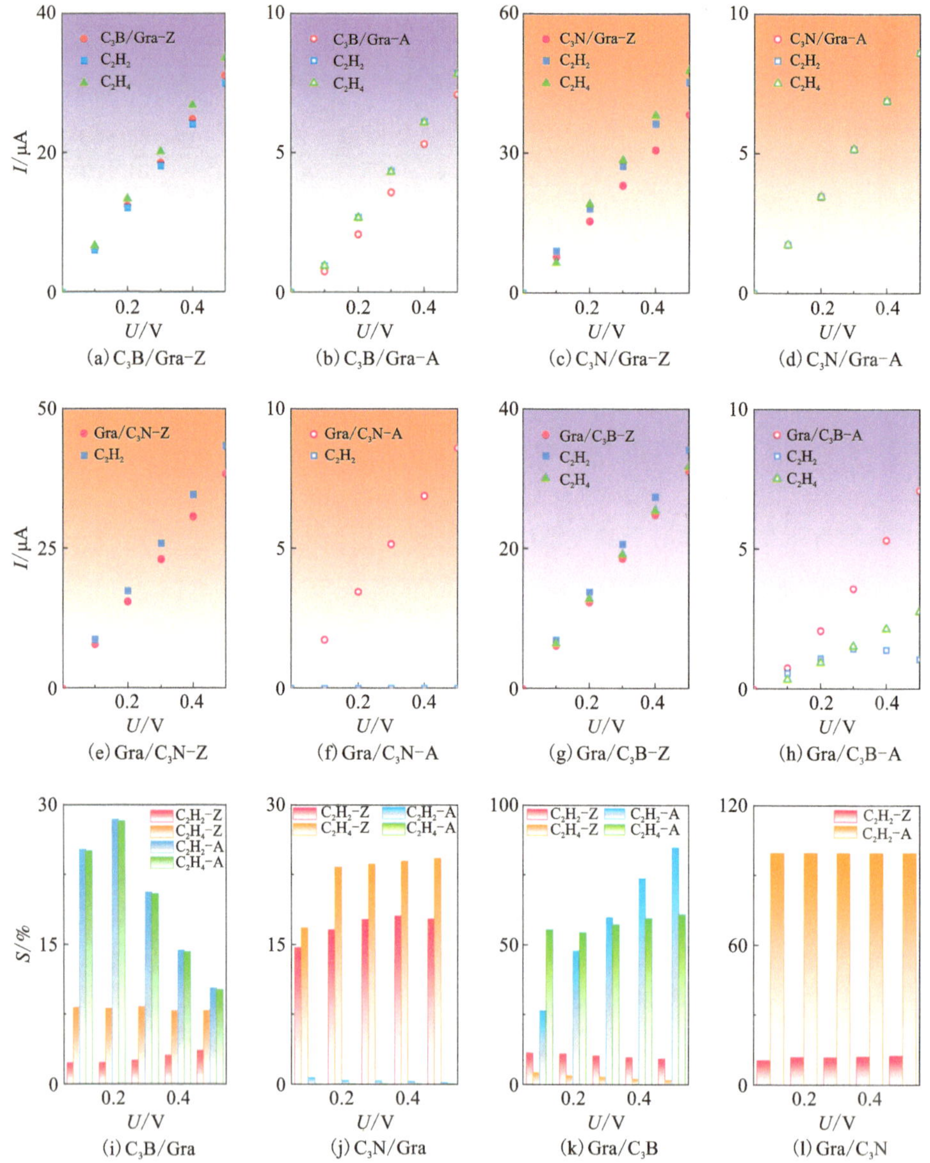

图 7.5　C_3B/Gra 和 C_3N/Gra 异质结气体传感器沿锯齿形和扶手椅方向的电流-电压(*I*-*U*)特性曲线以及基于 C_3B/Gra 和 C_3N/Gra 异质结的气体传感器吸附 C_2H_2 和 C_2H_4 的灵敏度

0.5 V 时，最大 I_a 分别为 7.12 μA、1.07 μA 和 4.35 μA，吸附后 I_a 显著降低。产生这种现象的原因是气体的吸附使原来的电子通道减少，导致电流减小。就 Gra/C_3B 体系对 C_2H_2 和 C_2H_4 的吸附而言，在 $U=0.5$ V 时，Gra/C_3B-C_2H_2 体系沿扶手椅方向的灵敏度最高，可达 85.0%，如图 7.5(k)所示。吸附 C_2H_4 的 S_a 均大于 50%，说明吸附同一种气体时电流和灵敏度的各向异性。此外，S_a 对不同类型气体的吸附效果更好。吸附 C_2H_2 的 Gra/C_3N 体系的 I_z 最大值分别为 38.5 μA 和 43.4 μA。有趣的是，在与小分子接触后，器件表现出 I_a 急剧下降，电子浓度几乎为零。吸附 C_2H_2 后，材料的本特征 Gra/C_3N 和最大电流分别为 8.63 μA 和 2.89 pA。目前，S_a 接近 100%，这种特殊的灵敏度在其他 2D 材料中很少发现。这也证明了由 Gra 和 C_3B(C_3N)组成的异质结构建的气体传感器在有机气体分子的高效检测领域具有很大的潜力。

为了从微观角度进一步了解和阐明有机分子吸附对气敏传感性能的作用机理，在各向同性表面上计算零偏压下 C_2H_2 吸附的中间散射区沿 C_3N/Gra 和 Gra/C_3N 体系两个方向的最高已占据分子轨道(HOMO)和最低未占据分子轨道(LUMO)的分子投影自一致哈密顿(MPSH)波函数，如图 7.6 所示。从图 7.6(a)中可以清楚地观察到，C_3N/Gra 沿锯齿形方向吸附 C_2H_2 的 HOMO/LUMO 是离域的，说明整个散射区域的电子可以顺利通过器件。然而，

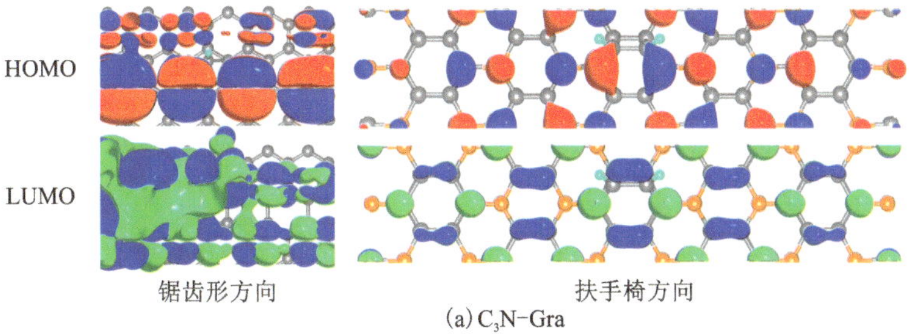

(a) C_3N-Gra

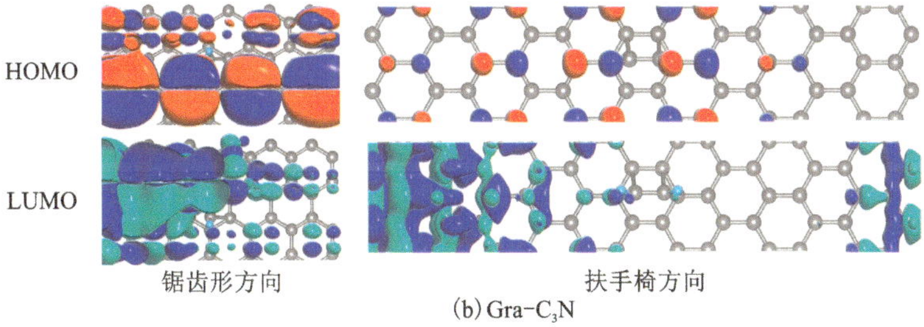

(b) Gra-C_3N

图 7.6　C_3N-Gra 器件和器件沿锯齿形和扶手椅方向吸附 C_2H_2 的 MPSH 轨道异构体的分子投影轨道哈密顿量

在散射区，沿扶手椅方向的 HOMO/LUMO 稀疏分布在 N/C 原子上方，电子密度明显变小，这意味着 C_3N/Gra 体系在扶手椅方向吸附 C_2H_2 降低了器件内的电子传递强度，导致电导率下降，电流急剧减小。同样，对于 Gra/C_3N 体系，吸附 C_2H_2 的 HOMO/LUMO 离域沿锯齿形方向分布在整个输运区，其电荷分布有利于器件输运，如图 7.6(b)所示。但从图 7.6(b)可以明显看出，沿扶手椅方向吸附的 C_2H_2 的 HOMO 主要分布在中间散射区的中间，不利于电荷输运。可以明显注意到，吸附 C_2H_2 后，Gra/C_3N 体系原有的器件有序被破坏，抑制了电荷传导，导致器件电流发生显著变化，因此可应用于 C_2H_2 的特异性检测。此外，为了进一步研究器件的传感性能，揭示其高气体灵敏度的作用机理，计算了在零偏置电压下，气体传感器沿 Gra/C_3B 体系的扶手椅方向吸附小有机分子(C_2H_2，C_2H_4)前后的本征局域态密度(LDOS)。Gra/C_3B 本征气体传感器的电子均匀分布在器件中，这说明基于 Gra/C_3B 的本特性气体传感器为电子提供了优良的导电通道，使得器件内部的电子能够顺利通过中间散射区，从而产生强电流。

7.4　本章小结

本章利用 DFT 和非平衡格林函数方法从理论上系统地研究了吸附在二维 C_3B/Gra 和 C_3N/Gra vdW 异质结上的有机小分子的电子结构和传感特性。计算结果表明，C_3B/Gra 和 C_3N/Gra 异质结形成后显示金属特性。此外，ELF、电荷转移、能带结构、电荷差密度和吸附能表明，C_3B(C_3N)侧吸附有机小分子(C_2H_2、C_2H_4、CH_3OH、CH_4 和 HCHO)时，C_2H_2 和 C_2H_4 为化学吸附。有趣的是，异质结对 CH_3OH，CH_4 和 HCHO 的吸附为物理吸附。此外，$I-U$ 曲线显示，C_3B/Gra(C_3N/Gra)异质结在 C_3B(C_3N)和 Gra 侧吸附 C_2H_2 和 C_2H_4 的气敏器件具有明显的各向异性，且 I_z 明显大于 I_a。对于 C_3B/Gra(C_3N/Gra)和 Gra/C_3B(Gra/C_3N)体系的小分子吸附，吸附 C_2H_2 和 C_2H_4 的本征器件和气敏器件沿锯齿形方向在 $U_b=0.5$ V 处的电流达到最大值，分别为 38.5 μA、45.3 μA 和 47.8 μA。当 C_2H_2 吸附在 Gra 侧时，Gra/C_3B 的 Sa 高达 85.0%，Gra/C_3N 的灵敏度接近 100%，这表明基于该结构的气体传感器非常适合检测 C_2H_2 气体分子。这些结果表明 C_3B/Gra(C_3N/Gra) vdW 异质结在气体传感领域，特别是在有机小分子检测传感器的设计中具有潜在的应用前景。

参考文献

[1] RUSSELL A, MILFORD J, BERGIN M S, et al. Urban ozone control and atmospheric reactivity of organic gases[J]. Science, 1995, 269: 491-495.

[2] BRAUER M, CASADEI B, HARRINGTON R A, et al. WHF Air Pollution Expert Group. Taking a stand against air pollution-The impact on cardiovascular disease: A joint opinion from the World Heart Federation, American College of Cardiology, American Heart Association, and the European Society of Cardiology [J]. Circulation, 2021, 143: e800-e804.

[3] BOUSSOUSSOU N, SUVEGES P, SKODA R, et al. Identifying patients' cardiovascular vulnerability against atmospheric parameters and air pollution[J]. Eur Heart J, 2023, 44: 655-1233.

[4] AN Y, HOU Y, WANG H, et al. Unveiling the electric-current-limiting and photodetection effect in two-dimensional hydrogenated borophene[J]. Phys Rev Appl, 2019, 11: 064031.

[5] VOLFKOVICH Y M, SOSENKIN V E, RYCHAGOV A Y, et al. Carbon material with high specific surface area and high pseudocapacitance: Possible application in supercapacitors [J]. Micropor. Mesopor. Mat, 2021, 319: 111063.

[6] GHOSH S, CALIZO I, TEWELDEBRHAN D, et al. Extremely high thermal conductivity of graphene: Prospects for thermal management applications in nanoelectronic circuits[J]. Appl Phys Lett, 2008, 92: 151911.

[7] LEENAERTS O, PARTOENS B, PEETERS F M. Adsorption of H_2O, NH_3, CO, NO_2, and NO on graphene: Afirst-principles study[J]. Phys Rev B, 2008, 77: 125416.

[8] AO Z M, YANG J, LI S, et al. Enhancement of CO detection in Al doped graphene[J]. Chem Phys Lett, 2008, 461: 276-279.

[9] MA L, ZHANG J M, XU K W, et al. A first-principles study on gas sensing properties of graphene and Pd-doped graphene[J]. Appl Surf Sci, 2015, 343: 121-127.

[10] CHEN G, BAO W, CHEN J, et al. Thermal rectification effect of pristine graphene induced by vdW heterojunction substrate[J]. Carbon, 2022, 190: 170-182.

[11] HASSAN A, GUO Y, YOUNIS U, et al. Contact evaluation of the penta-PdPSe/graphene vdW heterojunction: tuning the Schottky barrier and optical properties. Phys[J]. Chem Chem Phys, 2024, 26: 11014-11022.

[12] WANG H, GAO S, ZHANG F, et al. Repression of interlayer recombination by graphene generates a sensitive nanostructured 2D vdW heterostructure based photodetector[J]. Adv Sci, 2021, 8: 2100503.

[13] BAFEKRY A, SHAYESTEH S F, PEETERS F M. Two - dimensional carbon nitride (2DCN) nanosheets: Tuning of novel electronic and magnetic properties by hydrogenation,

atom substitution and defect engineering[J]. J Appl Phys, 2019, 126: 215104.
[14] TANAKA H, KAWAMATA Y, SIMIZU H, et al. Novel macroscopic BC_3 honeycomb sheet [J]. Solid State Commun, 2005, 136: 22-25.
[15] TAO L Q, ZOU S, WANG G, et al. Theoretical analysis of the absorption of CO_2 and CO on pristine and Al-doped C_3B. Phys[J]. Chem Chem Phys, 2022, 24: 27224-27231.
[16] YANG S, LI W, YE C, et al. C_3N-A 2D crystalline, hole-free, tunable-narrow-bandgap semiconductor with ferromagnetic properties[J]. Adv Mater, 2017, 29: 1605625.
[17] ELAPOLU M S, TABARRAEI A, REIHANI A, et al. Phononic thermal transport properties of C_3N nanotubes[J]. Nanotechnology, 2019, 31: 035705.
[18] KANG D, ZUO Z W, ZHANG S, et al. 2020 Stacking order driving bandgap and conductance of graphene/C_3B (C_3N) van der Waals heterostructures[J]. Appl Phys Lett, 2020, 116: 153103.
[19] KRESSE G, FURTHMÜLLER J, HAFNER J. Theory of the crystal structures of selenium and tellurium: the effect of generalized-gradient corrections to the local-density approximation [J]. Phys Rev B, 1994, 50: 13181.
[20] BRANDBYGE M, MOZOS J L, ORDEJÓN P, et al. Density-functional method for nonequilibrium electron transport[J]. Phys Rev B, 2002, 65: 165401.
[21] 许梁, 李权, 陈铜, 等. 范德华异质结光催化剂的第一性原理研究[M]. 长沙: 中南大学出版社, 2021. 8.

第 8 章

BeN_4 基纳米器件的高开关比和无机气体敏感机理

应用需求的多样性对气体传感器的性能提出了更高的要求。不同的气体传感材料具有不同的特性和适用范围，因此探索新的气体传感材料是应对具体应用需求挑战的有效途径。纳米材料具有高的比表面积和量子尺寸效应，因而在功能性气体传感器领域具有巨大的应用潜力。本书选取新型低维纳米材料中的碳氮金属、半金属材料为主要研究对象，包括铍烯、石墨烯的碳同素异形体，以几何特征、电子性质、电荷输运性质为切入点，多角度、多层次地探索、评估这些材料在功能性气体传感器和电子器件领域中的具体应用，这些努力有助于推动气体传感技术的发展，并满足不断变化的需求。本章节聚焦于二维狄拉克富氮材料 MN_4(M = Be、Mg、Ga)，探讨在低维体系中不同边界方向等因素对其输运性质的影响，重点研究其对常见空气分子的选择吸附性和传感性能，丰富气体传感器材料种类库，为气体传感器领域的发展提供积极、有益的借鉴。

8.1 引言

近年来，狄拉克金属材料以其超高的费米速度、量子霍尔效应、高载流子迁移率和高电荷传输效率的惊人特性，以势不可挡的潜力进入人们的视野[1-2]。除了石墨烯，还相继发现了硅烯、锗烯、几种石墨炔[3-4] $sp-sp^2$ 碳同素异形体和硼烯等狄拉克材料。许多铍基二维材料的热稳定性和狄拉克半金属性质已在理论上得到预测，如 BeN_2[5]、Be_3N_2[6]、BeB_2[7] 等。例如，具有蜂窝结构的 BeN_2 是稳定的，并且它是第一个直接带隙氮化物。与石墨烯相比，其本征载流子迁移率达到 $10^5\ cm^2/(V·s)$，特别是电子的迁移率约为空穴的 10 倍，这使其在纳米电子器件中的应用非常有吸引力。许多研究人员正在不懈努力地探索新的富氮材料，但进展缓慢。终于不负众望，Bykov 等人[8]利用激光加热金刚石顶锤电池技术，在实验中成功合成了一种新材料——铍烯(BeN_4)，该材料由金属原子、聚合物氮链和各向异性狄拉克费米子组成。通过动力学和热力学稳定性测试以及其他先前的研究结果[9-10]，理论上预测了 BeN_4 单层的稳定性。与石墨烯的各向同性狄拉克费米子不同，BeN_4 单层具有很强的各向异性，并具有各向异性载流子。然而，基于 BeN_4 的器件的传输特性很少被报道，限制了其实际的工业应用。空气质量对环境和人民健康有着重大影响，例如：CO_2 分子是温室效应的主要因素，SO_2 分子含量高会引起酸雨。最近的研究表明，新型冠状病毒与 NO_2 分子的含量有关，含量越高，人感染和死亡的概率就越大。此外，通过测量人体呼吸中 NH_3 和 SO_2 气体的水平，可以评估人的健康状况。因此，对检测特定分子的功能性气体传感设备的需求变得越来越迫切。二维材料因其大的比表面积和其在混合分子中也能精确检测特定小分子的能力而被广泛用于气体传感设备[11-14]。石墨烯和 MoS_2[15-16]已用于设计气体传感器件。最近，新合成的硼酚表现出很强的各向异性，独立的硼酚可以广泛应用于纳米电子学和气体传感器[17]。作为一种强各向异性的半金属材料，BeN_4 的性能不亚于硼酚，BeN_4 可以作为气体传感材料发挥作用。

本章利用 DFT 和 NEGF 方法来研究二维 BeN_4 材料的一系列特性，包括电子特性、各向异性输运特性和传感特性。首先，计算材料的电子能带结构、带隙和电子密度分布，了解 BeN_4 材料的导电性质、能带调控以及可能的电子态密度调制策略。其次，重点关注器件的电导率随方向的变化情况，以揭示 BeN_4 纳米器件在不同方向上的输运性能，为其在电子器件中的潜在应用提供理论基础。此外，通过计算分析气体分子与 BeN_4 的吸附能、吸附构型和传感特性，评估 BeN_4 作为气体传感器件的灵敏度、选择性和稳定性。本章节的研究结果将揭示 BeN_4 材料的优势和潜在应用，为其在纳米电子学和传感器领域的进一步开发提供理论支持。

8.2 计算模型与方法

本章的电子结构部分模拟计算在 VASP 软件包中进行，采用 GGA-PBE 交换关联函数进行结构优化，截断能设置为 500 eV，每个原子的残余力达到 0.01 eV/Å 标准时，认为计算完成。此外，材料结构弛豫过程布里渊区网格设置为 13×13×1，为了避免周期性图像之间的相互作用，保留了 20 Å 的真空层。为了更加准确地描述气体分子与 BeN_4 吸附中存在的弱范德华力相互作用，我们使用 DFT-D3 泛函方法描述校正吸附模型的计算参数，综合比较了位于原子上方(顶位)、空洞上方(空位)和原子键上方(桥位)的三种不同吸附位点，然后通过计算吸附能的数值来获得最稳定的吸附位点。底部吸附采用 2×2×1 的 BeN_4 单层，同时气体分子的吸附能大小体现了 BeN_4 相应吸附构型的稳定程度。

8.3　结果与讨论

8.3.1　BeN_4 的电子结构性质

首先，本章研究了二维 BeN_4 单层的几何结构和电子性质。如图 8.1(a)所示，BeN_4 是一种空间群为 Cmmm(65)的化合物，正交晶胞由两个 Be 和 8 个 N 原子组成，晶格参数优化：a = 7.72 Å，b = 3.67 Å，Be 和 N 之间的键长为 1.75 Å，而 N-N 的平均键长为 1.34 Å。为了评估潜在的成键行为，我们绘制了 ELF 图[图 8.1(a)中的底部插图]。显然，Be-N 键中的大量电子被局部化，ELF 值约为 0.9，表明 Be 原子和 N 原子之间存在较强的共价特征。能带结构和相关态密度(density of states，DOS)如图 8.1(b)所示。计算结果表明，BeN_4 单层是带隙为 0.05 eV 的半金属，同时，在高对称路径 Γ 到 Y 处的费米能级上可以观察到一个明显的狄拉克点。元素投影 DOS 计算表明，费米能级处的电子态主要由 N 原子贡献，而 Be 原子的贡献可以忽略不计。声子色散曲线的分支中并未出现虚频，证明 BeN_4 单层的热力学稳定性，如图 8.1(c)所示，这与之前的结果完美对应[17]。

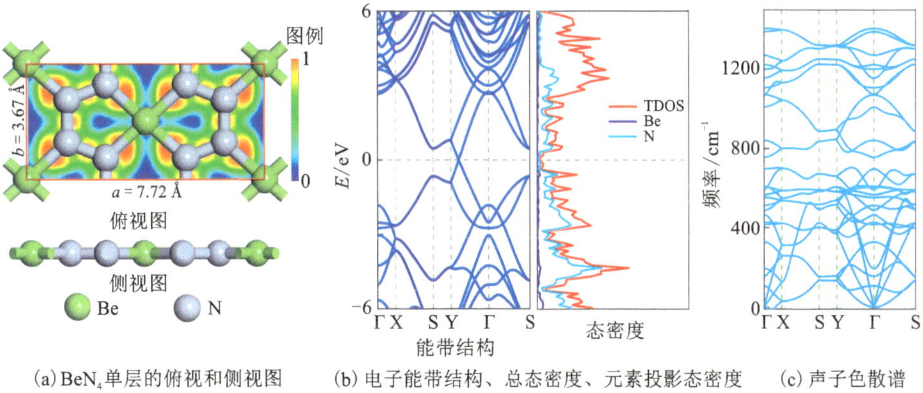

(a) BeN_4单层的俯视和侧视图　(b) 电子能带结构、总态密度、元素投影态密度　(c) 声子色散谱

图 8.1　BeN_4 单层的几何结构和电子性质

8.3.2 BeN_4 纳米器件的传输特性

基于优化完成的结构，进一步设计基于 BeN_4 单层的二维本征纳米器件，以探索沿锯齿形和扶手椅方向的电子传输特性。二维纳米器件由三部分组成：两个电极（左电极和右电极）和中间散射区，如图 8.2 所示。中间散射区域的大小是 BeN_4 原始单元沿扶手椅（armchair，A）方向长度的 8 倍，而原始单元长度的三倍应用于沿锯齿形（zigzag，Z）方向的中间散射区域。从图 8.3（a）中可以看到，在（0，2）V 的偏压范围，沿 Z 方向的电流低于沿 A 方向的电流。沿 A 方向的电流随着偏压的增加而线性增加，在 2 V 的偏压下达到最大电流值 110.57 μA。尽管沿 Z 方向的电流显示出类似的增长趋势，但其增长趋势特别缓慢。在 2 V 的偏压下，沿 Z 方向的最大电流仅为 7.40 μA，甚至不到 A 方向最大电流的十分之一。为了阐明这种现象，图 8.3（b）给出了其相应传输光谱，其中的插图分别是沿 Z 方向和 A 方向的电子传输的局部态密度（local density of states，LDOS）。显然，在-0.3 V 至 0.3 V 偏压范围内，传输系数沿 Z 方向几乎为零，这表明沿该方向的传输被完全抑制，导致电流非常小。同时，LDOS 在整个器件上被阻挡，这表明沿 Z 方向没有用于电子传输的通道。相反，在 A 方向费米能级具有更大的传输系数，因此电子可以不受阻碍地在两个电极之间通过，从而沿着 A 方向产生更大的电流。LDOS 在整个器件上离域，表明电子在

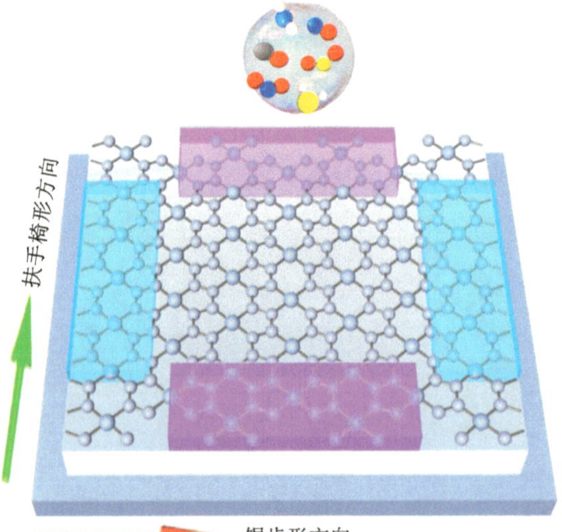

浅紫色和蓝色的盒子分别代表扶手椅和锯齿形方向。

图 8.2 基于二维 BeN_4 器件的模型结构示意图

整个器件中的传输非常流畅，这很好地对应于在透射光谱中沿 A 方向费米能级处的宽透射峰。因为 A 方向的电流远远超过 Z 方向的电流，表明其结构具有强各向异性。开关比(switching ratio，SR)用于定量测量各向异性的大小，定义为：$SR = I_A / I_Z$，其中 I_A 代表器件沿 A 方向的电流，I_Z 代表器件沿 Z 方向的电流，比值越大表征器件的各向异性输运行为更加显著。如图 8.3(c)所示，在较小的偏置电压下，开关比更加显著，并且在整个电压范围内，开关比的值随着电压的增加而减小(0.2 V 时除外)。最大开关比的值在 0.2 V 时可以达到 10^5 以上，而在 2 V 的偏压下则降至 14.93，仅仅只有最大值的万分之一。如此显著的开关比数值表明该材料在开关器件中具有宝贵的应用价值。

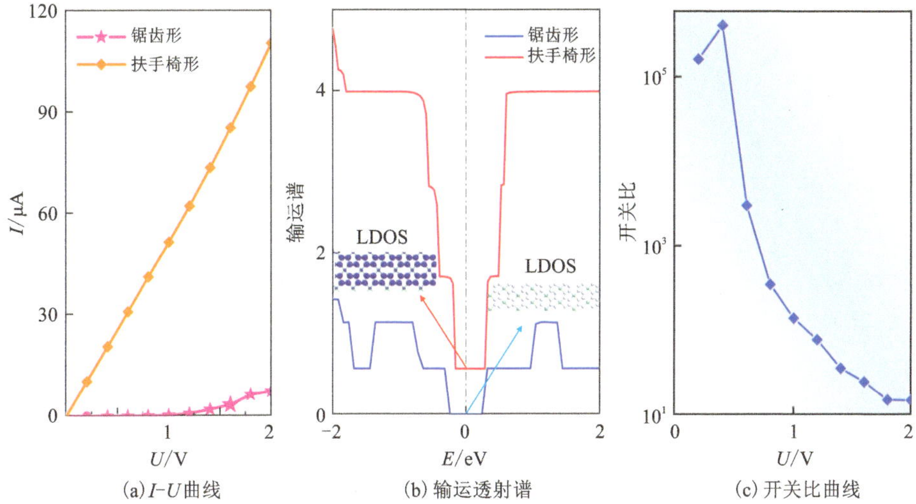

(a)器件的电流-电压(I-U)特性曲线(b)零偏压下的输运透射谱，垂直的灰色虚线表示费米能级，图中插图是费米能级上的 LDOS(c)器件的开关比曲线。

图 8.3　BeN_4 纳米器件传输特性

8.3.3　选择性吸附

在综合考虑各种吸附位点后，获得的最稳定吸附构型，呈现在图 8.4 中。吸附能、小分子与 BeN_4 单层之间的最小吸附距离以及小分子上的 Bader 电荷见表 8.1。从图 8.4 中可以发现四种小分子(NH_3、NO_2、NO 和 SO_2)均趋向于吸附在 Be 原子的表面。而 H_2S、CO、CO_2 和 H_2 这四种小分子，吸附后的构型几乎没有变化，它们的最小吸附距离分别为 3.52 Å、3.05 Å、3.23 Å 和 2.97 Å。毫无疑问，如此大的距离表明这四种小分子在 BeN_4 上的吸附都非常微弱。并且，它们的计算吸附能均低于 0.5 eV，Bader 电荷转移数值几乎接近于零，进一步说明这四种小分子在 BeN_4 单层上的吸附是物理吸附。相反，NH_3、NO、SO_2 和 NO_2 附着在 BeN_4 单层的表面产生了大的吸附能，其吸附能在-0.79 eV 至-3.97 eV 范围内。对于 NH_3 分子，NH_3 和 BeN_4 之间的最短距离为 2.94 Å，N-Be 的键长为 1.93 Å。即便其电荷转移量相对较小，鉴于其吸附能大于 0.5 eV，其最短距离小于上述物理吸附，表明其属于化学吸附。

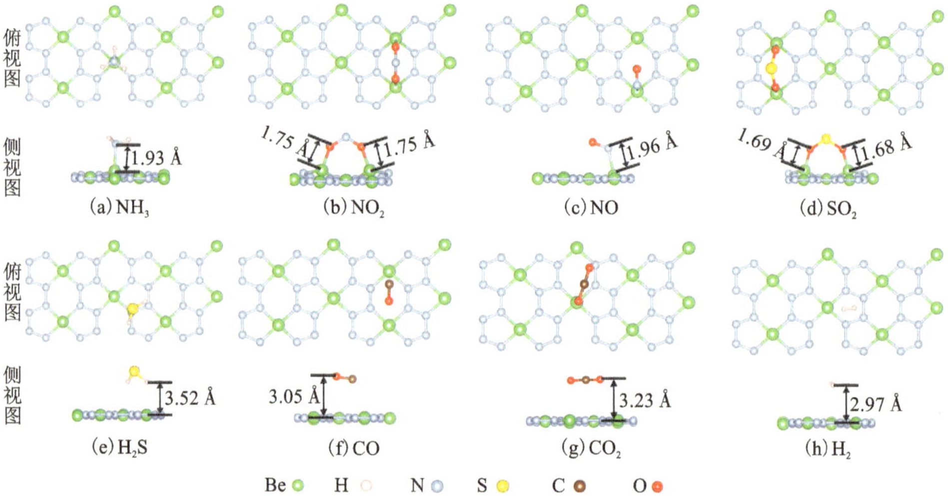

绿色、粉红色、灰色、黄色、棕色和红色的球分别表示 Be、H、N、S、C 和 O 原子。

图 8.4　NH_3、NO_2、NO、SO_2、H_2S、CO、CO_2 和 H_2 的最稳定吸附构型俯视和侧视图

在所研究的吸附气体中，NO_2 分子具有最大的吸附能，约为-3.97 eV。对于 SO_2 分子，其吸附能值为-2.83 eV，略低于 NO_2 分子的吸附能值。而 Bader 电荷略微不同，SO_2 分子的最大电荷转移量达到 0.93 e，而 NO_2 分子的电荷转移量为 0.892 e。SO_2 和 NO_2 都具有较强的吸附强度和较大的电荷转移容量，表明 BeN_4 对这两种分子具有较强的选择性吸附。此外，从图 8.4 中，我们可以观察到，由于小分子和 BeN_4 之间的强相互作用，两个吸附模型的结构发生了很大变形，底部 BeN_4 从原来的平面结构变成了褶皱结构。SO_2 和 NO_2 分子的 O 原子都与 BeN_4 的 N 原子形成两个 O-N 键，它们的平均键长分别为 1.75 Å 和 1.68 Å。不同的是，图 8.4(c)中 NO 吸附后形成的 N-Be 键的键长为 1.96 Å，略大于 NH_3 分子吸附形成的 N-Be 键长。然而，它的吸附能和电荷转移能力均大于 NH_3，表明 NO 的选择性吸附能力强于 NH_3。

为了准确评估 NH_3、NO、NO_2 和 SO_2 分子对 BeN_4 的作用机制，给出其差分电荷密度等值面图，如图 8.5 所示，旨在说明分子吸附对 BeN_4 电子分布的影响。蓝色区域表示电子叠加，粉红色区域表示电子耗尽，较大的电子相互作用面积意味着电子在吸附后重新分布，也表明电子相互作用增强。将图 8.5(b)和(d)与图 8.5(a)和(c)进行比较，可以清楚地看到，在 BeN_4 与 NO_2 和 SO_2 分子之间的区域中有更多的电荷积累，明显大于 NH_3 和 NO 分子的电荷积累。计算的差分电荷密度与表 8.1 中呈现出的 Bader 电荷转移量相一致。因此，进一步证明了 NO_2、NO 和 SO_2 表现出较强的吸附性，而 NH_3 的吸附相对较弱。为了探索上述四种小分子的吸附机制，图 8.6 给出了其化学吸附体系的投影能带，红色和绿色曲线分别表示 BeN_4 和小分子的贡献。NH_3 在 BeN_4 单层系统上的能带与原始 BeN_4 的能带几乎没有变化，表明吸附 NH_3 分子对电子传输的影响几乎可以忽略不计。对于 NO 分子，从投影的能带中不能明显观察到小分子的贡献，但费米能级的能带比原始的 BeN_4 多，表明 NO 分子的吸附增强了 BeN_4 单层的金属性，电导率亦增加。如图 8.6(b)和(d)所示，NO_2 和 SO_2 这两种分子都对费米能级附近的导带和价带都有贡献，表明在吸附 NO_2 和 SO_2 分子后，原始器件的电导率发生了急剧变化。上述结果表明，气体分子在 BeN_4 的选择吸附行为是气体分子与底部单层结构的相互作用强度不同引起电子在整个体系内的重分配程度不一致造成的。

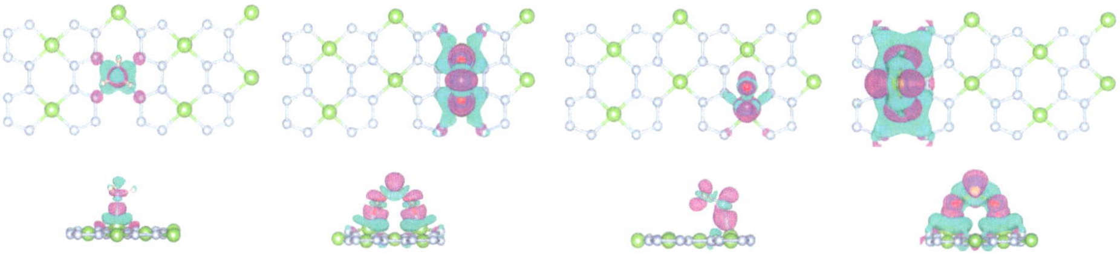

(a) NH_3　(b) NO_2　(c) NO　(d) SO_2

粉色和蓝色分别代表电子的耗尽和积累。

图 8.5　NH_3、NO_2、NO 和 SO_2 的差分电荷密度(等值面的值为 0.003 e/A^3)

表 8.1　二维 BeN_4 单层最稳定吸附构型的各气体分子吸附参数

气体分子	吸附距离/Å	吸附能/eV	电荷转移/e	吸附类型
NH_3	2.94	-0.79	-0.031	化学吸附
NO_2	3.10	-3.97	0.892	化学吸附
NO	2.64	-0.84	0.349	化学吸附
SO_2	3.16	-2.83	0.930	化学吸附

续表8.1

气体分子	吸附距离/Å	吸附能/eV	电荷转移/e	吸附类型
H_2S	3.52	-0.21	0.004	物理吸附
CO	3.05	-0.19	0.052	物理吸附
CO_2	3.23	-0.17	0.015	物理吸附
H_2	2.97	-0.08	0.004	物理吸附

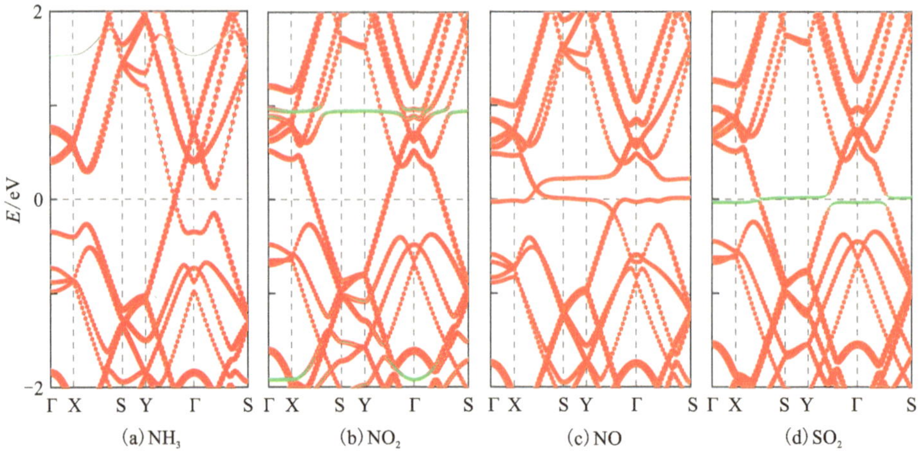

红色和绿色分别代表 BeN_4 和气体小分子的贡献。

图 8.6　NH_3、NO_2、NO 和 SO_2 吸附在 BeN_4 上的加权能带

8.3.4　BeN_4 纳米器件的传感性能

为了定量评估 BeN_4 基气体传感器的应用潜力，化学吸附情况下，0 至 1.0 V 的偏置电压范围内的 $I-U$ 特性曲线和传感响应图如图 8.7 所示。吸附小分子后，器件沿 A 方向的电流显著减少，但仍保持线性增加趋势。但电流沿 Z 方向的变化趋势略有不同。电流沿 Z 方向同样随着偏压的增加而增加，但与沿 A 方向吸附小分子后电流的减少不同，除了吸附 NH_3 分子电流降低外，吸附其他三种分子后电流显著增加，如图 8.7(b) 所示。对比图 8.7(a) 和 (b)，可知，沿 Z 方向的电流明显小于沿 A 方向的电流。沿 Z 方向，电流的最大值小于 1 μA，而沿 A 方向，电流最大值接近 50 μA。这表明器件在吸附小分子后仍然表现出强烈的各向异性。为了更好地描述传感器件的强各向异性，计算了不同偏置电压下的其吸附不同小分子的各向异性开关比，吸附 NH_3、NO、NO_2、SO_2 分子后，最大开关比达到 10^5，这进一步表明基于 BeN_4 的传感器件仍然保留了原始器件显著的各向异性。更令人着迷的是，两个传输方向的气体传感特性截然不同。图 8.7(c)和(d)展示了器件沿两个不同方向的气体敏感性。对于 A 方向，气体传感性能最佳的是 NO 分子，其在 0.1 V 的偏置电压下 S 达到最大值(0.93)。随着电压的增加，气体灵敏度值减小。因此，在低偏置电压下检测 NO 是非常有效的。从图 8.7(a)可以看出，吸附 NO 时电流变化最大，表明 BeN_4 对 NO 分子非常敏感。

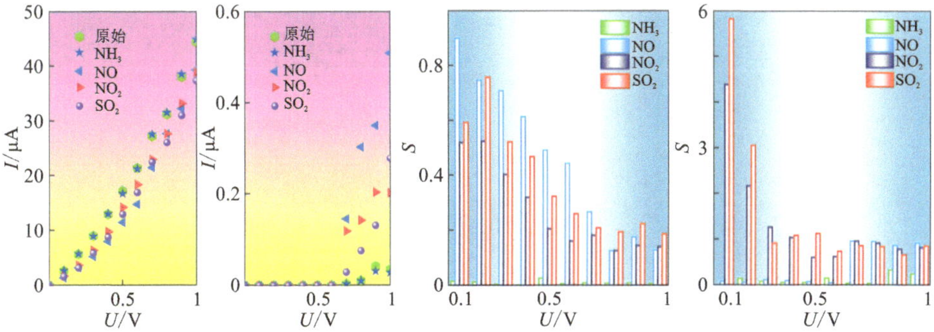

(a) A方向I–U　(b) Z方向I–U　(c) A方向气敏性图　(d) Z方向气敏性图

图 8.7　A 方向和 Z 方向的 I–U 曲线以及器件沿 A 方向和 Z 方向的气敏性图

相反，SO_2 分子沿扶手椅方向的气敏性最好，在 0.1 V 时 S 也达到其最大值(5.85)。而对于 NO，该方向上其气体敏感性相对较弱，尤其是在 0.1～0.6 V 的偏压下。从图 8.7(d)中可以看出，NO_2 沿 Z 方向的气体敏感性略低于 SO_2 的气体敏感性，并且 NO_2 的最大 S 值(在 0.1 V 时)超过 4。这一现象表明，BeN_4 晶体的取向对分子的吸附性能有很大影响。此外，NH_3 分子在 Z 方向和扶手椅方向上的气敏性相对较弱，这与其吸附能较小以及 NH_3 分子与 BeN_4 单层之间的距离较大有关。

为了分析气体传感器的微观机制，给出了四种化学吸附模型在两个方向上的偏压相关透射谱(图 8.8)，两条蓝色的虚线内部面积表示偏压窗口。众所周知，气体传感器件在低偏压下的性能是由费米能级附近的透射光谱决定的。首先，由图 8.8 可知，随着偏置电压的增加，传输系数增加，导致电流增加。其次，通过比较两个方向透射谱，可以发现小分子在 A 方向吸附后，红色亮区面积减小，电子传输的概率下降，导致电流减小。而沿着 Z 方向，如图 8.8(f)～(j)所示，当偏置电压大于0.6 V 时，存在有限的电子传输概率，并且亮色面积

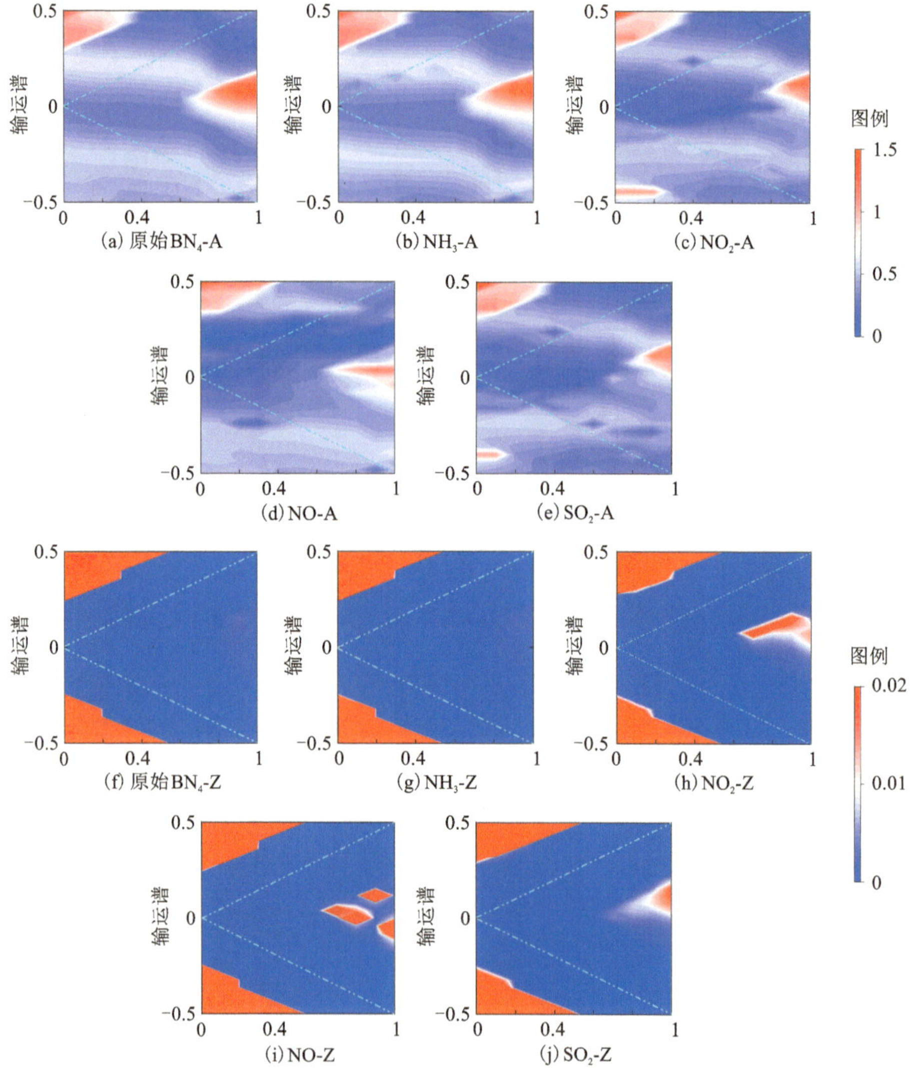

图 8.8　基于分子吸附的 BeN_4 纳米器件的偏压相关透射谱

增加，这解释了为什么在吸附 NO_2、NO 和 SO_2 分子后电流增加。总体而言，A 方向在整个偏置窗口上是明亮的，但另一个方向几乎为深蓝色，这表明前者在与不同分子吸附后其透射系数大于后者。这进一步说明该器件表现出显著的各向异性。同时，投影局域态密度(projected local density of states，PLDOS)也可以解释它们的各向异性。PLDOS 显示，沿着 Z 方向的势垒比沿着 A 方向的势垒更宽，因电子极难克服势垒，所以沿 Z 方向产生较小的电流。器件吸附 NO 分子后在不同偏压下沿扶手椅方向的散射态如图 8.9 所示。原始的 BeN_4 在零偏压下在费米能级附近存在六个离域散射态通道，故电子传输更顺畅。吸附 NO 分子后，前两个通道变得更加局部化，因此电流减小，产生较大的 S。然而，当偏置电压达到 0.8 V 时，前两条通道变得离域，相应的 S 值减小。

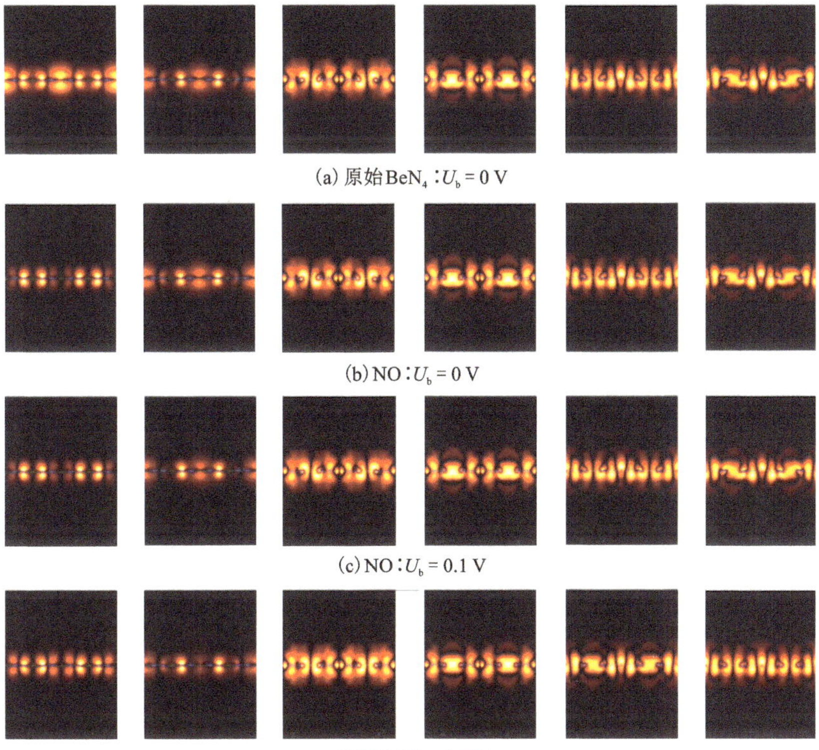

(a) 原始BeN_4：$U_b = 0$ V

(b) NO：$U_b = 0$ V

(c) NO：$U_b = 0.1$ V

(d) NO：$U_b = 0.8$ V

图 8.9　原始 BeN_4 气体传感器的费米能级散射态和 NO 在 0 V、0.1 V、0.8 V 时最稳定的散射态

8.4　二维 MN_4(M=Be、Mg、Ga)基纳米器件开关特性及传感性能

8.4.1　MN_4 的结构参数和输运特性对比研究

BeN_4 有望成就一类新的二维材料，其化学式为 MN_4，其中 M 代表一种金

属。然而，目前的研究大多只关注其表面的电子性质，而没有关注其在特定器件领域的潜在应用[18-20]。我们的目标是在理论上系统地探索和比较富氮材料 MN_4 单层(M=Be、Mg、Ga)的各种属性，包括电子结构属性、电荷传输特性和传感属性。

材料本身的电子结构从根本上决定了其性质。如图 8.10(a)所示，通过在 BeN_4 结构中将 Mg、Ga 取代 Be 原子得到 MgN_4 和 GaN_4，其结构组成与 BeN_4 相同，优化后其晶格参数分别为 a = 8.95 Å，b = 3.86 Å 和 a = 8.92 Å，b = 3.80 Å。Mg−N 键和 Ga−N 键的键长分别为 2.05 Å 和 2.02 Å，N−N 键的平均键长分别为 1.36 Å 和 1.35 Å。MgN_4 表现为直接带隙半导体，带隙为 0.13 eV，GaN_4 的部分能带越过费米能级，表现出金属性质。从计算得到的 DOS 和 PDOS 可以看出，这三种结构在费米能级附近的电子态主要由 N 原子贡献，而 Be、Mg 和 Ga 原子的贡献基本可以忽略不计。此外，通过进一步分析能量图，可以发现 MN_4 在 Γ 到 X 处的能带结构与在 Γ 到 Y 处的能带结构不同。对于

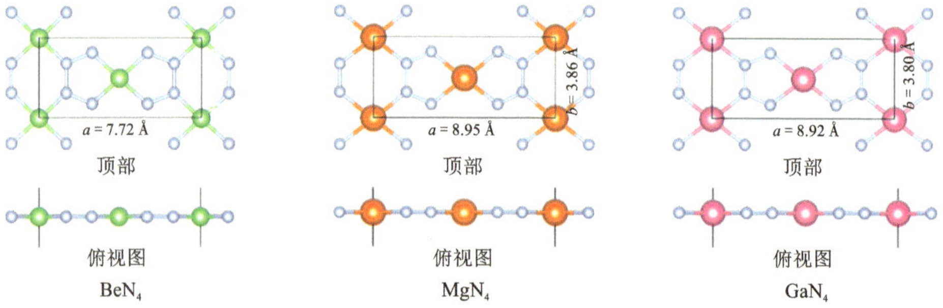

(a) MN_4单分子层顶部和俯视图

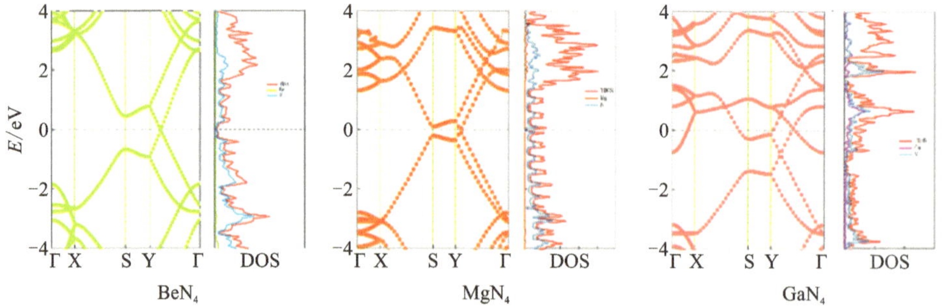

(b) MN_4单分子层电子能带结构、总态密度图

绿色、橙色和粉红色分别代表 Be、Mg 和 Ga 原子，灰色代表 N 原子；水平的灰色虚线表示费米能级，并将其设置为 0 eV。

图 8.10　MN_4(M=Be、Mg、Ga)单分子层的顶部和侧视图以及 MN_4 单分子层的电子能带结构、总态密度和元素投影态密度图

BeN_4 和 MgN_4，高度对称路径的 Γ 到 X 部分显示出一个较大的带隙，而在 Γ 到 Y 部分带隙变得非常小。对于 GaN_4，虽然它在 Γ 到 X 部分和 Γ 到 Y 部分都表现出金属性质，但其能带结构并不对称，初步预测 MN_4 具有较强各向异性。

为了研究 MN_4 的二维纳米器件沿 A 和 Z 方向的电子输运特性，构建相应的器件模型如图 8.2 所示。沿 Z 方向，中间散射区域的大小是 MN_4 单胞的原始胞长度的 4 倍，而对于 A 方向，它则扩展到原始胞长度的 6 倍。在应用偏置电压 0 到 1 V 范围内，三个设备的电流都随着偏置电压的增加而增大，三者按最大电流值大小排序为 $GaN_4>MgN_4>BeN_4$，表明设计的三个器件均表现出优秀的电导率，如图 8.11(a)～(c)所示。令人兴奋的是，三种器件沿 A 方向的电流都明显大于 Z 方向的电流，表明器件具有很强的各向异性，完全与能带结构相对应。略有不同的是，基于 BeN_4 和 MgN_4 的器件沿 Z 方向的电流非常小，而基于 GaN_4 的器件沿 Z 方向的电流甚至达到 50 μA。从图 8.10 的能带图可以看出 BeN_4 和 MgN_4 的导带和价带在 Γ 和 X 之间距离很远，表现为一个大带隙的半导体特性。而 GaN_4 的能带结构则表现出金属性质，因此沿 Z 方向的电导率优于 BeN_4 和 MgN_4。

为了阐明电流差的机制以及器件的各向异性传输行为，计算了三个器件在零偏压下沿 Z 和 A 方向的传输系数，如图 8.11(b)所示。显然，可以观察到基于 BeN_4 的器件具有最低的透射系数，其次是 MgN_4，而基于 GaN_4 的设备表现出最高的透射系数。这表明，基于 GaN_4 的器件表现出优异的电子传输性能和最强的导电性，从而在给定的偏置电压下产生最高的电流。此外，在每个器件中，与 Z 方向相比，沿 A 方向费米能级处的透射峰明显更高。这表明器件的电子运动沿 A 方向不受阻碍，而沿 Z 方向受到阻碍，导致沿 A 方向的电流明显大于沿 Z 方向的电流。为了进一步定量和清晰地表征器件的各向异性，绘制了基于 MN_4 器件的开关比曲线，如图 8.11(c)所示。值得注意的是，基于 GaN_4 的器件由于其在两个方向上的良好导电性而表现出相对较小的开关比值。即使在 1 V 的偏置电压下，基于 GaN_4 的器件的最大开关比值仅为 2.36。基于 BeN_4 和 MgN_4 的器件都表现出突出的开关特性，基于 BeN_4 的器件在 0.4 V 的偏压下表现出 2.00×10^4 的最大开关比值，而基于 MgN_4 的设备在 0.7 V 的偏压时实现了 6.00×10^7 的更高的开关比值，如图 8.11(c)所示。这些显著的开关比值预示了 BeN_4 和 MgN_4 两种器件在高开关比器件中的潜在应用。

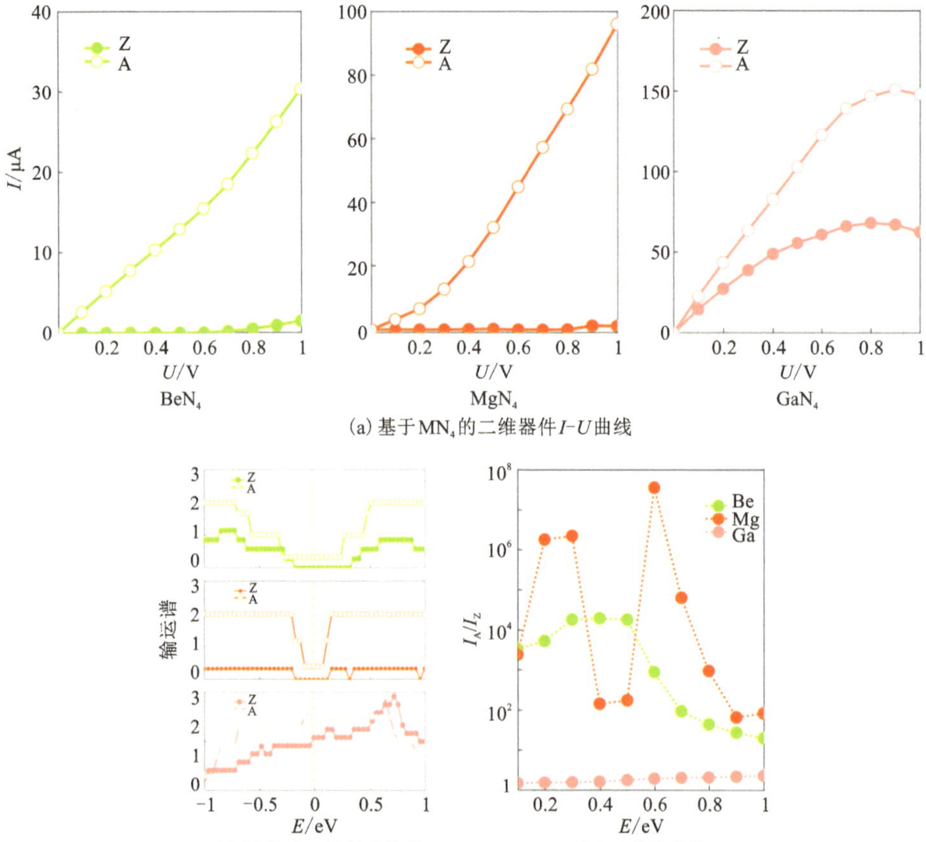

(a) 基于MN_4的二维器件I-U曲线

(b) 零偏压下投射系数谱

(c) 开关比曲线

图 8.11　基于 MN_4 的二维器件 I-U 曲线图、零偏压下的投射系数谱、器件的开关比曲线

8.4.2　MN_4 的气体传感特性研究

最终的吸附结构以及 E_{ad}、气体分子和 MN_4 单层之间的最小距离、小分子上的电荷等参数见图 8.12 和表 8.2 所示。NH_3、NO_2 和 NO 气体倾向于直接吸附在 Mg 和 Ga 原子上方，并且三种小分子在三种不同的单层上具有较为相似的吸附行为。显著的 E_{ad} 以及长度为 2.24 Å 的 N－Mg 键表明 NH_3 分子在底部 MgN_4 单层上的化学吸附较弱。如图 8.12 所示，MgN_4 单层的平面结构在吸附 NO 和 NO_2 分子后变得褶皱，并且在 NO 和 NO_2 与底部单层之间形成双键，E_{ad} 分别为－2.77 eV 和－5.28 eV，分别伴随 0.749 电子和 0.881 电子的电荷转移。这些数据表明气体小分子和下层单层之间存在强烈的相互作用，表现为化学吸附。类似地，NH_3、NO 和 NO_2 在 GaN_4 单层表面的吸附导致底部单层结构变形并伴随着大的吸附能和系统内的电荷转移。NO_2 分子具有最大的 E_{ad}（-3.82 eV），其电荷转移量为 0.654 电子，其次是 E_{ad} 为-2.78 eV 且电荷转移量为 0.748 e 的 NO 分子，以及 E_{ad} 和电荷转移量分别为-1.11 eV 和-0.156 电子的 NH_3 分子。显然，所有气体分子（NH_3、NO 和 NO_2）在 GaN_4 单层上发生了化学吸附。

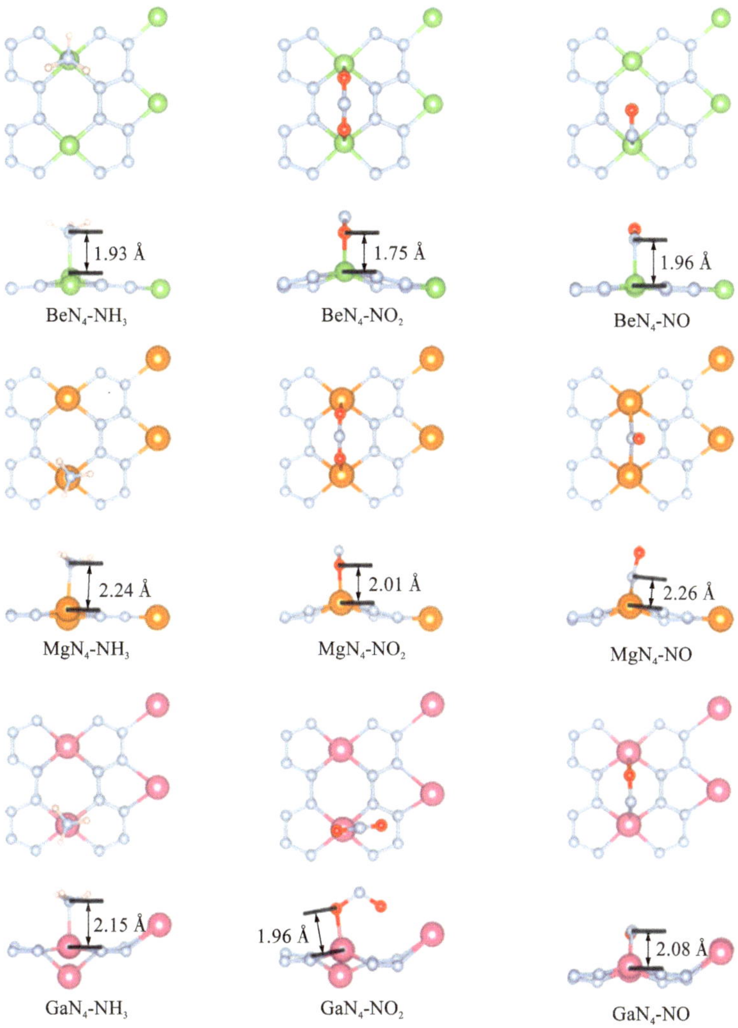

（a）MN_4 最稳定的几种吸附构型

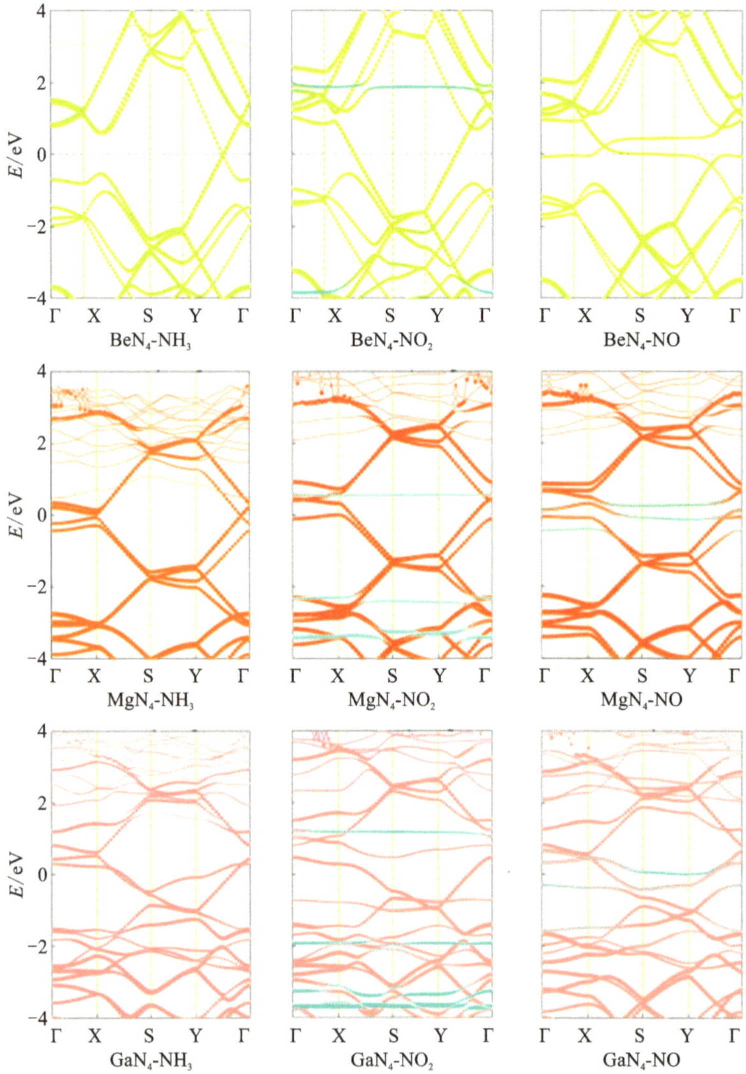

(b) MN_4 吸附后的加权能带分布

图 8.12 MN_4 的最稳定吸附结构图以及加权能带

表 8.2 二维 MN_4 单层最稳定吸附构型的各气体分子吸附参数

MN_4	体系	吸附能/eV	电荷转移/e	吸附距离/Å	吸附类型
BeN_4	NH_3	-0.79	-0.031	2.94	化学吸附
	NO	-0.84	0.349	2.64	化学吸附
	NO_2	-3.97	0.892	3.10	化学吸附

续表8.2

MN_4	体系	吸附能/eV	电荷转移/e	吸附距离/Å	吸附类型
MgN_4	NH_3	-0.79	-0.029	2.24	化学吸附
	NO	-2.77	0.749	1.38	化学吸附
	NO_2	-5.28	0.881	1.84	化学吸附
GaN_4	NH_3	-1.11	-0.156	1.11	化学吸附
	NO	-2.78	0.748	0.78	化学吸附
	NO_2	-3.82	0.654	1.20	化学吸附

值得注意的是，吸附在 MN_4 上的三种气体分子中，只有 NH_3 分子表现出负电荷转移。这表明，当系统吸附 NH_3 分子时，NH_3 分子充当电子受体，从底部 MN_4 单层获得电子。而对于其他分子的吸附，气体分子充当电子供体，释放从气体分子转移到底部单层的电子。此外，研究结果表明，MN_4 单层在吸附 NO_2 分子时表现出显著的 E_{ad} 和电荷转移，而在吸附 NH_3 分子后产生最小的 E_{ad} 值和电荷转移。这些观察结果表明，MN_4 单层对 NO_2 分子具有很强的选择性吸附能力，其次是 NO，而 NH_3 分子表现出最弱的化学吸附。为了探索上述四种小分子的吸附机理，图 8.12(b) 中给出了每个系统吸附小分子的投影能带图，青色部分代表小分子的贡献。如图 8.12(b) 所示，与原始 BeN_4 结构相比，NH_3 在 BeN_4 单层系统上的能带几乎没有变化，这表明吸附的 NH_3 分子对电子转移的影响可以忽略不计。在 NO 分子的投影能带中，小分子的贡献并不明显。然而，费米能级附近原始 BeN_4 单层的能带表明，NO 分子的吸附提高了 BeN_4 单层的金属性，导致电导率增加。NO_2 分子的吸附显著影响了费米能级附近的导带和价带，导致了电流的变化。另外，尽管没有观察到小分子的特定贡献状态，但 NH_3 分子的吸附诱导体系从半导体性质变为金属状态表明受到 NH_3 吸附的影响。吸附时，NO 和 NO_2 分子在费米能级附近的导带和价带都表现出贡献态，这表明对系统内的电子转移有显著影响。类似地，GaN_4 对这三种气体分子的吸附导致通过费米能级的能带数量增加，从而增加了电子转移量。

前面几节的结果表明基于 BeN_4 单层的气体传感装置对 NO_2 和 NO 分子都表现出优异的灵敏度。然而，GaN_4 在气体分子吸附时经历了显著的结构变形，因此其不适合用于稳定的二维气体传感器。故在这项研究中扩展探索了基于 MgN_4 的气体传感器对 NH_3、NO 和 NO_2 气体分子的传感能力，如图 8.13 所示。气体分子吸附后，很明显，沿器件 A 方向的电流仍远大于沿器件 Z 方向的电流，表明其保留了各向异性。此外，与本征器件相比，气体传感器中沿 Z 方向的电流普遍减小。然而，沿着 A 方向，随着偏压的增加，电流分布表现出近似线性增长趋势。具体地，在吸附 NO 分子之后电流减小，而在吸附 NO_2 分子之后出现电流增加趋势，并且与先前状态相比，在吸附 NH_3 分子之后电流表现出相对可忽略的变化。尽管基于 MgN_4 的气体传感器在吸附气体分子后电流表现出沿两个方向变化，但由于本征器件电流相对较小，这种变化的幅度保持最小。因此，利用该装置沿 Z 方向进行气体分子检测是不理想的。

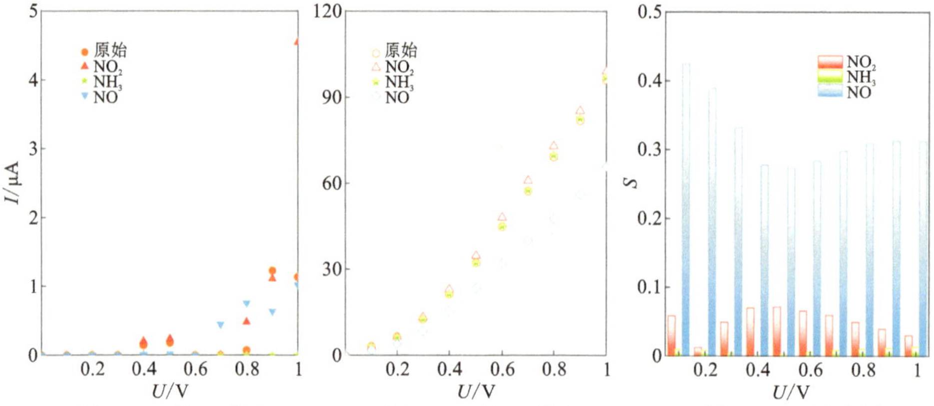

(a) MgN_4-Z的I-U曲线　(b) MgN_4-A的I-U曲线　(c) MgN_4-A灵敏度图

图 8.13　基于 MgN_4 的二维气体传感器沿 Z 方向和 A 方向的 I–U 曲线图以及 A 方向上不同气体的灵敏度图

为了进一步准确地表征该气体传感器对气体分子的传感性能，利用气敏公式计算了 MgN_4 在器件 A 方向吸附小分子后的 S 值，如图 8.13(c)所示。根据图 8.13 I–U 曲线图可以观察到，吸附 NH_3 和 NO_2 后气体传感器的电流变化非常小，而 NO 分子的电流变化较为明显，在 1 V 的偏置电压下达到 30.31 μA。响应的 S 值计算表明器件对于 NO 分子在 0.1 V 偏压时最大 S 值达到 0.43，而 NO_2 和 NH_3 分子的最大 S 值仅有 0.07 和 0.01。这表明，基于 MgN_4 的气体传感器件对 NO 分子表现出良好的响应特性。因此，它有望成为检测 NO 和 NO_2 分子的高性能气体传感设备。吸附小分子前后二维 MgN_4 器件 LDOS 如图 8.14 所示。对比 Z 和 A 方向，Z 方向上的 LDOS 电子密度在吸附前后都显著较低，这表明器件特定区域内的电子传输受到限制。相反，沿着 A 方向，器件上的电子密度无疑更高，并表现出更均匀的分布，这表明电子传输更平滑，电导增强。通过比较沿 A 方向吸附小分子前后的 LDOS，发现 NH_3 分子被吸附后器件和本征器件之间的电子态分布惊人地相似。小分子吸附使器件电子分布受到显著影响，导致其导电性变化，因此电流产生不同程度的变化。

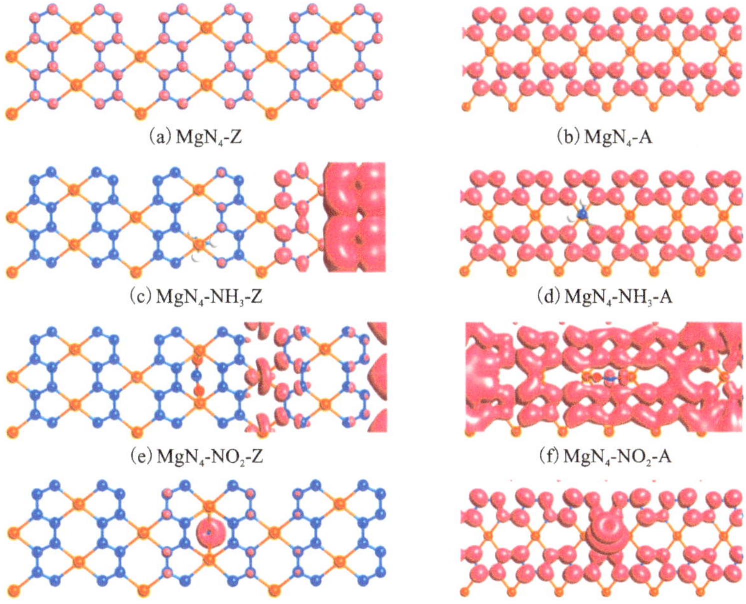

(a) MgN_4-Z　(b) MgN_4-A

(c) MgN_4-NH_3-Z　(d) MgN_4-NH_3-A

(e) MgN_4-NO_2-Z　(f) MgN_4-NO_2-A

(g) MgN_4-NO-Z　(h) MgN_4-NO-A

图 8.14　MgN_4 器件沿着 A 方向和 Z 方向吸附气体分子前后的局域态密度分布

8.5　本章小结

本章节中，BeN_4 表现出各向异性输运特性，最大开关比可达到 10^5，表明 BeN_4 是构建开关器件的理想材料。基于 BeN_4 的气体传感器对 H_2S、CO、CO_2、H_2 的吸附为物理吸附，而对 NH_3、NO、NO_2 和 SO_2 分子的吸附表现为化学吸附，特别是对 SO_2 的识别响应极高，气体灵敏度高达 5.85。本章还探讨了 MN_4(M = Mg，Ga) 的电子结构、电子传输以及氮化物的气体传感特性。MgN_4 表现出带隙为 0.13 eV 的半导体特性，GaN_4 单层则表现出金属特性。与 BeN_4 类似，MgN_4 基二维器件显示出良好的导电性和各向异性传输能力，最大开关比可达 10^7。MgN_4 和 GaN_4 单层对 NO_2、NO 和 NH_3 分子的吸附均表现为化学吸附，特别是所设计的基于 MgN_4 的气体传感器对 NO 分子具有良好的响应特性。总之，MN_4(M = Be、Mg 和 Ga) 单层有望成为高开关比器件的候选材料，并具有检测和捕获有毒氮化物气体分子的能力。这些发现凸显了 MN_4 单层在先进电子器件和气体传感技术中的多方面应用。

参考文献

[1] WEHLING T O, BLACK-SCHAFFER A M, BALATSKY A V. Dirac materials[J]. Advances in Physics, 2014, 63(1): 1-76.

[2] YUAN J, XIE Q, YU N, et al. Surface regulated arsenenes as Dirac materials: From density functional calculations[J]. Applied Surface Science, 2017, 394: 625-629.

[3] MALKO D, NEISS C, VINES F, et al. Competition for graphene: graphynes with direction-dependent dirac cones[J]. Physical review letters, 2012, 108(8): 086804.

[4] IVANOVSKII A L. Graphynes and graphdyines[J]. Progress in Solid State Chemistry, 2013, 41(1-2): 1-19.

[5] ZHANG C, SUN Q. A honeycomb BeN_2 sheet with a desirable direct band gap and high carrier mobility[J]. The Journal of Physical Chemistry Letters, 2016, 7(14): 2664-2670.

[6] CHEN C, HUANG B, WU J. Be_3N_2 monolayer: A graphene-like two-dimensional material and its derivative nanoribbons[J]. AIP Advances, 2018, 8(10).

[7] WAN M, ZHAO S, ZHANG Z, et al. Two-dimensional BeB_2 and MgB_2 as high capacity Dirac anodes for Li-ion batteries: A DFT study[J]. The Journal of Physical Chemistry C, 2022, 126(23): 9642-9651.

[8] BYKOV M, FEDOTENKO T, CHARITON S, et al. High-pressure synthesis of Dirac materials: Layered van der Waals bonded BeN_4 polymorph[J]. Physical Review Letters, 2021, 126(17): 175501.

[9] BAFEKRY A, STAMPFL C, FARAJI M, et al. A Dirac-semimetal two-dimensional BeN_4: Thickness-dependent electronic and optical properties[J]. Applied Physics Letters, 2021, 118(20).

[10] TONG Z, PECCHIA A, YAM C Y, et al. Anisotropic phononic and electronic thermal transport in BeN_4 [J]. The Journal of Physical Chemistry Letters, 2022, 13(20): 4501-4505.

[11] TANWAR S, ARYA A, GAUR A, et al. Transition metal dichalcogenide (TMDs) electrodes for supercapacitors: a comprehensive review[J]. Journal of Physics: Condensed Matter, 2021, 33(30): 303002.

[12] YE H, LIU L, XU Y, et al. SnSe monolayer: A promising candidate of SO_2 sensor with high adsorption quantity[J]. Applied Surface Science, 2019, 484: 33-38.

[13] YONG Y, GAO R, YUAN X, et al. Gas sensing and capturing based on the C_7N_6 monolayer with and without metal decoration: A first-principles investigation[J]. Applied Surface Science, 2022, 591: 153129.

[14] HONG Y, KANG W M, CHO I T, et al. Gas-sensing characteristics of exfoliated WSe_2 field-effect transistors[J]. Journal of Nanoscience and Nanotechnology, 2017, 17(5): 3151-3154.

[15] PERKINS F K, FRIEDMAN A L, COBAS E, et al. Chemical vapor sensing with monolayer MoS_2[J]. Nano letters, 2013, 13(2): 668-673.

[16] BAI X, LV H, LIU Z, et al. Thin-layered MoS_2 nanoflakes vertically grown on SnO_2 nanotubes as highly effective room-temperature NO_2 gas sensor[J]. Journal of Hazardous Materials, 2021, 416: 125830.

[17] LI J, CHEN X, YANG Z, et al. Highly anisotropic gas sensing of atom-thin borophene: a first-principles study[J]. Journal of Materials Chemistry C, 2021, 9(3): 1069-1076.

[18] WANG M, HAN D. Thermal Properties of 2D Dirac Materials MN_4(M = Be and Mg): A First-Principles Study[J]. ACS omega, 2022, 7(12): 10812-10819. [30] Liu R, Lv X, Li F. Planar MN4 (M= Zn, Cd)

[19] Monolayers: 2D Anisotropic Dirac Semimetals of Ultrahigh Fermi Velocities[J]. Physica Status Solidi (RRL)-Rapid Research Letters, 2023, 17(2): 2200326.

[20] BERDIYOROV G R, MORTAZAVI B, HAMOUDI H. Anisotropic charge transport in 1D and 2D BeN_4 and MgN_4 nanomaterials: A first-principles study[J]. FlatChem, 2022, 31: 100327.

第 9 章

浓度、湿度和金属改性对二维 BeN_4 单层储氢及气敏性能的影响

第 8 章主要揭示了二维 BeN_4 单层显著的电子传输能力以及气体传感特性，为本书后续工作的展开奠定了理论和技术基础。同样，其优异的性能在能源储氢方面具有非凡的吸引力。现实环境中，浓度和湿度一直是影响材料储氢性能的重要因素，同时对于 H_2 的精确检测也是 H_2 应用中需要解决的问题。因此详细的研究对于优化特定材料的储氢性能和气体传感器有着重大意义。此外，H_2 在大多数材料上面都是物理吸附，而金属原子的修饰能够很大程度上提升材料的储氢性能。本章节在理论上进一步探究浓度、湿度和金属修饰对于二维 BeN_4 单层储氢特性和 H_2 分子检测能力的影响，旨在揭示新型二维 BeN_4 单层的 H_2 存储潜力和寻找提升 H_2 检测能力的方法。

9.1 引言

在全球走向去碳化和绿色、可持续发展的大背景下，增加非常规燃料的可用性势在必行。作为一种"绿色燃料"，H_2 不仅能够提供优越的热值，同时其燃烧产物只有无害的水蒸气而能够提供一个清洁的环境[1-2]。我们面临着可再生能源的快速增长和能源存储需求的增加，储氢技术成为关键的解决方案。然而氢经济的基础是良性、可行的氢储存。即使目前已经发现有许多更为环保的制备氢气法，例如利用光催化[3-4]、电解[5-6]或者生物过程[7-8]等方法来分裂水，但是极小的原子尺寸使得 H_2 在该过程中容易逃逸，高效储存 H_2 仍然面临着极大的挑战。H_2 的储存可以通过物理吸附和化学吸附的方式在固体材料中实现。

尽管沸石、金属有机框架[9-10]和金属氢化物[11-13]等多孔结构均可用作储氢材料，然而因为过于依赖环境温度，其无法成为良性的储氢材料。相比之下，二维碳基材料凭借其出色的电子特性、独特的结构特征以及吸附特性展现出作为储氢材料的实用性，如碳纳米管[14]、石墨烯[15]、联苯石墨烯[16]、五边形石墨烯[17]等。然而，这类材料与 H_2 之间的相互作用太弱，在室温下的表现不尽如人意，开发新型储氢材料和引入金属原子成为可行的解决方案。

BeN_4 作为一种新型的富氮材料，具有类似碳材料的多孔结构，且氮原子对 H_2 原子具有更强的吸引力，因此在储氢方面具有不可比拟的优势。理论研究发现，BeN_4 单分子层上，Be 空位是最有利于氢吸附的位置。经过钛原子(titanium，Ti)修饰后可以通过 Kubas 相互作用结合 7 个氢分子达到国际储氢的标准[18]。相关的研究还表明，钇(yttrium，Y)修饰的 BeN_4 能够存储最大重量的 10.11%的 H_2，远高于能源部提出的车载存储 H_2 材料的标准[19]。然而，对于影响储氢材料性能的浓度和湿度这两个重要因素的研究有待进一步深入，影响材料在实际储氢应用中的可行性和有效性。本章节利用第一性原理方法进一步探究浓度、湿度对于材料储氢性能的影响，以及进一步探究钒、铌、钽三种金属对材料储氢性能的优化，深入了解材料的吸附动力学、分子间相互作用和表面反应等细节，以便更好地理解储氢材料的工作原理，并为材料的设计和改进提供理论基础。

9.2 模型构建与参数设置

本章基于 DFT 方法，采用 VASP 和 ATK 软件进行材料特性的计算，用平面波基组投影子缀加波(projector augmented wave，PAW)方法和 GGA 的 PBE 方法进行。对晶体结构进行优化时对布里渊区选用 13×13×1 的 k 点网格，而在自洽时采用 15×15×1 的 k 点网格。假设能量收敛和离子的极限分别为 10^{-5} eV 和 0.01 eV/原子，以得到最低的能量和最稳定的模型。在以吸附方式存储 H_2 的过程中，长程相互作用显得尤为重要，本章采用 Grimme-DFT-D3 交换相关函数来解释这种作用。通过在 Z 方向上加入 20 Å 真空，阻拦附近层之间的相互作用。

9.3 结果与讨论

9.3.1 H_2 浓度与湿度对储氢性能的影响

首先，本章研究了不同数目(1~10 个 H_2 分子)的氢气分子在 BeN_4 单层上的吸附行为，采用 2×2 的单胞作为吸附单元，优化后的结构模型和相关的吸附参数见图 9.1 和表 9.1。从吸附结构可以看出，无论 H_2 的浓度为多少，其在 BeN_4 单层上始终是以物理吸附形式存在。H_2 分子较为分散地分布在底部单层材料上，随着吸附 H_2 分子的数量从 1 个增加到 4 个，体系的平均吸附能随之增大。然而，当 H_2 分子数目增加到 5 个以上时，H_2 的平均吸附能持续下降，这表明本征 BeN_4 单层 H_2 储存上限为 4 个分子。此外，尽管考虑了如此多数目的 H_2 分子，整个体系的电荷转移仍然非常小，这说明 H_2 分子和底部材料的相互作用非常弱，这在 H_2 的存储中是一个较为致命的弱点。因此，对于本征的 BeN_4 材料单层而言，应用于储氢的优势不强，并且存在一定的隐患。

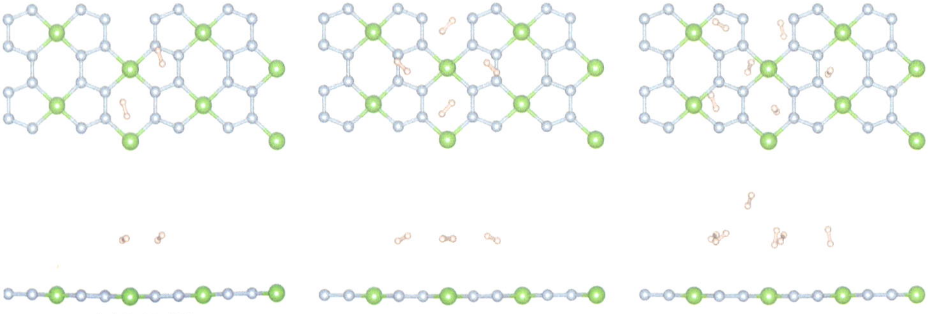

(a) BeN_4-2H_2　(b) BeN_4-4H_2　(c) BeN_4-6H_2

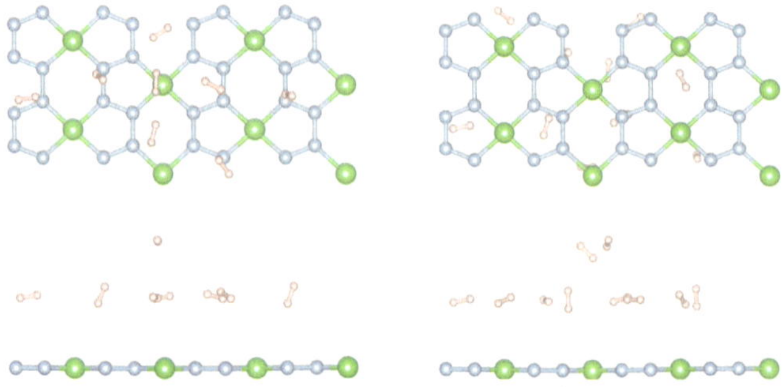

(d) BeN_4-8H_2　(e) BeN_4-10H_2

图 9.1　BeN_4 单层吸附不同数目的 H_2 分子结构图

表 9.1　不同 H_2 浓度体系的吸附相关参数

浓度体系	平均吸附能/eV	电荷转移量/e	最短吸附距离/Å
H_2	−0.08	0.008	2.970
$2H_2$	−0.86	0.016	2.675
$3H_2$	−0.90	0.018	2.741
$4H_2$	−0.94	0.019	2.746
$5H_2$	−0.38	0.023	2.631
$6H_2$	−0.33	0.025	2.525
$7H_2$	−0.30	0.029	2.549
$8H_2$	−0.27	0.028	2.612
$9H_2$	−0.25	0.027	1.038
$10H_2$	−0.28	0.028	2.541

对于储氢材料而言，H_2O 分子可竞争性地吸附在储氢材料的表面，降低吸附的表面积和活性位点，亦或者是引发材料的氧化反应，从而降低储氢材料的吸氢速率和容量。因此，为了评估二维 BeN_4 单层在储氢领域的实际应用潜力，关于湿度对于储氢性能的影响进行了进一步探讨。图 9.2 和表 9.2 展示了 BeN_4 单层吸附 1~5 个 H_2O 分子的结构图和相关参数。H_2O 分子的吸附在一定程度上能够增强 H_2 分子与底部材料的相互作用，表现为吸附能的增大，同时最短吸附距离也随着湿度的增加而减小。

然而，在 H_2O 分子的数目达到 5 个时，其中的 H_2O 分子与底部的 BeN_4 形成了强化学键，导致体系的吸附能突然增加到−1.26 eV，并且 H_2 分子的吸附距离明显高于 H_2O 分子且电荷的转移量仍然非常小，表明 H_2O 分子的增加竞争性地吸附 BeN_4 单层上，从而降低了其储氢性能。综上，储氢材料工作时 H_2 分子的浓度和空气中的湿度会影响材料的性能，适当的浓度和合理的空气湿度有利于 BeN_4 材料储存氢气，而当其过量时反而会起到抑制效果。因此，进一步寻找其他方法来提升材料的储存能力和对环境的适应能力是非常有必要的。

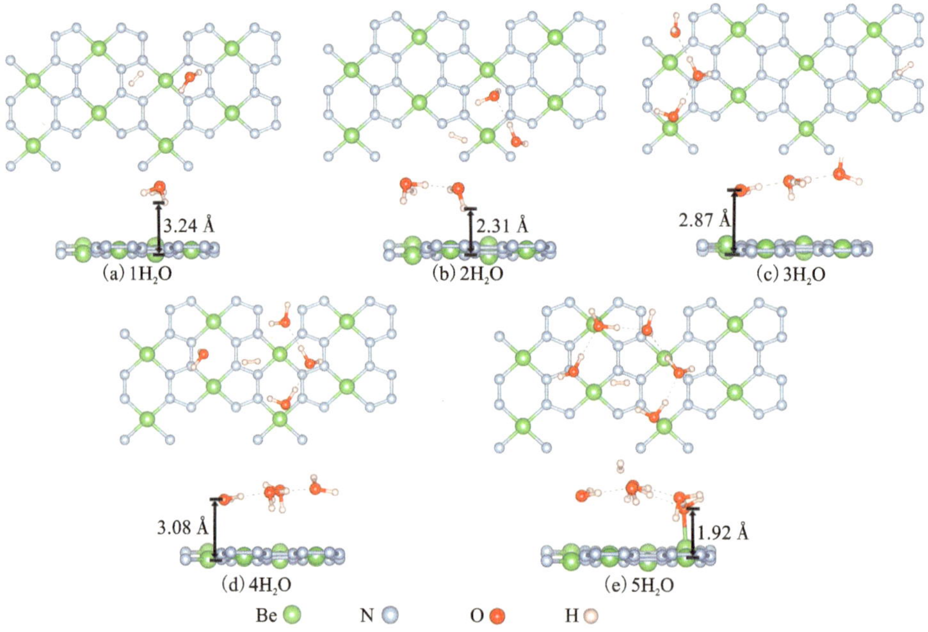

图 9.2　**BeN_4 单层吸附不同数目的 H_2O 分子结构图**

表 9.2　不同湿度下，体系的吸附能和 H 分子的电荷转移参数

体系	吸附能/eV	电荷转移/e
H_2O	−0. 25	0. 0080
$2H_2O$	−0. 45	−0. 0006
$3H_2O$	−0. 48	0. 0090
$4H_2O$	−0. 67	0. 0031
$5H_2O$	−1. 26	−0. 0050

9. 3. 2　金属修饰优化储氢性能

本征的 BeN_4 与 H_2 之间的相互作用比较微小，为进一步提高材料的储氢能力，采用了三种过渡金属原子对材料改性。由于过渡金属原子需要紧密结合才能有效存储，因此需要预测吸附能最高的位置。在所有可能的构型中，金属原子均在 BeN_4 五边形空位处稳定地存在，如图 9. 3 所示。负的结合能（见

表 9.3)表明这三种金属原子在底部材料上的吸附是对能量有利的，其中 V 原子修饰后体系的结合能最大，达到了−4.34 eV，紧接着是 Nb(−4.18 eV)，最小的是 Ta(−3.64 eV)。由于这三种原子的结合能均小于对应原子的内聚能，因而排除了金属聚集出现团簇的可能。Bader 电荷分析表明，金属原子作为电子供体，分别有 0.914 e、0.838 e、0.637 e 的电荷向 BeN_4 单层转移，导致了更强的相互作用。多个强化学键的形成、大的吸附能和电荷转移表明金属原子与 BeN_4 单层结合紧密。金属原子与 BeN_4 单分子层之间的结合可调整材料的电子性质。鉴于此，修饰之后体系的能带结构可用于研究 BeN_4 单分子层电子性质的变化。原始的 BeN_4 单层是半金属特性，并且不具备磁性，然而在 V、Nb 和 Ta 三种过渡金属原子吸附后，体系出现了自旋分离的能带特性，自旋向上的能带和自旋向下的能带均穿过费米能级，分别引入了 3.69 μB、2.64 μB、2.71 μB 大小的磁矩。根据元素投影 DOS 可以观察到，金属原子的掺杂，在费米能级的右侧能量范围[(−0.5，1)eV]出现了多个峰，费米能级左右出现不对

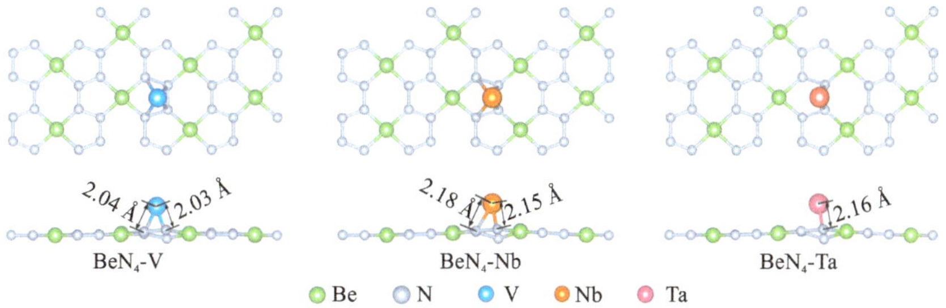

(a) 优化结构的顶部和侧视图

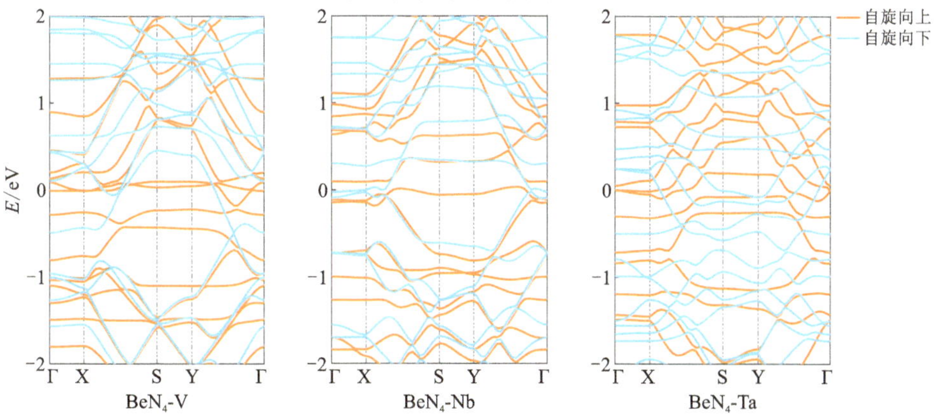

(b) 自旋能带结构

图 9.3　V、Nb 和 Ta 在 BeN_4 单分子层上优化结构的顶部和侧视图及修饰后体系的自旋能带结构

称的分布态，导致体系产生了磁性，出现了自旋分离的能带特征。金属原子调整了 BeN_4 单分子层的电子和磁性性质，这可能会影响这种材料在储氢应用中的作用。基于此，本书研究了 H_2 分子在金属修饰后在 BeN_4 上连续吸附的情况，如下所述。

表 9.3　金属修饰后体系吸附相关的参数

体系	结合能/eV	内聚能/(eV/atom)	电荷转移/e	磁矩/μB
V	−4.34	5.31	0.914	3.69
Nb	−4.18	7.57	0.838	2.64
Ta	−3.64	8.10	0.637	2.71

V、Nb 和 Ta 修饰体系的总态密度和元素投影态密度图如图 9.4 所示。

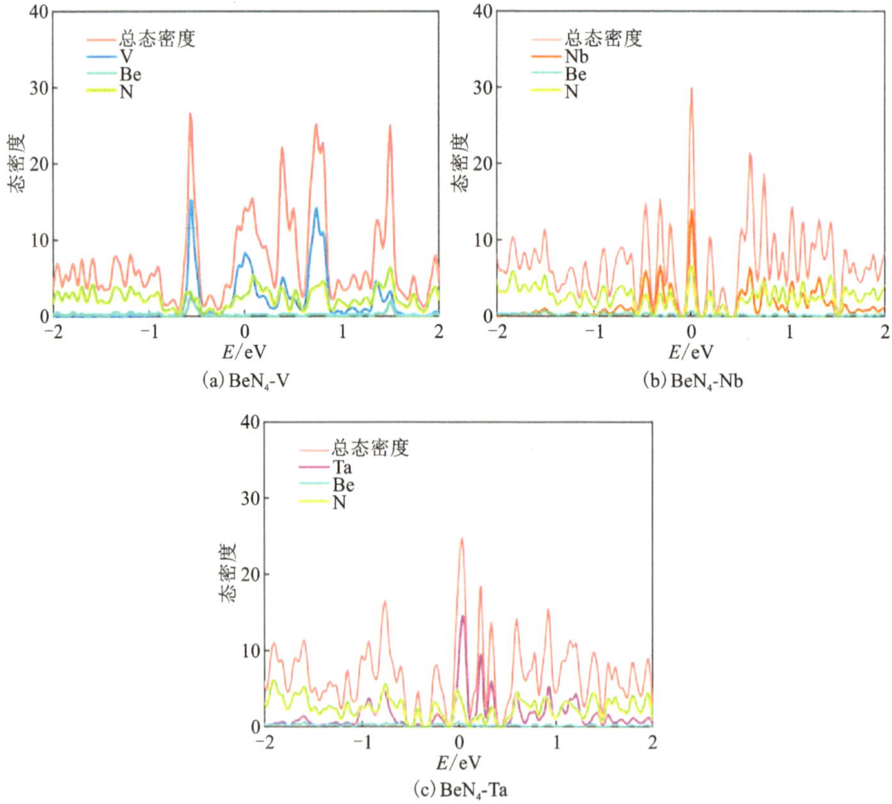

图 9.4　V、Nb 和 Ta 修饰后体系的总态密度以及元素投影态密度图

图 9.5 为 V、Nb、Ta 修饰的 BeN_4 单层吸附不同数目 H_2 分子的俯视图和侧视图，从俯视图可以观察到，在 1~2 个 H_2 分子吸附时，H_2 分子被牢牢地吸附在金属原子的顶部，且 H 原子的键长增加。多个 H_2 分子吸附时，H_2 以金属原子为中心分散地分布在上方。图 9.6 给出了上述不同体系的吸附能和 Bader 电荷，从图 9.6(a) 可以看出，金属原子修饰后体系吸附 H_2 分子的吸附能大大增加，并且大于金属结合在 BeN_4 单层上的能量，这表明金属原子改性后体系对于 H_2 分子的吸附更加牢固，克服了本征 BeN_4 单层与 H_2 分子间相互作用弱的缺陷。H_2 分子的电荷转移量相较于本征 BeN_4 单层吸附要大，并且在整个过程中，金属原子的电荷转移始终为负，表明金属原子始终作为电子供体，而 H_2 分子作为电子受体。上述结果证明金属原子的修饰增强了 H_2 分子与材料的相互作用，使得金属修饰后的体系能够稳定地储存 5 个以上 H_2 分子。

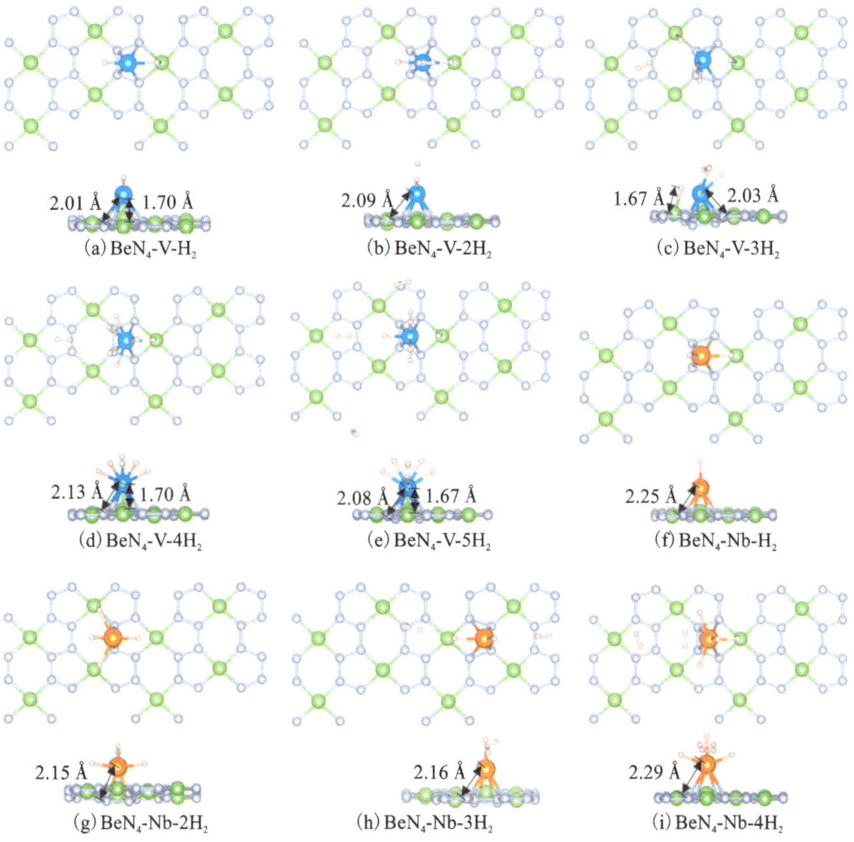

(a) BeN_4-V-H_2　(b) BeN_4-V-$2H_2$　(c) BeN_4-V-$3H_2$

(d) BeN_4-V-$4H_2$　(e) BeN_4-V-$5H_2$　(f) BeN_4-Nb-H_2

(g) BeN_4-Nb-$2H_2$　(h) BeN_4-Nb-$3H_2$　(i) BeN_4-Nb-$4H_2$

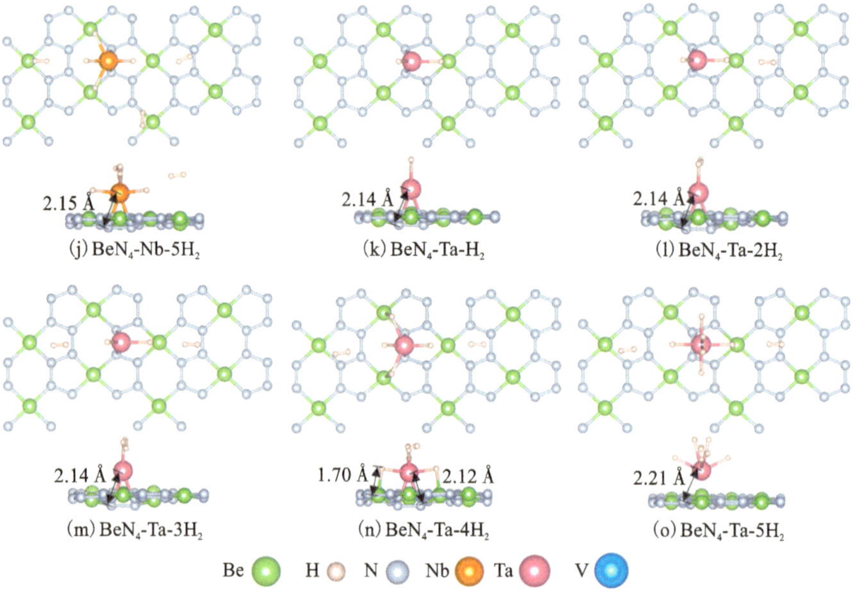

图 9.5　V、Nb 和 Ta 修饰的 BeN$_4$ 单层吸附不同数目 H$_2$ 分子的俯视图和侧视图

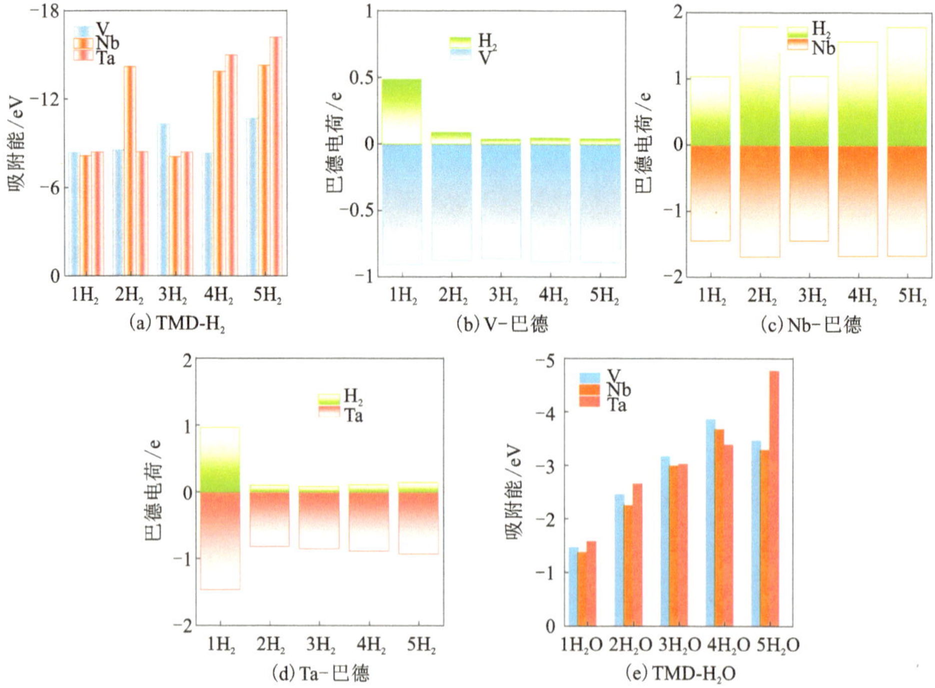

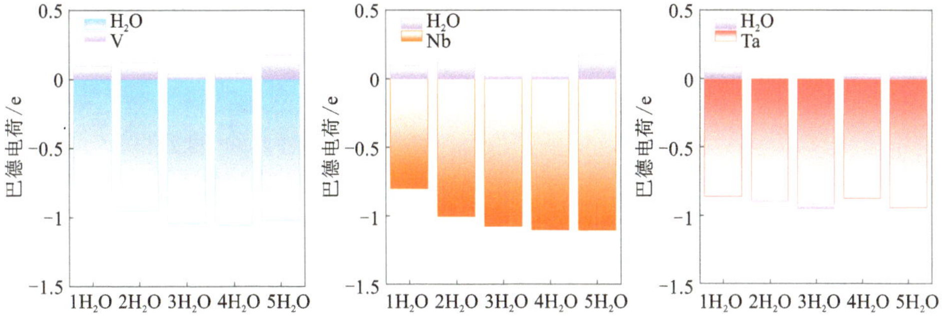

(f) V-巴德　(g) Nb-巴德　(h) Ta-巴德

图 9.6　金属修饰的体系在吸附不同数目的 H_2 和 H_2O 分子的吸附能及吸附不同数目 H_2 分子和 H_2O 分子的电荷转移

此外，补充计算了金属修饰后的体系对于不同数目 H_2O 分子的吸附特性（图 9.7），为后续探究金属分子修饰后的体系对于 H_2 分子的检测性能的优化奠定基础。V、Nb 和 Ta 金属原子修饰后的 BeN_4 单层对 H_2O 分子的吸附也产生了较大的吸附能，并且总体上随着 H_2O 分子数目的增加，吸附能增加。然

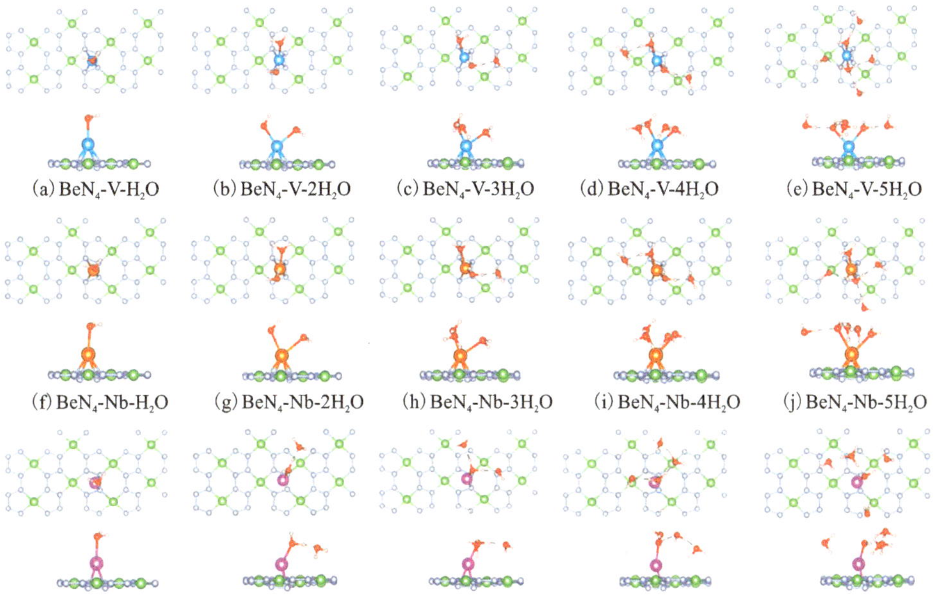

(a) BeN_4-V-H_2O　(b) BeN_4-V-2H_2O　(c) BeN_4-V-3H_2O　(d) BeN_4-V-4H_2O　(e) BeN_4-V-5H_2O

(f) BeN_4-Nb-H_2O　(g) BeN_4-Nb-2H_2O　(h) BeN_4-Nb-3H_2O　(i) BeN_4-Nb-4H_2O　(j) BeN_4-Nb-5H_2O

(k) BeN_4-Ta-H_2O　(l) BeN_4-Ta-2H_2O　(m) BeN_4-Ta-3H_2O　(n) BeN_4-Ta-4H_2O　(o) BeN_4-Ta-5H_2O

图 9.7　V、Nb 和 Ta 修饰的 BeN_4 单层吸附不同数目 H_2O 分子的俯视图和侧视图

而，其大小却仍然小于 H_2 分子的吸附能，这表明吸附 H_2 分子的体系更加稳定，其底部材料与吸附分子之间的作用力更加强劲。V 和 Nb 元素吸附 H_2O 分子，H_2O 分子上的电荷转移非常微小，并且始终作为电子的受体，而这两种金属原子作为电子的给体，电荷转移基本上在 1 e 左右，这表明 BeN_4 单层在整个过程中积累了大量的电子。而相对于 Ta 元素，在吸附 H_2O 的数目为 2~3 个时，H_2O 分子和金属原子同时作为电子给体失去部分电荷，而增加分子的个数时，H_2O 分子则又从金属原子中得到部分电子。这表明，金属原子修饰后的 BeN_4 单层对于湿度的抵抗能力进一步增强，更加有望适应湿润的工作环境。

9.3.3 H_2 传感特性

H_2 作为可燃气体，如果在运输或者储存过程中因为密封不严而发生泄漏，将发生爆炸，极其危险。因此，设计灵敏度极高的 H_2 传感器是保证 H_2 安全应用于的关键。第八章的研究结果表明，由于 H_2 分子自身的稳定性，其在本征 BeN_4 材料上的吸附为物理吸附，因而无法有效地检测 H_2 分子。在这一节中，进一步讨论浓度、湿度以及金属修饰对 H_2 分子检测性能的调控。由于 BeN_4 材料沿着 Z 方向的电流非常小，这对信号转换仪器的要求很高，容易增加气体传感器的成本，因此在本章节的讨论中，主要以沿着 A 方向研究为主。如图 9.8(a)所示，H_2 分子在气体传感器上的个数从 1 个增加到 6 个时，只有单个 H_2 分子吸附时，电流产生了微小的变化，而其他数目的 H_2 分子吸附时传感器的电流曲线几乎完全重合在一起，电流的变化基本上可以忽略不度，可见增加 H_2 分子的浓度并不能有效地达到检测气体的目的。湿度对于基于 BeN_4 单层气体传感器检测 H_2 的性能影响进行了进一步的讨论，如图 9.8(b)所示。当 H_2O 分子的数目增加到 4 个时，电流与原始器件的电流几乎完全相同，而 H_2O 分子数目为 5 个时，电流发生了变化，这表明适当的湿度有助于增加气体传感器的传感能力。

前面的小节已表明金属原子的引入能够引起 BeN_4 单层电子性质的改变，进而有可能引起输运特性的改变，其引起的电流变化见图 9.8(c)。金属原子修饰改性后，随着外部偏压的增加，体系的电流与原始电流保持增长趋势，但电流的最大值减小，不到 10 μA。其中 V 原子修饰体系的电流下降最大，其次是 Nb 原子，最后是 Ta 原子。为了弄清楚金属原子修饰对单层材料输运特性的影响机制，给出相应器件的局域态密度以及输运投射谱，如图 9.9 所示。零偏压下，原始的 BeN_4 器件在费米能级处具有最高的输运峰，而金属修饰后体系的透射峰均降低，表明金属修饰后电子的输运强度降低，导致电流下降。其中，V 原子和 Nb 原子的输运峰几乎处在同一位置，电子的输运能力差异不大，

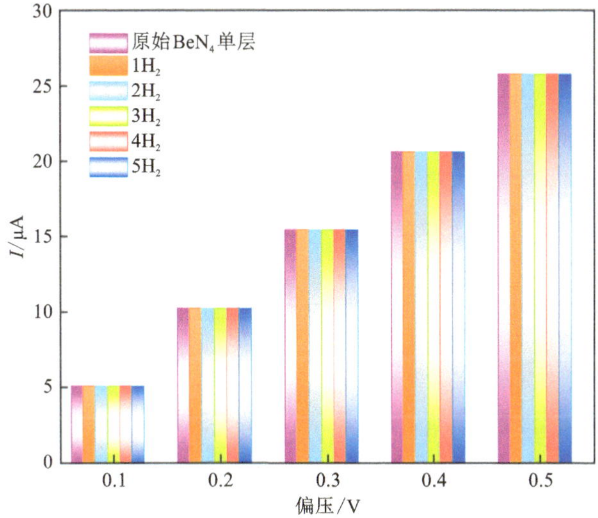

(a) 原始BeN_4单层吸附不同数目H_2分子后器件的电流

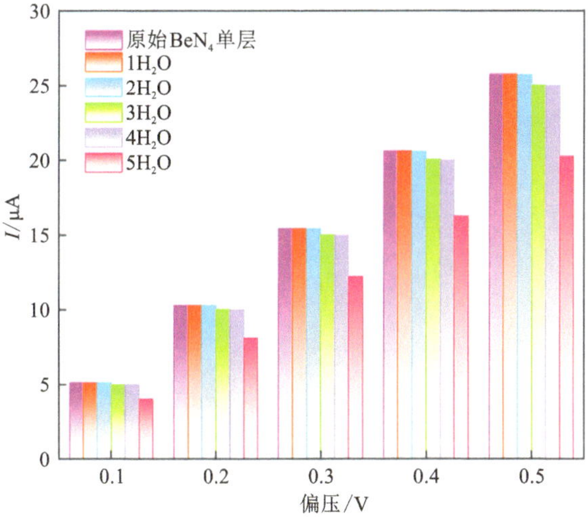

(b) 本征BeN_4吸附不同H_2O分子体系的电流

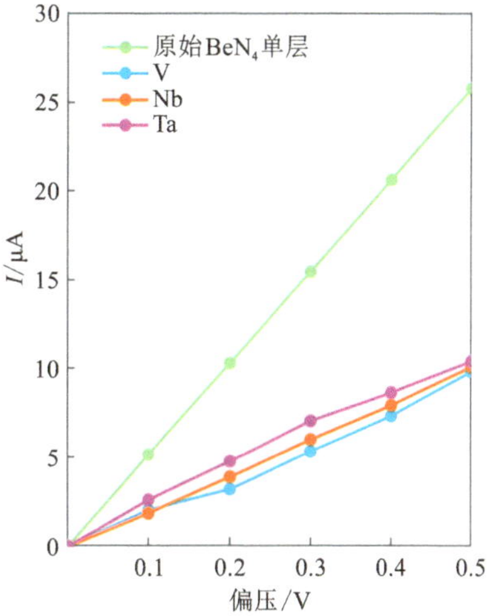

(c) 三种金属原子修饰后器件的电流曲线

图 9.8　H_2 浓度、湿度、三种金属原子修饰对传感器性能的影响

因而其电流曲线相差不大。而 Ta 原子费米能级处的投射峰相较于前面二者略大，电子的传输更强，因而产生更大的电流。从对应的 LDOS 可以看出，原始器件电子在整个散射区的分布都很均匀，电子的路径传输通畅，然而金属修饰后，由于金属原子与底部材料的强相互作用使得电子局域在中间的小范围，电子在整个器件上的传输受阻，因而电流减小。

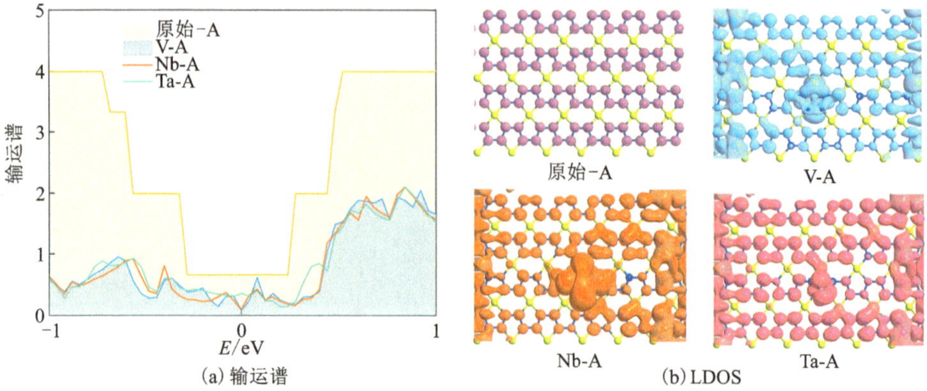

图 9.9　本征器件以及三种金属原子修饰后器件的输运谱以及 LDOS

为了进一步优化 BeN_4 单层对 H_2 分子的检测性能，在上一小节讨论的基础上，计算了 V、Nb 和 Ta 原子修饰后的器件在 1~5 个 H_2 分子环境下的响应性能，如图 9.10 所示。经对比分析发现，V 原子修饰的器件在吸附完 H_2 分子后，其电流小于未吸附时器件的电流，并且对于 1 个 H_2 分子具有极其明显的响应特性，电流的变化最为明显，而在其他 H_2 分子数目的环境下电流的变化较为微小。而较为有趣的是，Nb 原子修饰后的器件在吸附小分子后，体系的电流上升大于未吸附时。此外，该器件在 2 个 H_2 分子的环境下电流变化最为显著，响应特性最好。Ta 原子修饰后的器件在吸附 H_2 分子后的电流在偏压低于 0.3 V 时，电流小于未吸附时的电流，而大于 0.3 V 时，大于原始器件的电流。其中唯一的例外就是吸附单个 H_2 分子时，其电流曲线始终位于原始器件电流的下方，并且电流变化最大，响应最显著。结果说明金属原子修饰的 BeN_4 器件对 H_2 的传感能力增强，对单个 H_2 分子也具有较好的响应特性，能够满足低浓度的 H_2 检测。然而，随着 H_2 分子数目的增加，其电流变化反而减小，这提供了一个新的思路，基于这种体系的传感器或许能够通过在检测后通入足够浓度的气体实现吸附分子的解析。

图 9.11 给出了这三种金属原子修饰后传感器的偏压相关透射谱，红色向白色渐变代表了电子密度由疏到密。从图 9.11 可知，V 原子修饰后的器件在整个偏压范围内颜色较亮白，吸附 1 个 H_2 分子后，偏压窗口范围内红色占据大部分区域，表明吸附 H_2 分子后电子的传输减弱，电流减小颇多。然而吸附 5 个 H_2 分子后，偏压窗口范围内逐渐变亮，表明电子传输能力增加。而 Nb 原子吸附 2 个 H_2 分子和 5 个 H_2 分子后，偏压窗口内的电子传输密度增加，这很

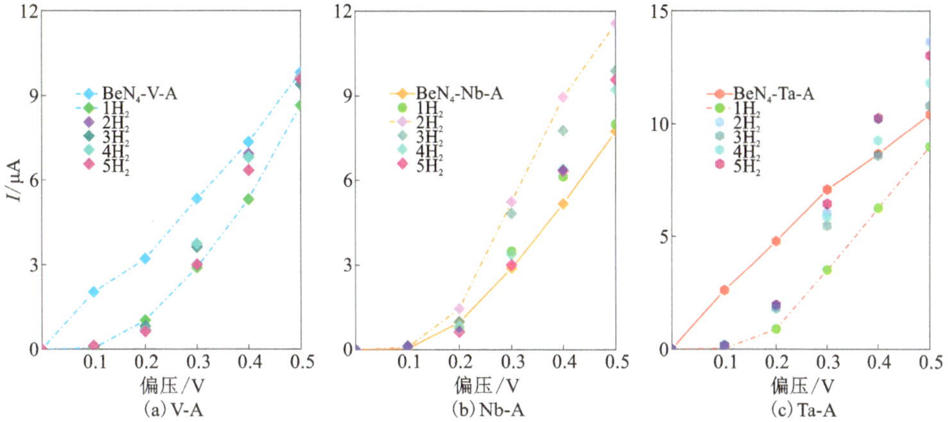

图 9.10　V、Nb、Ta 原子修饰 BeN_4 器件吸附不同数目的 H_2 分子的电流

好地对应 Nb 原子修饰的传感器件在吸附氢气分子后电流的增加。同理，Ta 原子修饰后的气体传感器在吸附 H_2 分子后，电子传输密度最弱，电流变化最为显著，因而表现出最好的响应特性。分子的吸附导致器件内部电子输运能力的变化是气体传感器工作的背后原理，直观地表现出吸附器件前后的电流变化，从而实现 H_2 分子的准确检测。

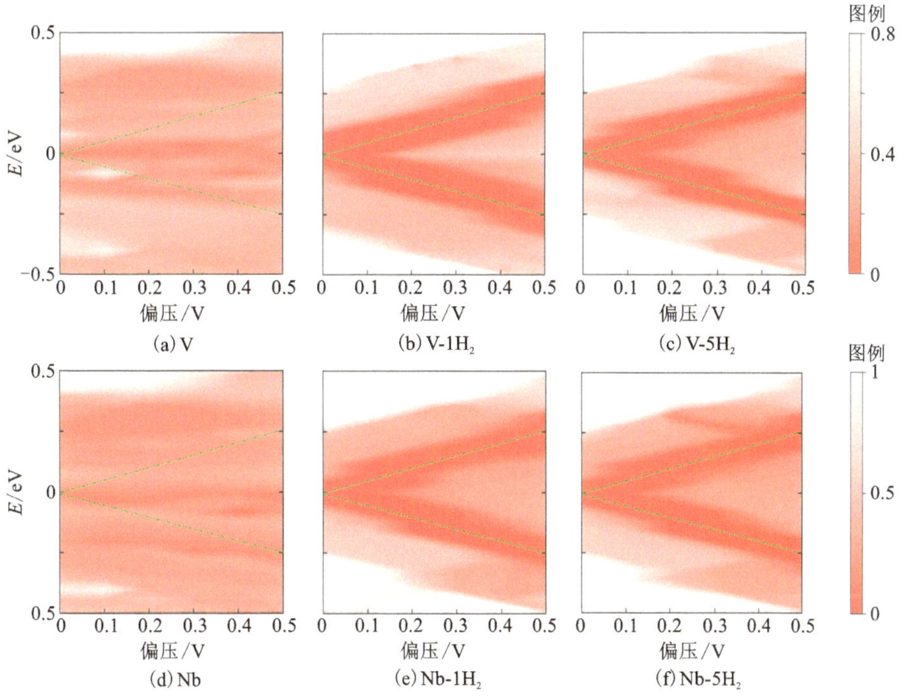

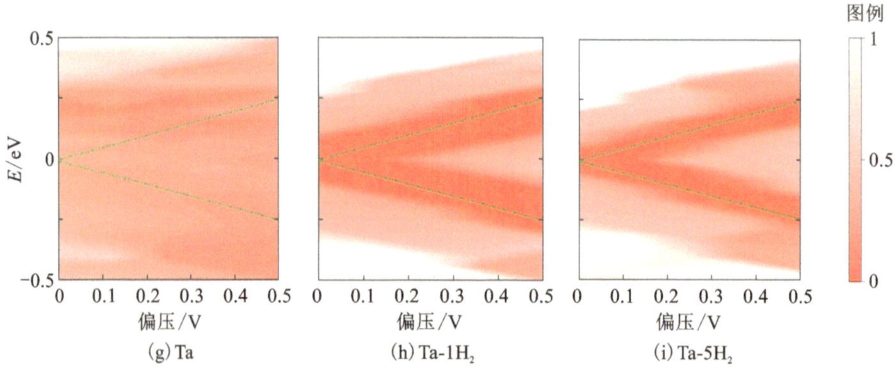

白色代表电子密度高，而红色代表电子密度低，绿色的虚线中间区域代表偏压窗口。

图 9.11　V、Nb 和 Ta 修饰后的器件和吸附 H_2 分子的偏压相关透射谱

9.4　本章小结

综上所述，本章系统地研究了浓度、湿度和金属原子修饰对于二维 BeN_4 单层储氢性能以及对于 H_2 分子气体传感特性的影响。结果表明，本征的 BeN_4 材料最多储存 4 个 H_2 分子，但其相互作用较弱，可能出现泄漏的问题。低湿度能够增加材料稳定存储 H_2 的能力，当 H_2O 分子达到一定数量时，会与 H_2 竞争性地存在，降低储氢的稳定性。V、Nb 和 Ta 三种过渡金属原子的修饰增强了体系的吸附能和电荷转移能力，使得 BeN_4 单层能够稳定地储存至少 5 个 H_2 分子。此外，传感特性研究发现，H_2 分子的浓度增加对器件的电流几乎没有影响，无法提高 BeN_4 材料对于 H_2 的检测性能。而 5 个 H_2O 分子可使器件的电流发生明显的变化，器件能够实现对 H_2 分子的检测。最后进一步讨论了 V、Nb 和 Ta 修饰后的器件对 H_2 分子的传感性能，发现 V 原子和 Ta 原子修饰的器件在吸附单个分子时电流变化最为显著，表明器件能够实现对单个 H_2 分子的检测。而 Nb 原子在 2 个 H_2 分子的环境下响应最好。总之，金属修饰后的体系能够实现对 H_2 分子的准确检测，并适用于气体分子浓度极低的工作环境。这项工作为提升二维材料的储氢能力以及 H_2 的传感性能提供了新的思路。

参考文献

[1] 刘坚，钟财富. 我国氢能发展现状与前景展望[J]. 中国能源，2019，41(2)：32-36.

[2] ABE J O, POPOOLA A P I, AJENIFUJA E, et al. Hydrogen energy, economy and storage: Review and recommendation[J]. International journal of hydrogen energy, 2019, 44(29): 15072-15086.

[3] 孟培媛，郭明媛，乔勋. WS_2/g-C_3N_4 异质结光催化分解水制氢性能及机制[J]. 复合材料学报，2021，38(2)：591-600.

[4] KANG Z, KE K, LIN E, et al. Piezoelectric polarization modulated novel Bi_2WO_6/g-C_3N_4/ZnO Z-scheme heterojunctions with g-C_3N_4 intermediate layer for efficient piezo-photocatalytic decomposition of harmful organic pollutants[J]. Journal of Colloid and Interface Science, 2022, 607: 1589-1602.

[5] WANG S, LU A, ZHONG C J. Hydrogen production from water electrolysis: role of catalysts[J]. Nano Convergence, 2021, 8: 1-23.

[6] LOH A, LI X, TAIWO O O, et al. Development of Ni-Fe based ternary metal hydroxides as highly efficient oxygen evolution catalysts in AEM water electrolysis for hydrogen production[J]. International Journal of Hydrogen Energy, 2020, 45(46): 24232-24247.

[7] 韩雪，贺泓，岳国君，等. 生物乙醇重整制氢技术挑战与产业化发展机遇[J]. 中国科学院院刊，2023，38(1)：134-144.

[8] 李争，张蕊，孙鹤旭，等. 可再生能源多能互补制-储-运氢关键技术综述[J]. 电工技术学报，2021，36(3)：446-462.

[9] LIU Y, HUANG D, CHENG M, et al. Metal sulfide/MOF-based composites as visible-light-driven photocatalysts for enhanced hydrogen production from water splitting[J]. Coordination Chemistry Reviews, 2020, 409: 213220.

[10] ZHU Z W, ZHENG Q R. Investigation of cryo-adsorption hydrogen storage capacity of rapidly synthesized MOF-5 by mechanochemical method[J]. International Journal of Hydrogen Energy, 2023, 48(13): 5166-5174.

[11] BOTTA W J, ZEPON G, ISHIKAWA T T, et al. Metallurgical processing of Mg alloys and MgH_2 for hydrogen storage[J]. Journal of Alloys and Compounds, 2022, 897: 162798.

[12] JIANG D, YANG L, YUAN H, et al. Saturated hydrogen regulated ti coordination of metallic tih_2/ti electrode via in-situ electrochemical hydrogenation for enhanced hydrogen evolution reaction[J]. Nano Energy, 2022, 93: 106892.

[13] DRAWER C, LANGE J, KALTSCHMITT M. Metal hydrides for hydrogen storage - Identification and evaluation of stationary and transportation applications[J]. Journal of energy storage, 2024, 77: 109988.

[14] KWEON D H, OKYAY M S, KIM S J, et al. Ruthenium anchored on carbon nanotube

electrocatalyst for hydrogen production with enhanced Faradaic efficiency [J]. Nature communications, 2020, 11(1): 1278.

[15] LIU Z G, WEI Y, XIE L, et al. Decorating CdS with cobaltous hydroxide and graphene dual cocatalyst for photocatalytic hydrogen production coupled selective benzyl alcohol oxidation[J]. Molecular Catalysis, 2024, 553: 113738.

[16] MANE P, KAUR S P, CHAKRABORTY B. Enhanced reversible hydrogen storage efficiency of zirconium-decorated biphenylene monolayer: a computational study[J]. Energy Storage, 2022, 4(6): 377.

[17] HAO J, WEI F, ZHANG X, et al. An investigation of Li-decorated N-doped penta-graphene for hydrogen storage[J]. International Journal of Hydrogen Energy, 2021, 46(50): 25533-25542.

[18] TRIVEDI R, KAUR S, GARG N, et al. Ti-decorated nitrogen-rich BeN_4 monolayer for reversible hydrogen storage: DFT investigations [J]. Applied Surface Science, 2023, 622: 156806.

[19] SANYAL G, NAIR H T, JHA P K, et al. First principles study on yttrium decorated BeN_4 monolayer for reversible hydrogen storage [J]. Journal of Energy Storage, 2023, 68: 107892.

第 10 章

四种新型碳基材料纳米器件的电子输运与气敏性能研究

在本书前面章节的研究中，主要针对多氮材料 BeN_4 单层的输运特性和无机气体小分子的气体传感能力进行了深入的研究，陆续地引入了相关的参数并积累了丰富的计算经验。然而，相较于多氮材料，碳基材料更加容易实现，其更大的表面积和多孔结构展现出气体吸附的强大潜能。为了扩大可用气体传感器的敏感材料数据库，选择出适合各种工作环境的气体传感器，本章节在上述工作经验基础上，以四种新型二维碳异构体为目标材料，深入研究这些材料的电子输运特性和对氮化物气体的传感性能，以丰富可供选择的气体传感材料数据库。

10.1 引言

作为自然界中分布广泛的元素之一，碳原子的多种键合模式能够形成丰富的具有不同物理化学性质的同素异形体，如金刚石[1]、石墨烯。通过改变碳异构体的结构、形态和组成，从理论上或实验中提出了许多新的碳材料[2-6]。据报道，一种名为 T-石墨烯二维对称碳异构体，由四元环和八元环组成，理论上是能量可替代的和动力学稳定的，同时具有类似狄拉克的费米子和高费米速度，尽管它具有非等价(两种)键和非蜂巢结构[7-8]。这表明，从理论上看，具有非六方碳环的规则二维碳异构体仍然是平坦的。得益于其较低的原子质量和特殊的周期性晶格结构，T-石墨烯不仅具有超高的存储容量，而且还具有稳定的离子吸附性、良好的导电性、快速的离子扩散速度和较低的开路电压[9]。令人兴奋的是，在材料生长技术不断进步当下，Fan 等人和 Liu 等人报道了扁平联苯[10-11]和 Net-石墨烯[12-13]的成功生长。这两种石墨烯都具有周期性排列的四元环、元齿环和八元环，代表着具有非六方环的碳异构体的实现正在成为现实。据报道，这两种材料似乎具有与石墨烯不同的迷人的电子性质。扁平联苯-石墨烯具有较大的内聚能，不存在虚声子频率以及高达 4500 K 的超高熔点，证明了联苯-石墨烯的高稳定性[14]。此外，联苯-石墨烯的最大杨氏模量为 259.7 N/m，显示了其强大的机械性能。研究还发现，联苯具有 n 型狄拉克锥的金属特性，并且其电化学水分解性能比石墨烯更优[15]。在 2022 年，Yu 等人报道了一种具有 sp^2-sp^3 杂化的新型碳单层石墨烯+，它继承了石墨烯的狄拉克性质和五边形石墨烯的负泊松比(NPR)，并且具有更好的能量稳定性[16-18]。凭借如此优异的性能，石墨烯+有望成为石墨烯的最强竞争对手。

作为现代材料科学的重要课题之一，石墨烯基碳材料及其应用的研究受到了广泛的关注，研究 T-石墨烯、净石墨烯、联苯-石墨烯和石墨烯+的传输和气敏特性具有前途和趣味。本书从理论上系统研究了石墨烯+、T-石墨烯、Net-石墨烯和联苯-石墨烯的电子结构、电子输运性质和气敏性质。基于上述单层的二维本征器件表现出良好的电子输运行为，并且可以观察到各向异性输运以及负微分电阻现象。此外，从吸附强度和灵敏度方面评估了三种氮基气体分子(NO_2、NO 和 NH_3)在不同结构上的吸附行为。通过设置各种不同的吸附位点，计算其吸附能、电荷转移量来获得最稳定的吸附构型。进一步的计算表明，NO_2 分子在所有四种结构上都具有良好的化学吸附性能，而 NO 分子仅在石墨烯+和联苯-石墨烯上具有更好的化学吸附特性。分子投影自洽哈密顿量、输运性质和恢复时间表明，它们能够满足各种环境下气体传感应用的需求，这些发现对于石墨烯基碳材料的进一步开发和应用提供了有价值的信息。

10.2 计算参数设置

本章节使用 VASP 中的 GGA-PBE 方法对这些材料的电子性质进行了全面的优化和计算。为了完成自洽计算，采用一组 15×15×1 的 Monkhorst-Pack k 点布里渊区采样，能量收敛标准和原子残余力下限设置为 10^{-6} eV 和 10^{-2} eV/Å，以保证计算结果的准确性。z 轴方向的真空空间设置为 20 Å，以避免四种碳异构体和周期图像之间的相互作用。在吸附模型计算中应用 DFT-D3 方法描述了吸附过程中气体分子与底部单层之间的相互作用力。在吸附模型的构建中，综合考虑了所有可能的吸附位点，包括：C 原子上方(顶位)、空洞上方(空位)和 C-C 键上方(桥位)三种不同吸附位点，然后通过比较计算出的吸附能来确定最稳定的吸附位点。

此外，我们使用 Quantum ATK 软件用于研究基于石墨烯+、T-石墨烯、Net-石墨烯和联苯-石墨烯这四种碳异构体的纳米器件的传输特性。二维器件通常沿不同的边界方向表现出不同的感应电流，因此分别计算了水平方向和垂直方向的电输运性质。经过大量测试工作，计算的力容限和截止能分别设置为 0.01 eV/Å 和 200 Ry。使用 Landauer 公式，通过二维电子器件的电流以公式(2.22)定义。为了更好地比较和分析不同传感器对这三种氮基气体分子的传感特性，本章采用器件吸附气体分子前后的电流差值 ΔI 来描述，与之前类似，其定义如下：

$$\Delta I = |I_0 - I| \tag{10.1}$$

其中，I_0 为本征器件的电流值；I 为基于不同气体分子吸附下气体传感器的电流值。

10.3　结果与讨论

10.3.1　四种二维碳异构体的电子结构性质

了解二维碳异构体的电子结构性质是探索其实际应用的第一步。石墨烯+、T-石墨烯、Net-石墨烯和联苯-石墨烯的优化结构以及声子色散曲线和能带结构如图 10.1 所示。从侧视图可以观察到石墨烯+呈褶皱状，而其他三种材料都是水平结构。如图 10.1(a)所示，石墨烯+和 T-石墨烯是正方形的正交晶胞，其晶格参数分别为 6.64 Å 和 3.46 Å。Net-石墨烯和联苯-石墨烯都是由四元环和八元环交替形成的矩形胞，晶格参数分别为 a=6.27 Å、b=4.39 Å 和a=3.76 Å、b=4.52 Å。石墨烯+、T-石墨烯、净石墨烯和联苯-石墨烯分别属于 P1(1)、P4/mm(1 2 3)、Pm(6)和 Pm(6)的空间群。根据图 10.1(b)，四种材料的结构模型的声子色散曲线仅包含布里渊区内的真实频率，证明其都是热力学稳定的。

分子动力学模拟结果证实这些结构在室温下表现出稳定性，因为能量波动在室温附近非常小。如图 10.1(c)所示，明显地，四种碳异构体表现出金属性质。令人惊讶的是，石墨烯+在 Γ 和 X 之间以及 Γ 和 Y 之间的高度对称路径上有两个不同的狄拉克锥，这表明石墨烯+是一种狄拉克金属材料。石墨烯+和 T-石墨烯的能带结构因其高度对称性的结构而在高对称路径 Γ 和 X 以及 Γ 和 Y 上表现出相似性，这表明石墨烯+与 T-石墨烯都表现出各向同性性质。然而，根据图 10.1(p)和(q)，可以观察到 Net-石墨烯和联苯-石墨烯表现出各向

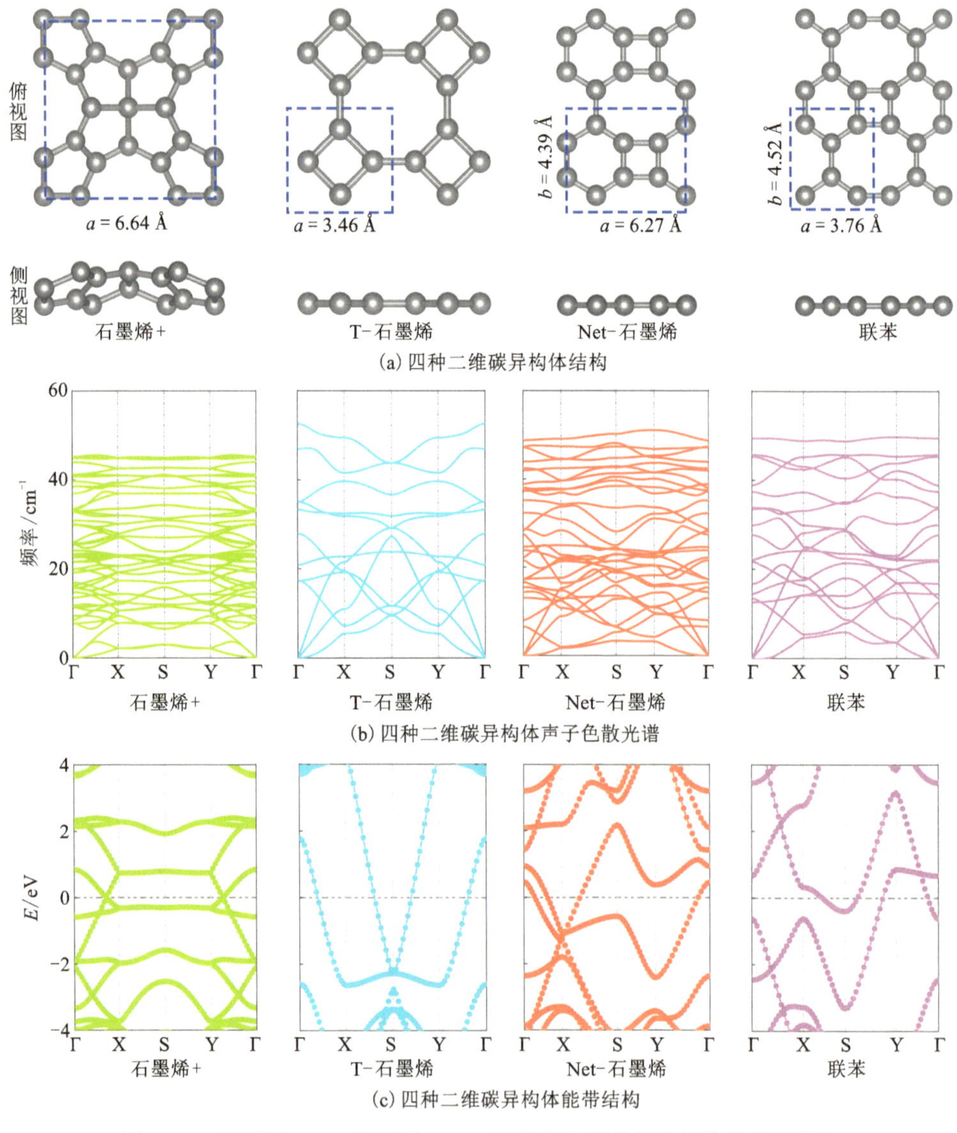

图 10.1　石墨烯+、T-石墨烯、Net-石墨烯和联苯晶体结构的俯视图和侧视图及其声子色散光谱、能带结构

异性。在 Net-石墨烯的 Γ-X 路径中有两条能带通过费米能级，而在 Γ-Y 路径中只有一条能带。而联苯-石墨烯在 Γ-X 路径中没有能带穿过费米能级，而在 Γ-Y 路径中有一条能带越过费米能级。此外，这些材料 C 原子的轨道投影态密度如图 10.2 所示，很明显，这四种材料在费米能级上都有占据态，这表明这些材料具有良好的导电性，并且可以看出，费米能级上的金属态主要由碳原子的

p_y 轨道贡献，另外两个轨道的贡献可以忽略不计。

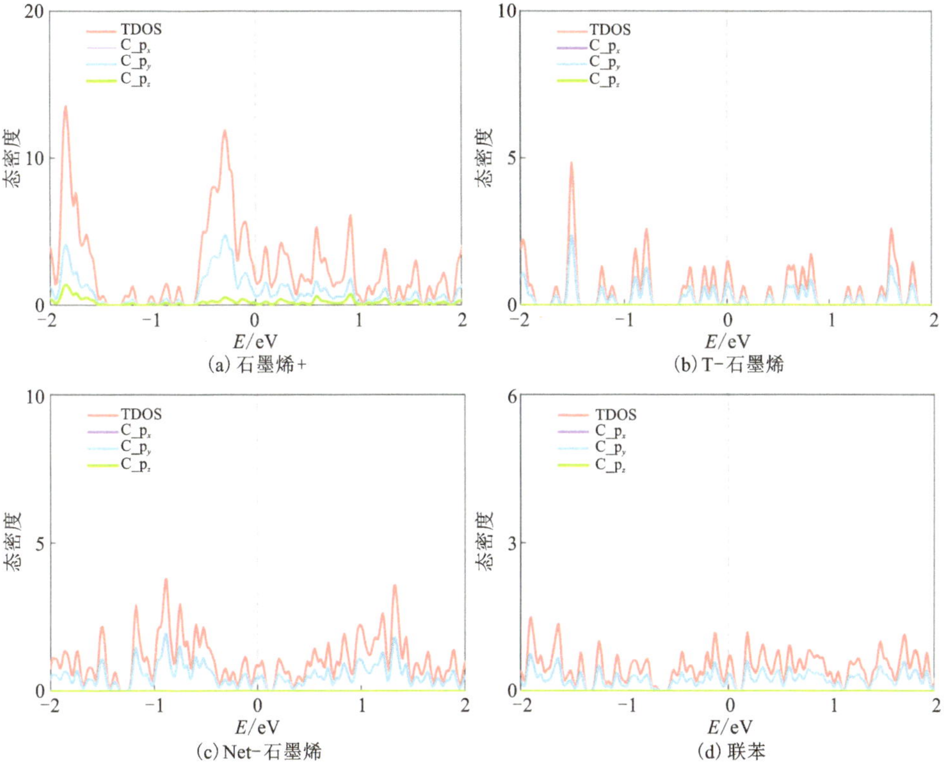

图 10.2　石墨烯+、T-石墨烯、Net-石墨烯和联苯-石墨烯的 C 元素轨道投影态密度

10.3.2　二维纳米器件的输运特性

在对其电子结构性质详细研究之后，使用上述充分优化的单层结构模型构建了一系列三端器件，以准确评估石墨烯+、T-石墨烯、Net-石墨烯和联苯-石墨烯的电子输运性质。器件模型的示意图如图 10.3(a)所示，左右两侧带有探针的橙色半透明框表示半无限电极，而中间部分是器件的散射区域。器件在直流偏压下的计算电流曲线如图 10.3(b)所示，所有器件都表现出良好的导电性，这是由其结构的金属特性决定的。从图 10.3(b)中可以看出，石墨烯+基器件的电流随着偏置电压从 0 V 增加到 0.5 V 而线性增加，但当偏置电压继续增加到 1 V 时，电流趋于平稳。在 1 V 的偏置电压下，电流达到 47.77 μA 的最大值。有趣的是，T-型石墨烯基器件的电流随着外部偏压线性增加，在 1 V 时达到 96.49 μA，如图 10.3(b)所示。这表明基于 T-石墨烯的器件的电子传输

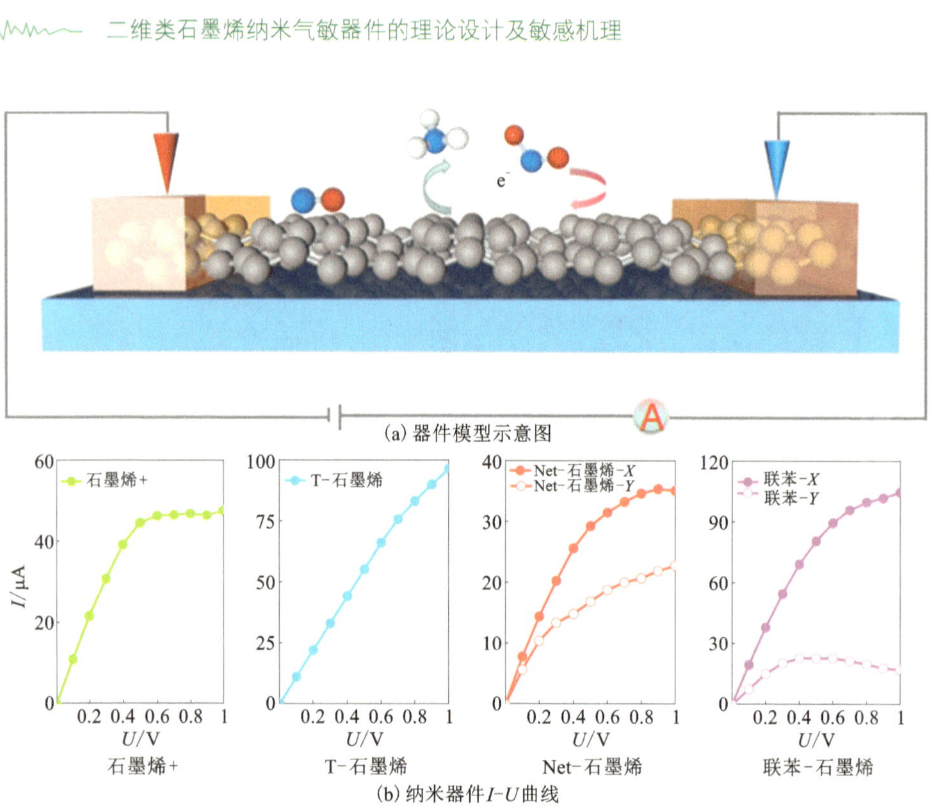

图 10.3　基于石墨烯+的二维器件模型的示意结构及石墨烯+、T-石墨烯、Net-石墨烯和联苯纳米器件的电流-电压特性曲线

能力优于基于石墨烯+的器件。为了研究 Net-石墨烯和联苯-石墨烯的各向异性输运行为，计算了器件沿 X 和 Y 方向的电流，其电流曲线如图 10.3(b) 所示。从图 10.3(b) 中可以明显看出，网状石墨烯基器件在两个方向上的电流都随着外部偏压的增加而增加。略有不同的是，器件沿 X 方向的电流在 0.9 V 的偏压下达到最大值 35.50 μA，然后略有下降，而 Y 方向的电流则在 1 V 的偏压时达到最大值 22.85 μA。因此，沿 X 方向电流大于沿 Y 方向电流，表明与石墨烯+以及 T-石墨烯的各向同性输运行为不同，Net-石墨烯表现出各向异性输运特性。图 10.3(b) 显示了基于联苯-石墨烯单层的器件沿 X 和 Y 方向的电流。显然，基于联苯的器件显示出强的各向异性，在相同的偏置电压下，沿 X 方向的电导率优于沿 Y 方向的电导率。在 0.1 V 下，联苯器件沿两个方向的电流比达到 6.00 的最大比，而 Net-石墨烯的最大比仅为 1.69，这表明基于联苯的器件比基于 Net-石墨烯的器件表现出更强的各向异性。计算的 Net-石墨烯基和联苯基器件的传输系数以及局域态密度(LDOS)表明，器件的各向异性是由于电子传输沿 X 方向比沿 Y 方向更加活跃。更令人惊讶的是，器件沿 Y 方向的电流在 0~0.6 V 范围内随偏置电压增加而增加，电压超过 0.6 V 后随着偏置电压的增加而减小，这表明存在 NDR 效应。为了更清楚地解释基于联苯的器件的 NDR 效应，给出了偏置电压范围为 0.6 V 至 1 V 的输运谱。在偏压窗口范围内，可以观察到，从 0.6 V 开始，随着偏压的增加，颜色从浅蓝色变为深蓝色，表明电子的传输行为由强变弱，因此，电流下降显示出明显的 NDR 效应。

10.3.3　基于新型碳基材料的二维气敏器件

为了评估气体分子 NO_2、NO 和 NH_3 对石墨烯+、T-石墨烯、Net-石墨烯和联苯的选择性吸附行为，进行了一系列吸附计算。整合各种吸附位点，并进行结构弛豫和静态计算，确定了分子取向的最稳定构型，如图 10.4 所示。

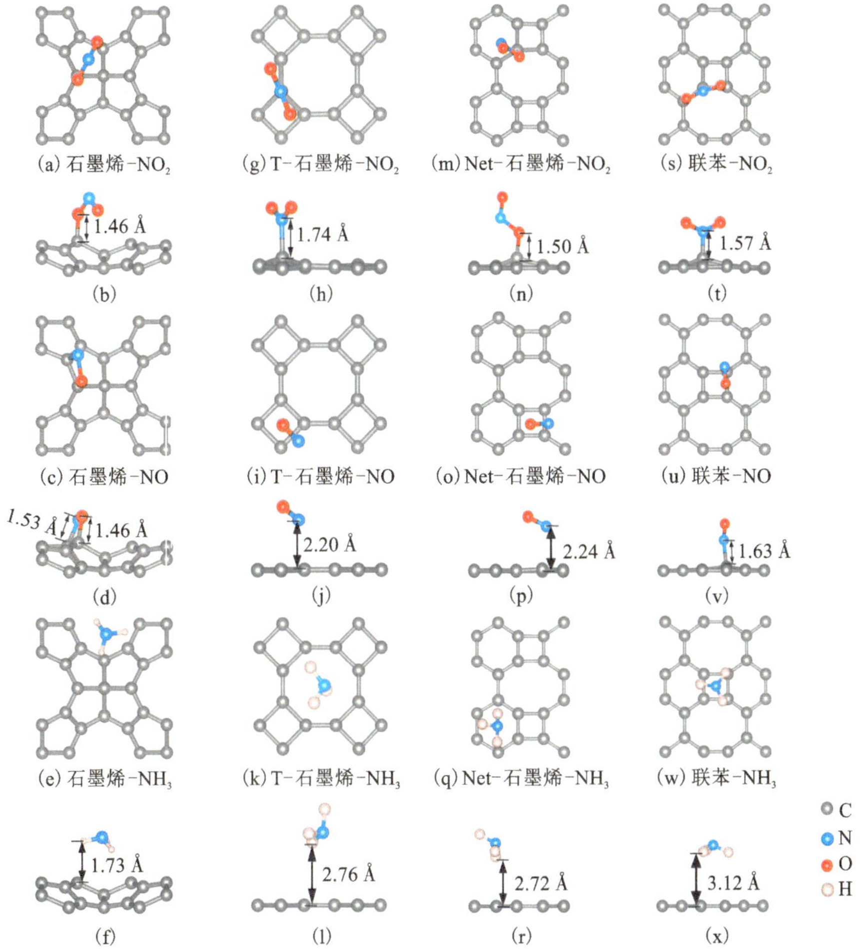

图 10.4　不同气体分子吸附后最稳定吸附构型的原子结构

表 10.1 列出了吸附后每个系统的相关参数，包括吸附能、小分子与底部单层之间的最小距离，Bader 电荷等。如图 10.4(a)~(f)所示，具体而言，NO_2 和 NO 分子都与石墨烯+形成了化学键，石墨烯+与 NO_2 形成了键长为 1.46 Å 的 C-O 键，与 NO 形成的 C-N 和 C-O 键键长分别为 1.53 Å 和 1.46 Å。较大的吸附能和强的化学键形成表明 NO_2 和 NO 分子与石墨烯+强烈相互作用。然而，当吸附 NH_3 分子后，结构几乎保持不变，NH_3 分子没有与石墨烯+表面形成任何化学键，而是仅通过微弱的范德华力在距离石墨烯+表面 1.73 Å 处稳定存在。Bader 电荷分析显示，从 NO_2 和 NO 分子到石墨烯+单层的电荷转移显著，电荷转移分别为 0.496 e 和 0.706 e。相反，NH_3 分子作为受体分子，具有非常小的电荷转移量。大的层间距、小的吸附能和电荷转移量表明石墨烯+与 NH_3 分子的相互作用较弱，表现为物理吸附。

表 10.1　最稳定吸附构型的各气体分子吸附参数

材料	气体分子	吸附能/eV	吸附距离/Å	电荷转移/e	吸附类型
石墨烯+	NO_2	-3.85	1.46	0.496	化学吸附
	NO	-2.60	1.46	0.706	化学吸附
	NH_3	-0.90	1.73	-0.006	物理吸附
T-石墨烯	NO_2	-3.97	1.74	0.216	化学吸附
	NO	-1.04	2.20	0.032	化学吸附
	NH_3	-0.66	2.76	0.017	物理吸附
Net-石墨烯	NO_2	-3.68	1.50	0.498	化学吸附
	NO	-1.10	2.24	0.018	物理吸附
	NH_3	-0.80	2.72	0.003	物理吸附
联苯	NO_2	-2.16	1.57	-0.730	化学吸附
	NO	-1.55	1.63	-0.580	化学吸附
	NH_3	-0.12	3.12	-0.010	物理吸附

如图 10.4(m)和(r)所示，NO_2 垂直吸附在 Net-石墨烯单层表面，其氧原子与 Net-石墨烯单分子层上的碳原子形成长 1.50 Å 的键，产生 3.68 eV 的大吸附能。Bader 电荷计算表明，NO_2 分子和 Net-石墨烯单层之间的电荷交换达到 0.498 e，这进一步表明 NO_2 分子在 Net-石墨烯单层上的吸附是化学吸附。对于吸附 NO 和 NH_3 分子的情况，它们与底部单层 Net-石墨烯的结合强度分别

约为-1.1 eV 和-0.8 eV，吸附距离为 2.24 Å 和 2.72 Å。从吸附剂到薄片的电荷转移很小，分子键角和键长的变化相对于自由分子可忽略不计。如图 10.4(g)~(l)所示，发现 NO_2、NO 和 NH_3 分子吸附在 T-石墨烯上，小分子与单层之间的最小距离分别为 1.74 Å、2.20 Å 和 2.76 Å。NO_2 分子与底部的 T-石墨烯形成稳定的 C-N 化学键，表 10.1 显示 NO_2 分子具有高的吸附能(-3.97 eV)和 Bader 电荷转移量(0.216 e)。这表明 NO_2 是化学吸附。然而，基于微弱的吸附能和较少电荷转移量以及长的吸附距离，NO 和 NH_3 分子似乎是物理吸附在 T-石墨烯上。

为了阐明吸附分子和底部单层之间复杂的相互作用对吸附系统电子性质的影响机制，图 10.5 中给出了每个化学吸附模型的加权能带，黄色亮区表示小分子的影响。比较图 10.5(a)和(b)，可以清楚地看出，NO 和 NO_2 分子在石墨烯+上的吸附影响了体系在费米能级附近的占据和未占据态的能带，可能与石墨烯+相互作用会形成额外的传输通道从而改变电导率有关。值得注意的是，NO 主要影响费米水平处的能带结构，从而影响电子的传输速率。在化学吸附

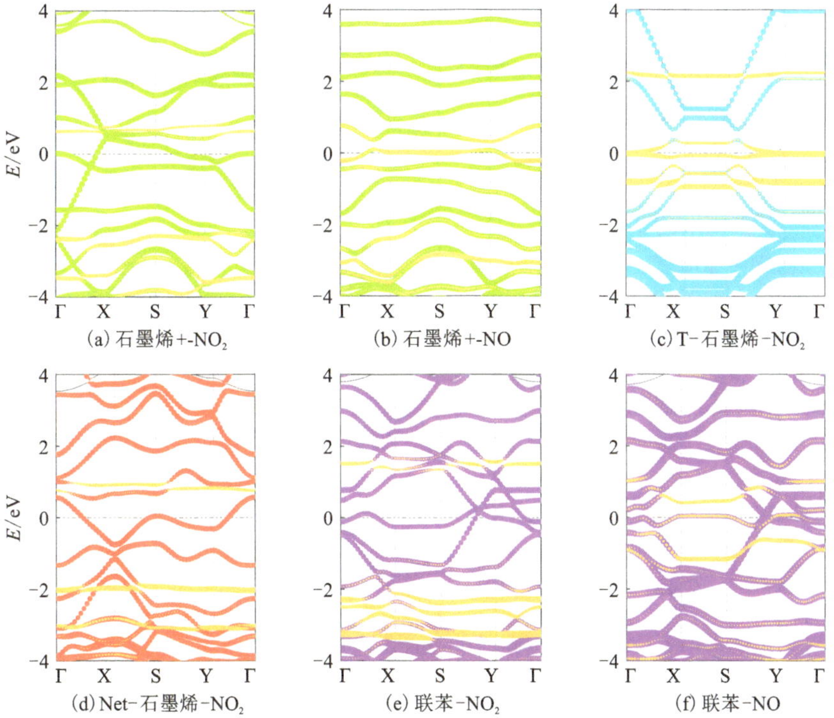

黄色代表气体分子的贡献态。

图 10.5　不同气体分子吸附后的加权能带

的情况下，一方面小分子和底部结构之间的化学键形成电子局部散射中心，抑制了电子传输。另一方面，其相互作用有可能形成新的传输通道，这有利于电子传输。

ELF 是定量理解原子核外电子性质的一种有价值的工具，它被广泛用于评估化学键及其变化，其值的设定范围为 0 到 1，数值介于 0~0.5 表示该处为离域态，而数值大于 0.9 则表明可能存在强化学键。为了确定气体分子的真实吸附状态，图 10.6 给出了各种气体分子吸附在石墨烯+、T-石墨烯、Net-石墨烯和联苯上的 ELF 函数，用以证实小分子与底部单层之间的共价相互作用。图 10.6 的顶部一行显示，NO_2 分子与底部石墨烯+、T-石墨烯、Net-石墨烯和联苯之间共享大量电子，这表明 NO_2 分子与底层单层之间可能形成新的共价键。图 10.6(b)和(k)显示大量电子局域在 NO 和石墨烯+以及联苯分子之间的区域，这表明它们之间发生了化学吸附。如图 10.6 最后一行所示，NH_3 分子则呈

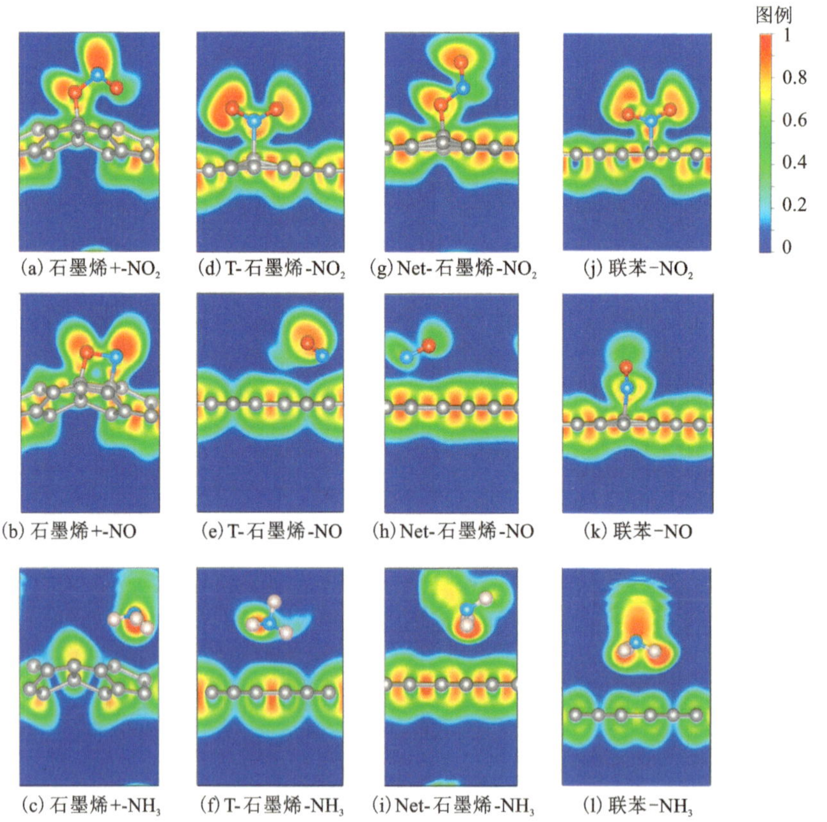

图 10.6　不同气体分子被吸附后最稳定吸附构型的 ELF

现相反的情况，NH_3 分子和底部四种碳异构体单层之间的 ELF 值几乎接近于零，表明该区域的电子密度极小，因而 NH_3 分子通过物理吸附作用于这些结构。上述分析结果与计算出的吸附能和 Bader 电荷结果完全吻合。

气体分子的吸附会改变结构表面的电子浓度，进而影响传输特性，从而实现特定小分子的检测。为了定量分析和比较石墨烯+、T-石墨烯、Net-石墨烯和联苯-石墨烯对这三种氮基气体分子吸附的敏感性，我们建立了一系列气体传感器，根据最稳定的吸附构型计算 *I-U* 曲线。仅考虑化学吸附构型，吸附前后的 *I-U* 曲线如图 10.7 所示。对于零偏置电压，传感器保持关闭，当偏置电压增加时，传感器打开。从图 10.7(a)中可以看出，吸附 NO_2 和 NO 气体分子后，系统的电阻增加，电流受到抑制。但显然，器件吸附 NO 分子后电流受限的程度大于吸附 NO_2 分子，其电流最大值仅为 23.30 μA，这也与电荷转移的差异很好地对应。Δ*I* 可以直观地表示气体传感器对气体分子的响应程度，石墨

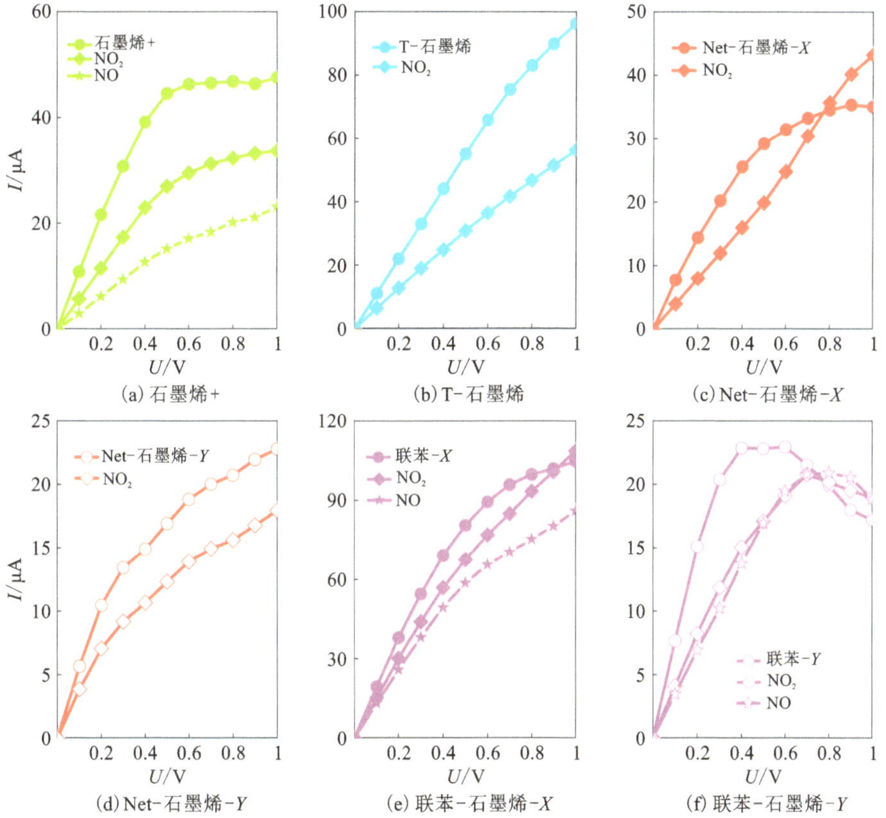

图 10.7　气体传感器件的电流-电压曲线

烯+和 T-石墨烯基气体传感器的 ΔI 如图 10.8(a)和(b)所示。当偏压为 0.5 V 时，石墨烯+基传感器吸附 NO_2 分子的最大 ΔI 为 17.64 μA，而当偏压为 0.5 V 时，石墨烯+基传感器吸附 NO 分子的最大 ΔI 达到 29.42 μA，表明石墨烯+基气体传感器对 NO 分子的灵敏度优于 NO_2 分子。基于 T-石墨烯的气体传感器对 NO_2 的 ΔI 值随着偏置电压的增加而稳定增加，当偏置电压为 1 V 时 ΔI 达到 39.98 μA 的最大值。比较这两个传感器件，这意味着基于 T-石墨烯的气体传感器可以在检测 NO_2 分子时发挥出更高的检测效能。

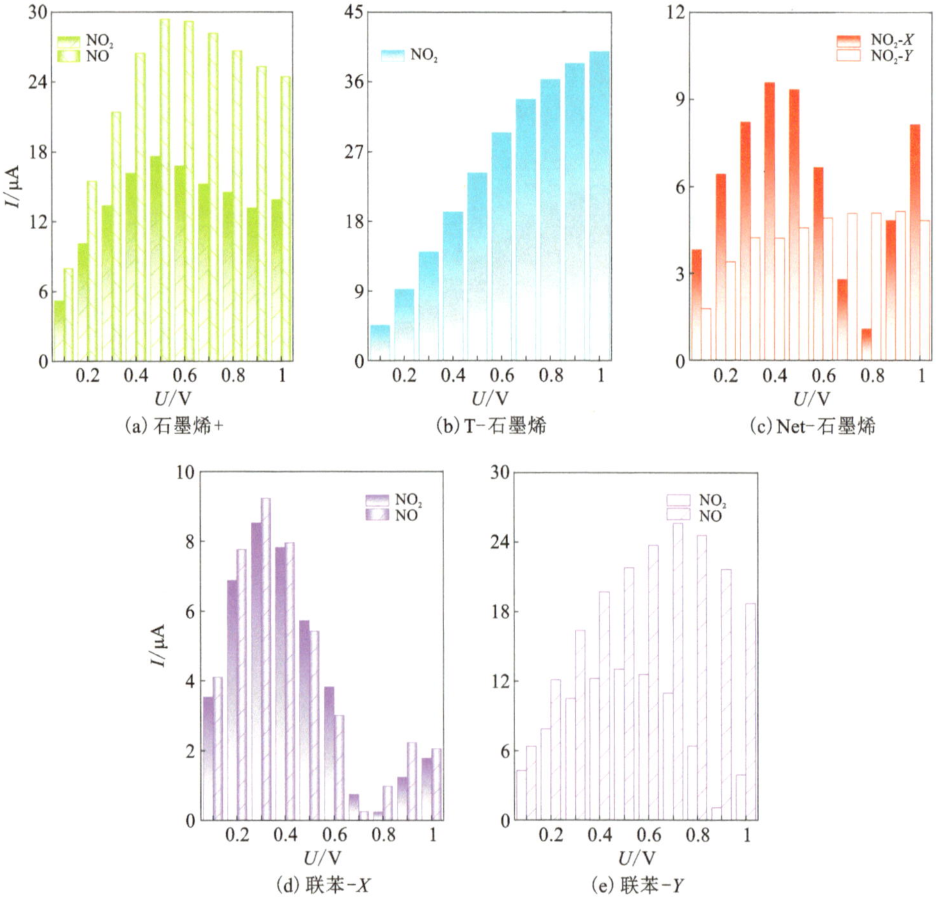

图 10.8　石墨烯+、T-石墨烯、Net-石墨烯、联苯-石墨烯气体传感器的 ΔI

此外，吸附 NO_2 分子后，Net-石墨烯基器件沿 X 方向的电流几乎是沿 Y 方向电流的两倍，这表明器件的各向异性在吸附后得到了保留，如图 10.7(c)和

(d)所示。在石墨烯+和 T-石墨烯基器件吸附 NO_2 后，器件的电流沿两个方向总体呈现下降的趋势，但沿 X 方向变化显著，在 0.4 V 时达到最大 ΔI 值 9.59 μA，而沿 Y 方向在 0.9 V 的偏置电压下达到 5.17 μA 的最大 ΔI 值。这些数据明显表明，在较低的偏置电压下，沿器件的 X 方向对 NO_2 分子的检测更有利。类似地，从图 10.7(e)和(f)中可以观察到，联苯-石墨烯基器件的电流在吸附 NO_2 和 NO 气体分子后，其强各向异性仍保持不变。气体传感器在吸附 NO_2 分子之后具有 5.71 的开关比，在吸附 NO 分子之后具有 4.46 的开关比。在吸附 NO_2 和 NO 气体分子后，器件的电流在 0~0.7 V 的范围内沿 Y 方向随着偏压的增加而增加，但当偏压超过 0.7 V 时，电流开始减小，表现出明显的 NDR 效应。在这种情况下，气体分子的吸附降低了联苯-石墨烯基器件的传输强度，同时保留了各向异性和 NDR 效应等特性。沿 X 方向，在 0.5 V 的偏压下，NO 分子的最大 ΔI 为 25.63 μA，而在 0.7 V 的偏压时，NO_2 分子的最大 ΔI 仅为 13.05 μA。而沿着 Y 方向，NO 分子在 0.4 V 时的最大 ΔI 为 9.24 μA，NO_2 分子在 0.3 V 时 ΔI 达到最大值 8.53 μA。显然，在任意方向上，基于联苯-石墨烯的气体传感器对 NO 分子的气体灵敏度都比 NO_2 高，并且该装置沿 X 方向比沿 Y 方向对气体更敏感。

然而，这四种碳异构体传感器在室温下的解析时间过于冗长，因而在室温环境下的应用还存在较大的局限性，如表 10.2 所示。石墨烯+、T-石墨烯和 Net-石墨烯传感器能够在高温下工作，而基于联苯-石墨烯的传感器在工作环境温度方面更灵活。此外，还可以通过改变温度来调节气体传感器的传感性能，以满足不同的气体分子检测需求。

表 10.2　四种气体传感器针对各气体分子的解析时间

体系	恢复时间(τ)/s	
	T=300 K	T=800 K
石墨烯+-NO_2	2.71×10^{52}	1.45×10^{12}
石墨烯+-NO	3.26×10^{31}	2.07×10^{4}
T-石墨烯-NO_2	2.76×10^{54}	8.23×10^{12}
Net-石墨烯-NO_2	3.87×10^{49}	1.25×10^{11}
联苯-NO_2	1.41×10^{24}	35.97
联苯-NO	8.72×10^{13}	5.34×10^{-3}

为了从微观角度进一步理解和阐明分子吸附对器件传感特性的作用机制，

图 10.9 给出了零偏压下石墨烯+以及 T-石墨烯基气体传感器件中心散射区域中最高占据分子轨道(HOMO)和最低未占据分子轨道(LUMO)MPSH 的分布。原始石墨烯+基器件和 T-石墨烯基器件的 HOMO/LUMO 电子态在整个器件中都很好地离域，表明整个器件的电子传输很平稳和顺畅。吸附 NO_2 分子后，石墨烯+基器件的 HOMO 电子主要分布在左半部分，吸附 NO 分子后器件的 HOMO 和 LUMO 上的电子分布更局域化，这表明小分子的吸附降低了器件中的电子传输强度，导致电导率降低和电流减小。类似地，对于吸附气体分子后的 Net-石墨烯基器件以及联苯-石墨烯基器件，器件的 HOMO/LUMO 的有序性受到干扰，局域化程度进一步加深，导致电荷传导受到抑制，器件的电流发生显著变化，因而可以据此应用于特定小分子的检测。

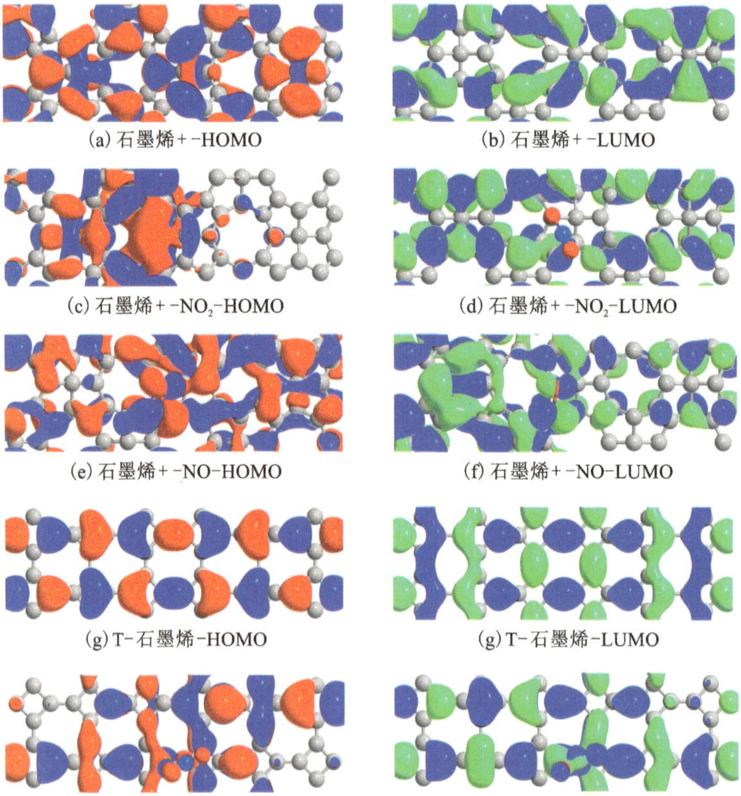
(a) 石墨烯+-HOMO
(b) 石墨烯+-LUMO
(c) 石墨烯+-NO_2-HOMO
(d) 石墨烯+-NO_2-LUMO
(e) 石墨烯+-NO-HOMO
(f) 石墨烯+-NO-LUMO
(g) T-石墨烯-HOMO
(g) T-石墨烯-LUMO
(i) T-石墨烯-NO_2-HOMO
(i) T-石墨烯-NO_2-LUMO

图 10.9　零偏压下石墨烯+和 T-石墨烯本征器件以及吸附 NO_2 分子后器件的分子投影轨道哈密顿量

10.4 本章小结

本章系统地研究了石墨烯+、T-石墨烯、Net-石墨烯和联苯-石墨烯单层的电子结构、电子输运性质和气体分子吸附性质。这四种结构都表现出金属性，且二维器件具有高导电性，按其从大到顺序排列依次为联苯-石墨烯、T-石墨烯、石墨烯+、Net-石墨烯。Net-石墨烯基和联苯-石墨烯基器件表现出各向异性的传输特性，联苯-石墨烯基器件还具有 NDR 效应。此外，还研究了这些单层对 NO_2、NO 和 NH_3 气体分子的气敏性能。石墨烯+和联苯-石墨烯对 NO_2 和 NO 分子表现出化学吸附，对于 NH_3 分子，则为物理吸附。NO_2 分子在 T-石墨烯和 Net-石墨烯表面为化学吸附，而 NO 和 NH_3 分子在其上是物理吸附。基于石墨烯+的气体传感器检测 NO 分子具有高选择性和高灵敏性，其最大 ΔI 值为 29.42 μA。基于 T-石墨烯和 Net-石墨烯的气体传感器仅对 NO_2 分子显示出较好的选择性和敏感性，ΔI 值分别为 39.98 μA 和 9.59 μA。联苯-石墨烯基气体传感器对 NO_2 和 NO 分子敏感性强，最大灵敏度分别为 13.05 μA 和 25.63 μA。总之，石墨烯+、T-石墨烯、Net-石墨烯和联苯-石墨烯是有毒气体 NO_2 和 NO 分子的有前途的传感材料。

参考文献

[1] HE M, GALES J P, DUCROT É, et al. Colloidal diamond[J]. Nature, 2020, 585(7826): 524-529.

[2] JIN C B, SHI P, ZHANG X Q, et al. Advances in carbon materials for stable lithium metal batteries[J]. New Carbon Materials, 2022, 37(1): 1-24.

[3] KROTO H W, HEATH J R, O'BRIEN S C, et al. C_{60}: Buckminsterfullerene[J]. nature, 1985, 318(6042): 162-163.

[4] KALAMI R, FERREIRA R S, KETABI S A, et al. Elasticity of Irida-graphene-based and Sun-graphene-based nanotubes: A study by fully atomistic reactive classical molecular dynamics simulations[J]. arXiv preprint arXiv: 2310.02165, 2023.

[5] JÚNIOR M L P, DA CUNHA W F, GIOZZA W F, et al. Irida-graphene: A new 2d carbon allotrope[J]. FlatChem, 2023, 37: 100469.

[6] DEB J, SERIANI N, SARKAR U. Ultrahigh carrier mobility of penta-graphene: a first-principle study[J]. Physica E: Low-dimensional Systems and Nanostructures, 2021, 127: 114507.

[7] GHOSAL S, JANA D. Beyond T-graphene: Two-dimensional tetragonal allotropes and their potential applications[J]. Applied Physics Reviews, 2022, 9(2).

[8] LIU Y, WANG G, HUANG Q, et al. Structural and electronic properties of T graphene: a two-dimensional carbon allotrope with tetrarings[J]. Physical review letters, 2012, 108(22): 225505.

[9] TONG Z, PECCHIA A, YAM C Y, et al. Ultrahigh Electron Thermal Conductivity in T-Graphene, Biphenylene, and Net-Graphene[J]. Advanced Energy Materials, 2022, 12(28): 2200657.

[10] FAN Q, YAN L, TRIPP M W, et al. Biphenylene network: A nonbenzenoid carbon allotrope [J]. Science, 2021, 372(6544): 852-856.

[11] LUO Y, REN C, XU Y, et al. A first principles investigation on the structural, mechanical, electronic, and catalytic properties of biphenylene [J]. Scientific reports, 2021, 11 (1): 19008.

[12] SHAARAWY H H, HUSSEIN H S, KADER E A, et al. Adsorption performance of coated bentonite via graphene oxide[J]. Bulletin of the National Research Centre, 2020, 44(1): 1-10.

[13] LIU M, LIU M, SHE L, et al. Graphene-like nanoribbons periodically embedded with four- and eight-membered rings[J]. Nature communications, 2017, 8(1): 14924.

[14] WANG K, REN K, ZHANG D, et al. Phonon properties of biphenylene monolayer by first-principles calculations[J]. Applied Physics Letters, 2022, 121(4).

[15] LIU G, CHEN T, LI X, et al. Electronic transport in biphenylene network monolayer: Proposals for 2D multifunctional carbon-based nanodevices[J]. Applied Surface Science, 2022, 599: 153993.

[16] YU L, CHEN A, WANG X, et al. Softened sp^2-sp^3 bonding network leads to strong anharmonicity and weak hydrodynamics in graphene+[J]. Physical Review B, 2022, 106 (12): 125410.

[17] YU L, QIN Z, WANG H, et al. Half-negative Poisson's ratio in graphene+ with intrinsic Dirac nodal loop[J]. Cell Reports Physical Science, 2022, 3(3).

[18] CHEN M, ZHAN H, ZHU Y, et al. Mechanical properties of penta-graphene nanotubes [J]. The Journal of Physical Chemistry C, 2017, 121(17): 9642-9647.

第 11 章

BC_5 基气体传感器高性能吸附研究

11.1　引言

在当今工业腾飞的时代，空气污染问题变得越来越严重，大量有害气体被生成并暴露在空气中，例如 CO、NH_3、NO、C_2H_2、CH_4 等。虽然有毒气体的浓度很低，但是对人类的健康造成巨大的危害[1, 2]。由于气体传感器在环境中可以高效地检测有毒气体，因此该器件变得越来越重要。二维材料具有独特的物理和化学性质，因而成为下一代监测有毒气体传感器材料的候选者[3]。

在最近几十年中，碳材料的衍生物取得了巨大的进展[4-6]，各种具有优异性能的碳晶体吸引了全球各国科学家的广泛关注，例如以 C_{60} 为代表的富勒烯[7]、碳纳米管[8]、石墨烯[9]等，特别是石墨烯的发现成为二维材料发展的里程碑。它对二维材料的理论和实验研究产生了举足轻重的影响，其独特的传感性能近年来也引起了广泛关注。例如，Yoon 及其同事设计了一种基于石墨烯的气体传感器[10]，以此来检测 CO_2 浓度，结果表明，当不同浓度的 CO_2 暴露在空气中时，基于石墨烯的气体传感器的电导率发生显著变化，并且响应时间极短。但石墨烯与一些小分子（如 CO、NH_3、NO 和 NO_2）的相互作用较弱，石墨烯对这些气体分子的敏感性较低[11]。为了克服这一缺点，众多的科研工作者通过缺陷工程或者引入额外的杂质原子来提高石墨烯基气体传感器的传感性能。2009 年，Zhang 等人利用密度泛函方法计算研究了缺陷和掺杂对石墨烯气敏性能的影响。研究表明 CO，NO，NO_2 和 NH_3 在 B 或 N 原子掺杂或缺陷石墨烯上的吸附能力比在原始石墨烯上的吸附能力强得多。缺陷石墨烯对 CO、NO 和 NO_2 分子的吸附能最高，而掺杂 B 的石墨烯与 NH_3 的结合最紧密[12]。随着时代的发展，石墨烯基气体传感器已经无法满足日益增长的环境污染治理需求，因此寻找新型二维材料构建优异性能的气体传感器成为了世界各国科研人员的目标。

Lpwell 和他的同事用硼取代石墨中的碳，2350 ℃时硼在石墨中的最大溶解度为 2.35%[13]。在 C 被替代之后形成了 B_xC_{1-x}($0<x<0.25$)结构，该结构被广泛研究[14]。在 NbB_2(0001)表面上，制备了具有优异结晶质量的均匀 BC_3 片[15-17]。Sun 和他的同事构建了 BC_3 晶体的不同堆叠结构，并揭示了 BC_3-D 具有 0.5 eV 的半导体带隙特性，而其余稳定的 BC_3 结构具有金属特性[18]。此外，Wang 等人研究了 BC_3 的四种可能结构，其中最稳定的结构是具有六角对称性的结构。他们发现大量电荷从 B 转移到 C[19]。同时，报道了 BC_3 纳米管作为气体传感器可以有效地检测有毒气体分子 CO[20]。随着进一步的研究，Aghaei 等人证明了基于 BC_3 的气体传感器在检测 NO 和 NO_2 方面具有更高的潜力，因为其导电性出现了明显的变化[21]。基于理论上提出的最低能量 B_4C_3 中性团簇[22]，Chang 等人构建了具有可见光区域宽吸收光谱、高载流子迁移率、适当带边位置和可高效光催化还原 CO_2 的 B_4C_3 单层[23]。作为一种碳基材料，BC 具有金属特性，但在导带中出现了 3.18 eV 的带隙，并且在紫外光区域出现强光吸收[24]。对于 BC_5 化合物，先前的研究表明硼原子均匀分布在单层和晶态相中[25]。Hu 等人首次提出 BC_5 单层具有六角蜂窝结构，并证明其在动力学上是稳定的[26]。同时，BC_5 单层的弹性常数 C_{ij} 满足 Born 稳定性准则，表明 BC_5 单层结构在力学上是稳定的。进一步计算得到的电子态密度证实了 BC_5 单层结构具有金属特性。与其他碳基单层材料的半导体特性相比，BC_5 单层展现出更优异的电子输运特性，因而其作为气体传感器对气体分子更为敏感。高稳定性和高灵敏度是制备二维气体传感器的基本要求。许多二维材料已在气体传感器领域得到了广泛开发和应用。BC_5 单层的力学和动力学稳定性已得到证实，但到目前为止，对 BC_5 的电子输运和传感特性的研究仍然非常有限。因此，BC_5 基气体传感器的气敏特性的研究对于扩展气敏传感器材料具有积极的作用。

11.2 计算方法

在这项研究中，所有结构在计算之前都进行了优化，并且所有结构的弛豫过程都是在基于 DFT 的 VASP 中进行的[27-29]。采用 GGA 和 PBE 泛函来实现交换相互作用[30]。布里渊区积分采用 11×11×1 的 Monkhorst-Pack k 点采样进行结构弛豫和电子结构计算。在计算过程中，截断能设置为 500 eV，并且

Hamiltonian 和电子密度的收敛准则设置为总能量的 10^{-5} eV。图 11.1 为 BC_5 基气体传感器原理图。该气体传感器由三个区域组成：左电极、右电极和中心散射区域。与此同时，本书考虑了沿扶手椅方向和锯齿形方向的电子输运特性。电子输运特性是在基于 DFT 的实空间中通过非平衡格林函数方法在 QuantumATK 软件包中进行研究计算的[31]。

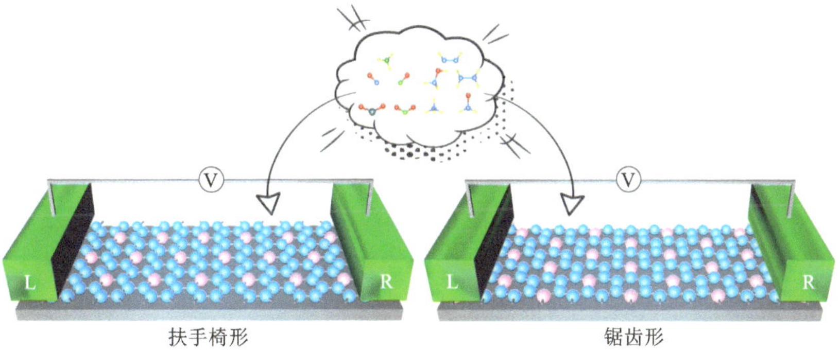

L 和 R 分别代表左、右电极，中间部分表示中心散射区。
左面板和右面板分别代表扶手椅方向和锯齿形方向。

图 11.1　BC_5 基气体传感器原理图

11.3　结果与讨论

11.3.1　BC_5 单层的几何结构和电子性质

图 11.2(a) 为原始 BC_5 单层的几何结构(上半部分是俯视图，下半部分是侧视图)，其中六分之一的碳原子被一个硼原子替换，形成一个包含五个碳原子和一个硼原子的原胞。原始 BC_5 单层的晶格常数为 4.40 Å，同时 C–C 键长为 1.44 Å，C–B 键长为 1.53 Å，与 Hu 的研究结果一致。图 11.2(b) 为 BC_5 单层的电子能带结构和态密度(DOS)图。由于导带的最小值通过费米能级，原始 BC_5 单层表现出金属性质。采用 HSE06 杂化泛函对电子能带结构进行精确计算，结果表明 HSE06 与 PBE 计算结果相比只有轻微偏差，证明了 PBE 泛函的准确性。因此在接下来的计算中本书都将采用 PBE 泛函计算。此外，根据 DOS 图可以得出 BC_5 单层的金属性质主要由 C 原子决定。为了验证 BC_5 单层的稳定性，本书计算了其声子谱，如图 11.2(c) 所示，在模拟过程中采用了

3×3 的超胞进行声子谱的计算，结果表明在整个布里渊区内没有观察到虚频，说明原始 BC_5 单层是动态稳定的。

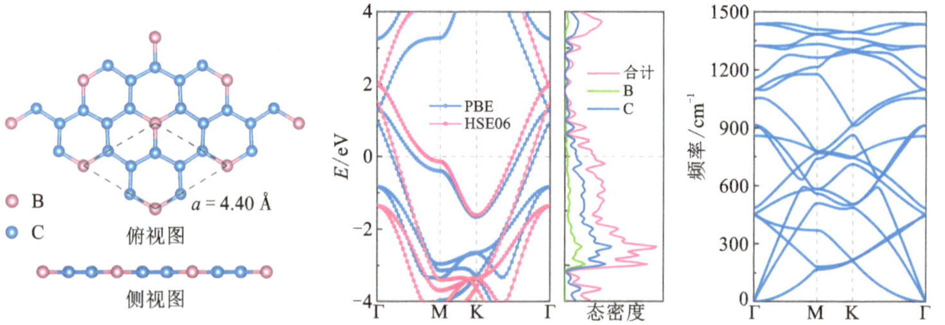

(a) 原始 BC_5 单层的俯视图和侧视图　(b) 原始 BC_5 单层的电子能带结构和 DOS 图　(c) 原始 BC_5 单层的声子谱

图(a)中粉色和蓝色球分别代表 B 原子和 C 原子，黑色虚线表示原胞；图(b)中蓝色线表示 PBE 泛函，粉色线表示 HSE06 杂化泛函；图(c)中在模拟过程中使用了 3×3 超胞，费米能级被设置为零。

图 11.2　BC_5 单层的几何结构和电子性质

11.3.2　气体分子吸附在 BC_5 单层上的结构和电子性质

本章研究无机气体分子和有机气体分子在 BC_5 单层上的吸附行为。考虑可能的吸附位点为：C 原子顶部、B 原子顶部、C–C 键顶部、C–N 键顶部和六方晶体中空穴位置。同时，气体分子在 BC_5 单层上有两个具有代表性的方向，即垂直方向和水平方向。经过结构优化之后，确定了 BC_5 单层吸附 CO、NH_3、NO、NO_2、SO_2、C_2H_2、C_2H_4、CH_3OH、CH_4 和 HCHO 最稳定的体系，如图 11.3 所示。

首先，研究无机气体分子吸附在 BC_5 单层上的几何结构和电子性质。将 CO 暴露在 BC_5 单层上后，CO 分子倾向于垂直吸附在 B 原子上方，形成一个 C–B 键，键长为 1.55 Å，如图 11.3(a)所示。与此同时，BC_5 单层和 CO 气体分子的几何结构发生了显著变化，其中 BC_5 单层中的 C–C 键的键长由之前的 1.44 Å 减少到了 1.43 Å，而 C–B 键由之前的 1.53 Å 增加到了 1.58 Å。CO 气体分子中的 C–O 键的键长由孤立时的 1.17 Å 减小到了 1.15 Å，由此可以初步判断，CO 气体分子和 BC_5 单层之间存在着强烈的相互作用。CO 分子吸附在 BC_5 单层上的吸附能为−0.93 eV。通过图 11.4 所示的 ELF，可以发现 CO 气体分子和 BC_5 单层之间的 ELF 值大于 0，表明该吸附类型属于化学吸附。此外，从表 11.1 中可以看出，从 BC_5 单层向 CO 转移了 0.29 e 的电荷。而 CO 倾向于

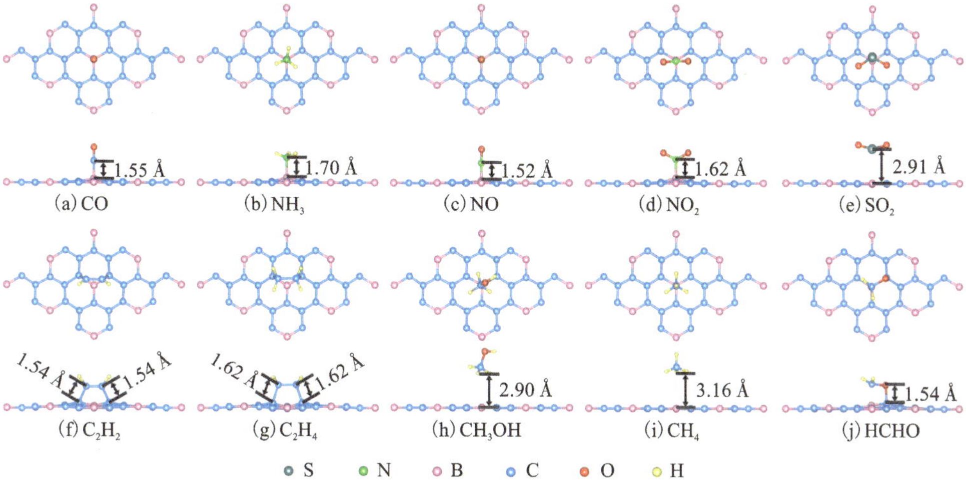

青色、绿色、粉色、蓝色、红色和黄色的球分别代表 S、N、B、C、O 和 H 原子。

图 11.3　BC_5 单层吸附 CO、NH_3、NO、NO_2、SO_2、C_2H_2、C_2H_4、CH_3OH、CH_4 和 HCHO 最稳定体系的俯视图和侧视图

以物理吸附方式水平地吸附在石墨烯上，而 CO 在 BC_5 单层上的吸附能相对于石墨烯(0.12 eV)较高，因此 BC_5 单层对 CO 的吸附能力强于石墨烯。

当 NH_3 吸附在 BC_5 单层上时，N 原子位于 B 原子的正上方，N-B 键的长度为 1.70 Å。同时，BC_5 单层和 NH_3 气体分子的几何结构出现了明显改变。对于 NH_3 气体分子来说，N-H 键的键长由孤立时的 1.03 Å 增加到了 1.04 Å，同时 H-N-H 的键角由 107.13°增加到了 108.97°；对于 BC_5 单层来说，C-C 键的键长由 1.44 Å 减小到了 1.43 Å，C-B 键的键长由 1.53 Å 增加到了 1.59 Å，并且 C-B-C 的键角由未吸附时的 120°减小到了 116.03°。BC_5 吸附 NH_3 气体分子的吸附能为-1.25 eV，NH_3 吸附在石墨烯上时的吸附能为 0.03 eV，这表明 NH_3 在 BC_5 单层上的吸附效果明显优于石墨烯。NH_3 和 BC_5 单层之间的 ELF 值超过 0，验证了 NH_3 在 BC_5 单层上是化学吸附。此外，从 NH_3 向 BC_5 单层的电荷转移量为 0.31 e，表明 BC_5 单层充当了电子受体，而 NH_3 充当了电子供体，表明它们之间为离子相互作用。

对于 NO 吸附在 BC_5 单层的情况，吸附位置与 CO 的情况相同。构成的 N-B 化学键长度为 1.52 Å。同时 BC_5 单层和 NO 气体分子的几何结构同样发生了改变，对于 NO 气体分子来说，N-O 键的键长由孤立时的 1.23 Å 减小到了 1.17 Å，而对于 BC_5 单层来讲，C-C 键的键长由 1.44 Å 减小到了 1.43 Å，C-B

键的键长由 1.53 Å 增加到了 1.58 Å，并且 C-B-C 的键角由 120°减小到了 119.11°。NO 吸附在 BC_5 单层上的吸附能为-0.92 eV，大于 NO 在石墨烯上的吸附能(0.03 eV)。NO 和 BC_5 单层之间的 ELF 值大于 0，验证了 NO 在 BC_5 单层上属于化学吸附。此外，从 BC_5 单层向 NO 的电荷转移量为 0.54 e，表明该模型中存在离子相互作用，BC_5 单层作为供体失去电子，而 NO 作为受体接受电子。

对于吸附在 BC_5 单层上的 NO_2，吸附结构如图 11.3(d)所示。N 原子位于 B 原子的顶部，N-B 化学键长度为 1.62 Å。与以上的吸附情况类似，BC_5 单层和 NO_2 气体分子的几何结构呈现出了明显的变化，NO_2 气体分子中 N-O 键的键长由孤立时的 1.25 Å 减小到 1.23 Å，并且 O-N-O 的键角由 123.61°增加到 125.62°；BC_5 单层中 C-C 键的键长由 1.44 Å 减小到 1.43 Å，C-B 键的键长由 1.53 Å 增加到 1.57 Å，C-B-C 的键角由 120°减小到 116.22°。如表 11.1 所示，NO_2 吸附后的吸附能为-1.32 eV，相较于 NO 更大。然而，NO_2 是以物理吸附的方式暴露于石墨烯上的，其吸附能为 0.06 eV[34]。如图 11.4 所示，NO_2 和 BC_5 单层之间的 ELF 值远大于 0，表明该吸附为化学吸附。从 BC_5 单层向 NO_2 的电荷转移量为 0.56 e，表明 NO_2 是受体，BC_5 单层是供体。

SO_2 在 BC_5 单层上的吸附情形如下：当 SO_2 吸附在 BC_5 单层上时，BC_5 的结构不发生改变，S 原子与 BC_5 单层之间的最短距离为 2.91 Å。吸附能为-0.27 eV。如图 11.4 所示，SO_2 和 BC_5 单层之间的 ELF 值为 0，没有形成化学键，表明该吸附为物理吸附。

接下来分析有机气体分子在 BC_5 单层上的吸附行为，图 11.3(f)~(j)为有机气体分子吸附后最稳定的体系。由于有机气体分子的模型比无机气体分子更复杂，因此相应的吸附行为也更加复杂。当 C_2H_2 吸附在 BC_5 单层上时，C_2H_2 与 BC_5 单层之间的最短距离为 1.36 Å，如图 11.3(f)所示，两个 C-C 键的长度为 1.54 Å。同时，BC_5 单层和 C_2H_2 气体分子的几何结构发生了明显的改变，对于 C_2H_2 气体分子来说。C-H 键的键长未改变，吸附前后都是 1.10 Å。但是 C-C 键的键长由孤立时的 1.36 Å 增加到了 1.37 Å，并且 H-C-C 键角由 125.86°减小到 123.30°；对于 BC_5 单层来说，C-C 键的键长由 1.44 Å 增加到 1.49 Å，C-B 键的键长由 1.53 Å 增加到 1.60 Å。此外，C_2H_2 中的一对 C 原子的杂化类型发生了变化，从原来的 sp 杂化变为 sp^2 杂化。C_2H_2 的吸附能为-3.22 eV。C_2H_2 和 BC_5 单层之间的 ELF 值大于 0，表明该吸附为化学吸附。从 C_2H_2 向 BC_5 单层的电荷转移量为 0.32 e，如表 11.1 所示。对于 C_2H_2 在 BC_5 单层上的吸附，C_2H_2 作为供体失去了电子，而 BC_5 单层作为受体接受了电子。

当 C_2H_4 暴露在 BC_5 单层上时，层间距为 1.53 Å，吸附能为-3.19 eV，ELF 值表明 C_2H_4 通过化学吸附的方式吸附在 BC_5 单层上，因为 C_2H_4 和 BC_5 单层之间的 ELF 值大于 0。从 BC_5 单层向 C_2H_4 的电荷转移量为 0.30 e，如表 11.1 所示，表明 C_2H_4 是受体，BC_5 单层是供体。类似地，由于电子转移，在 C_2H_4 和 BC_5 单层之间形成了复杂的化学键，这影响了 C_2H_4 和 BC_5 单层的几何结构。C_2H_4 中的 C-C/C-H 键的键长从吸附在 BC_5 单层之前的 1.34/1.10 Å 增加到 1.56/1.11 Å，并且 H-C-H 的键角由 116.48°减小到 108.87°，H-C-C 的键角由 121.71°减小到 110.95°；BC_5 单层中的 C-C 键的键长由 1.44 Å 增加到 1.50 Å，C-B 键的键长由 1.53 Å 增加到 1.57 Å，C-B-C 的键角增加到 120.87°。由于 C_2H_4 的两个 C 原子与 BC_5 单层的两个 C 原子结合形成 C-C 键，C_2H_4 中 C 原子的杂化类型从 sp^2 变为 sp^3。

接下来，讨论 HCHO 在 BC_5 单层上的吸附。HCHO 吸附能为-1.14 eV，层间距为 1.53 Å。计算得到的电荷转移量为 0.49 e，电荷从 BC_5 单层向 HCHO 转移。如图 11.4 所示，HCHO 和 BC_5 单层之间的 ELF 值远大于 0，表明该吸附是化学吸附。原始 HCHO 的 C-O/C-H 键长为 1.40/1.10 Å，在吸附后增加到 1.41/1.11 Å，并且 H-C-H/H-C-O 的键角由原来的 114.03/114.64°减小到 113.38°/113.63°；BC_5 单层中的 C-C/C-B 键的键长增加到 1.50/1.60 Å。

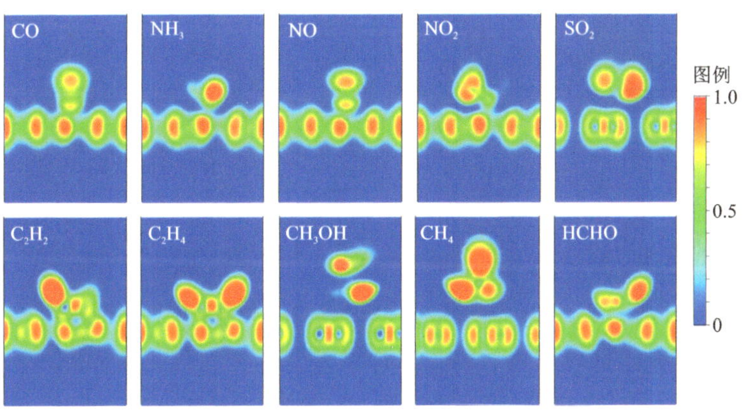

电荷密度值的范围为 0~1.0 e/Å。

图 11.4　CO、NH_3、NO、NO_2、SO_2、C_2H_2、C_2H_4、CH_3OH、CH_4 和 HCHO 吸附在 BC_5 单层上的 ELF 图

对于 CH_3OH 和 CH_4 在 BC_5 单层上的吸附，BC_5 单层的几何结构没有发生变化。它们与 BC_5 单层之间的最短距离分别为 2.90 Å 和 3.16 Å。如

图 11.4 所示，气体分子与 BC_5 单层之间的 ELF 值为 0，说明这两种分子通过物理吸附的方式位于 BC_5 单层上方。CH_3OH 和 CH_4 的吸附能分别为-0.16 eV 和-0.14 eV，如表 11.1 所示。它们在 BC_5 单层上的吸附行为与在石墨烯上的吸附行为相同，例如，CH_4 在石墨烯上的吸附能为-0.15 eV，与 CH_4 在 BC_5 单层上的吸附能(0.14 eV)非常相似。类似地，CH_3OH 和 CH_4 的电荷转移量为-0.01 e，表明它们与 BC_5 单层之间的离子相互作用非常弱，几乎可以忽略不计。

表 11.1　气体分子在 BC_5 单层上的吸附特性

气体分子	E_{ad}/eV	最短距离/Å	电荷转移/e	吸附类型
CO	-0.93	1.55	-0.29	化学吸附
NH_3	-1.25	1.70	+0.31	化学吸附
NO	-0.92	1.52	-0.54	化学吸附
NO_2	-1.32	1.62	-0.56	化学吸附
SO_2	-0.27	2.91	-0.09	物理吸附
C_2H_2	-3.22	1.36	+0.32	化学吸附
C_2H_4	-3.19	1.53	-0.30	化学吸附
CH_3OH	-0.16	2.90	-0.01	物理吸附
CH_4	-0.14	3.16	-0.01	物理吸附
HCHO	-1.14	1.53	-0.49	化学吸附

注：吸附能(E_{ad})、气体分子与 BC_5 单层之间的最短距离、Bader 电荷(+代表电子从气体分子转移到 BC_5 单层，-则代表电子从 BC_5 单层转移到气体分子)和气体分子吸附在 BC_5 单层上最稳定吸附体系的吸附类型。

为了更好地理解气体分子的化学吸附行为，图 11.5(a)为吸附 CO、NH_3、NO、NO_2、C_2H_2、C_2H_4 和 HCHO 这七种气体分子后的差分电荷密度。可以推断出气体分子与 BC_5 单层之间存在大量电子。图 11.5(b)为 BC_5 单层吸附这七种气体分子后整体构型的加权电子能带结构图，可解释气体分子吸附之后对 BC_5 单层的影响。对于所有的加权电子能带结构，当 BC_5 单层吸附气体分子之后，费米能级处没有出现带隙，表明 BC_5 单层的金属特性保持不变。不同气体的吸附对 BC_5 单层的电子结构性能产生了不同的影响。对于无机分子 CO、NH_3 和有机分子 C_2H_2、C_2H_4 来说，这四种分子对 BC_5 单层的电子性质影响较小，在费米能级附近的贡献态较少。而吸附 NO、NO_2 和 HCHO 分子后，贡献态在费米能级附近较多。这三种气体分子对 BC_5 单层的电子性质的影响也不同。对于 NO 来说，贡献态在费米能级附近明显，同时在导带处贡献显著。而吸附 NO_2 后，价带上的贡献态更多。与 NO_2 吸附情况类似，HCHO 的贡献态在费米能级附近的价带上非常明显。这些气体分子与 BC_5 单层相互作用，产生额外的传输通道并改变了电导率，在相同的偏置电压下产生不同的电流。由于原始 BC_5 单层的加权电子能带结构受到这些吸附气体分子的影响很大，因此以 BC_5 单层构建的气体传感器的电子输运性能会产生明显的变化，基于此，本书将构建 BC_5 基气体传感器，同时该气体传感器的传感特性将在下一节中进一步讨论。

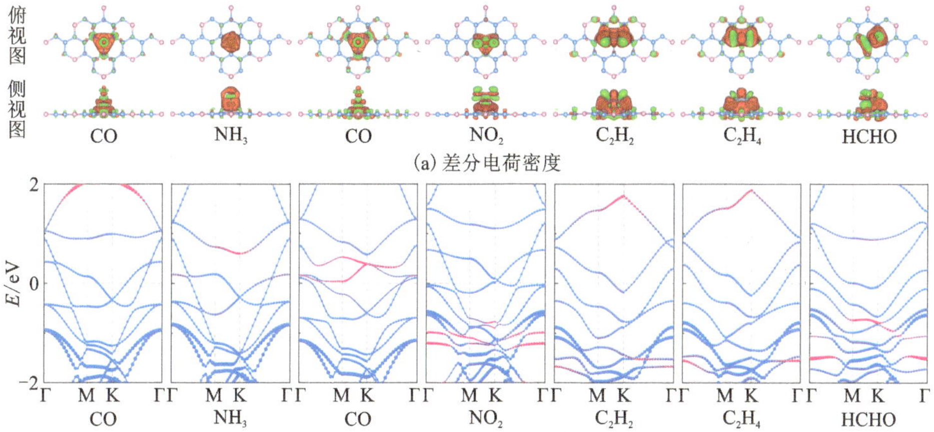

等值面的值为±0.003 e/$Å_3$。差分电荷密度中的红色和绿色分别表示电子的损失和得到。在加权电子能带结构中，BC_5 单层和气体分子的贡献分别用蓝色和粉色表示。

图 11.5　CO、NH_3、NO、NO_2、C_2H_2、C_2H_4 和 HCHO 吸附在 BC_5 单层上的差分电荷密度的俯视和侧视图以及加权电子能带结构

11.3.3　BC_5 基气体传感器的气敏性能

接下来将研究 BC_5 基气体传感器的电子传输特性和气体传感性能。由于 BC_5 单层具有金属特性并且二维纳米器件的结构对称，本书仅考虑正向偏置电压。如图 11.6 所示，在相同的偏置电压下，沿着扶手椅方向和锯齿形方向的传输电流明显不同，表明原始的 BC_5 基气体传感器的电子输运性能具有各向异性。例如，沿着扶手椅方向的最大电流为 57.85 μA，而沿着锯齿形方向的最大电流为 30.27 μA，差值为 27.58 μA，表明沿两个方向的电子输运性能具有很强的各向异性。因此，本书将构建两种 BC_5 基气体传感器（扶手椅方向和锯齿形方向）。

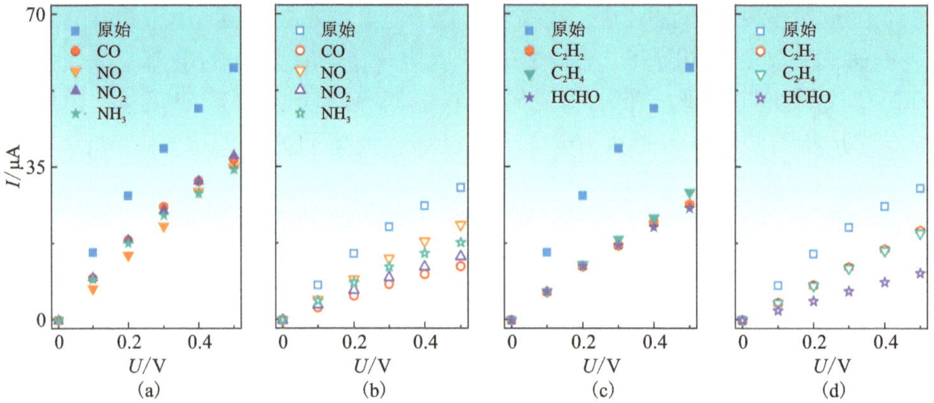

图 11.6　BC_5 基气体传感器吸附无机和有机气体分子时，沿扶手椅和锯齿形方向的电子传输 *I*–*U* 曲线

在吸附了这七种气体分子之后，电子沿着两个方向的传输电流显著减小。这种现象是气体分子被吸附后在器件的中心区域形成额外的散射所引起的。此外，吸附不同气体分子对两个方向的传输特性的影响也非常不同。下面首先分析 BC_5 基气体传感器吸附无机气体分子的 *I*–*U* 特性。

对于沿着扶手椅方向的传输电流，在偏置电压为 0 V 到 0.3 V 的范围内，与其他气体分子相比，吸附 NO 后的电流在相同的偏置电压下是最小的。例如，当偏置电压为 0.3 V 时，由于吸附了 NO，BC_5 基气体传感器的电流值从原来的 39.28 μA 降至 21.61 μA。而在偏置电压为 0.3 V 到 0.5 V 的范围内，与其他气体分子相比，吸附 NH_3 后的电流值下降幅度最大。例如，吸附 NH_3 后的电流值为 34.52 μA，与原始电流值 57.85 μA 相比，降低了 23.33 μA。沿锯齿形方向与沿扶手椅方向的情况不同，在 BC_5 基气体传感器上，吸附 CO 后气体传感器的电流值始终是最小的。吸附 CO 后，在偏置电压为 0.1 V 的条件下，电流值从原始的 7.99 μA 降至 2.86 μA。可以根据吸附气体分子后电流的变化计算相应的气体灵敏度（*S*）。

接着分析有机气体分子吸附在 BC_5 基气体传感器上的 *I*–*U* 特性。对于沿扶手椅方向来说，在偏置电压为 0 到 0.2 V 的范围内，C_2H_2 被吸附后 BC_5 基气体传感器的电流减小幅度最大，当偏置电压为 0.1 V 和 0.2 V 时，C_2H_2 被吸附后的电流分别为 6.42 μA 和 12.28 μA。而偏置电压在 0.3 V 到 0.5 V 的区域内，HCHO 被吸附后 BC_5 基气体传感器的电流变化幅度最大。在 0.3 V、0.4 V 和 0.5 V 的偏置电压下，HCHO 吸附后的电流分别为 17.14 μA、21.26 μA 和 25.58 μA。但沿锯齿形方向的情况与沿扶手椅方向有着明显的差异，在偏置电压为 0 到 0.5 V 的范围内，吸附 HCHO 后 BC_5 基气体传感器的电流变化幅度最大，而 C_2H_2 和 C_2H_4 被吸附后电流值十分相近。

图 11.7 显示了气体传感器对气体分子的灵敏度。对于无机气体分子，沿锯齿形方向，无论偏置电压为多少，BC_5 基气体传感器对 CO 最为敏感，并且当偏置电压为 0.1 V 时，BC_5 基气体传感器对 CO 最为敏感，S 值（灵敏度）为 1.76。而沿着扶手椅方向，BC_5 基气体传感器对 CO 气体分子的灵敏度仅为

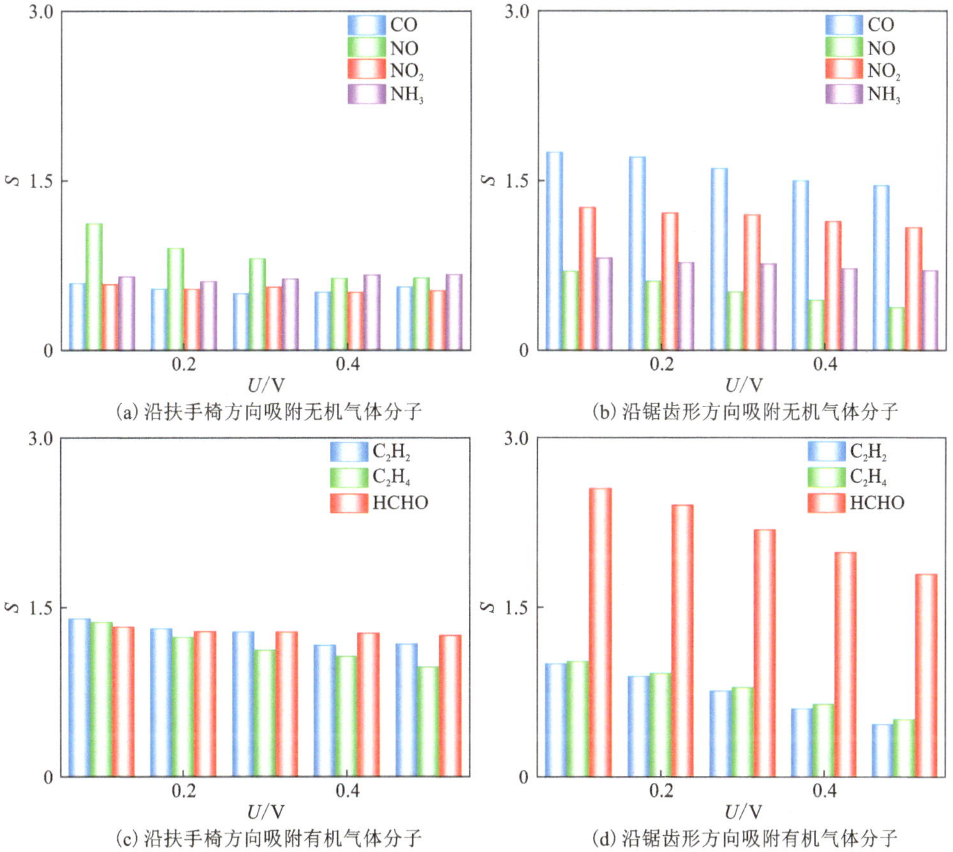

(a) 沿扶手椅方向吸附无机气体分子　(b) 沿锯齿形方向吸附无机气体分子

(c) 沿扶手椅方向吸附有机气体分子　(d) 沿锯齿形方向吸附有机气体分子

图 11.7　BC_5 基气体传感器在不同偏置电压下，沿扶手椅方向和锯齿形方向吸附无机和有机气体分子的气体灵敏度示意图

0.60。对于沿着扶手椅方向来说，在偏置电压为 0~0.3 V 的情况下，BC_5 基气体传感器对 NO 最为敏感，并且在 0.1 V 的偏置电压下达到最大，S 值为 1.13；然而在偏置电压为 0.4 V 到 0.5 V 的区域内，BC_5 基气体传感器对 NH_3 气体分子最为敏感，在偏置电压为 0.5 V 的情况下 S 值达到最大为 0.68。对于有机气体分子，无论偏置电压为多少，HCHO 相比于其他有机气体分子在锯齿形方向上具有最高的灵敏度，在偏置电压为 0.1 V 下 S 值达到最大为 2.56。在扶手椅方向上，在偏置电压为 0 到 0.2 V 的范围内，BC_5 基气体传感器对 C_2H_2 气体分子最为敏感；而当偏置电压在 0.3 V 到 0.5 V 的区域内时，BC_5 基气体传感器对 HCHO 最为敏感。这表明选择不同的方向对气体传感器检测不同的气体分子具有重要影响，在实际操作中，需要根据需求选择合适的电子传输方向来区分不同的气体分子。因此，作为一种二维碳基材料，BC_5 单层为未来设计能够有效检测有毒气体 CO 和 HCHO 的纳米传感器提供了宝贵的参考。

为了进一步研究气体传感器的微观机制，以 NO 和 C_2H_2 吸附系统为例，图 11.8 为沿着扶手椅方向在不同偏置电压下的散射态。对于原始的 BC_5 基气体传感器，在偏置电压为 0 和 0.1 V 时，由于原始 BC_5 单层的金属特性，因此费米能级处的两个散射态处于离域态。在吸附 NO 后，如图 11.8(c)所示，两个散射态变得局域化，表明 BC_5 基气体传感器的电导率显著降低，从而实现更

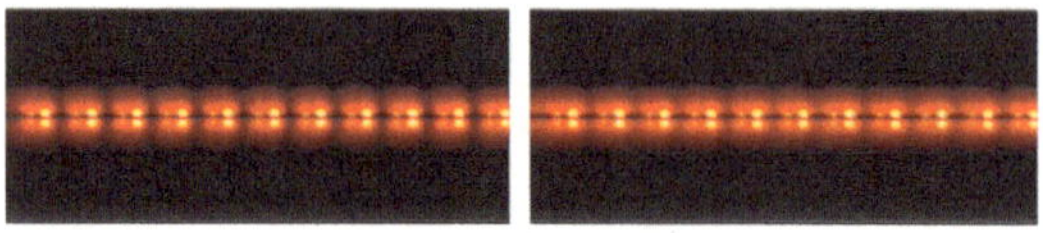

(a) 未吸附, $U_b = 0$ V

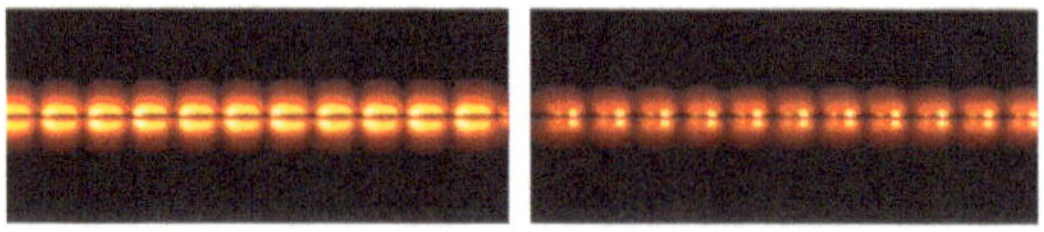

(b) 未吸附, $U_b = 0.1$ V

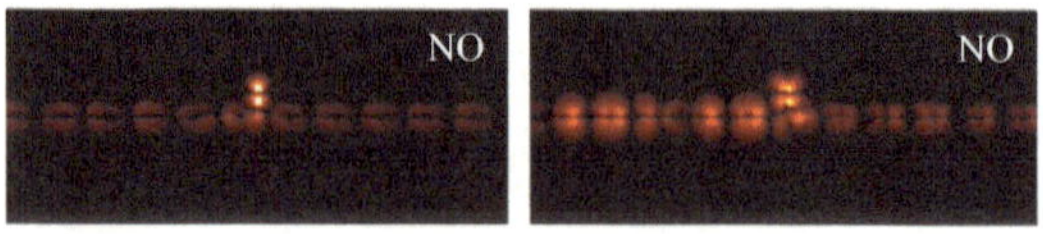

(c) 吸附NO, $U_b = 0.1$ V

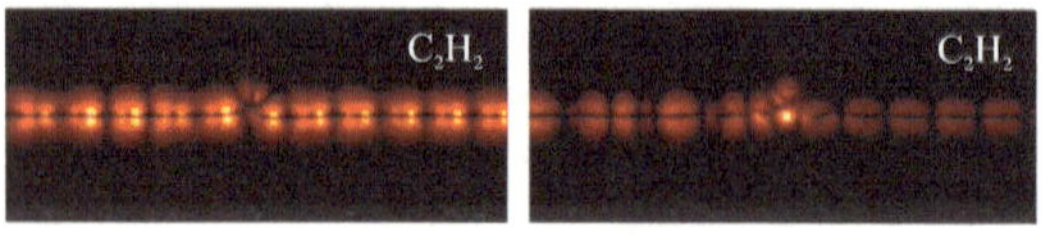

(d) 吸附C_2H_2, $U_b = 0.1$ V

图 11.8　BC_5 基气体传感器沿扶手椅方向散射态

好的气体传感性能。当偏置电压增加到 0.4 V，如图 11.8(d)所示，散射态仍然保持局域化，但散射区域的局域化程度相比于 0.1 V 时稍有降低，导致相应的灵敏度相对较小。在吸附 C_2H_2 后，如图 11.8(e)和(f)所示，无论偏置电压是 0.1 V 还是 0.4 V，C_2H_2 散射态的局域化程度相对明显，说明 C_2H_2 的吸附是导致气体传感器电导率降低的关键因素。

11.4　本章小结

综上所述，本章利用 DFT 结合非平衡格林函数方法，从理论上系统地阐明了 BC_5 单层的电子性质、BC_5 单层对有机和无机气体分子的吸附行为，构建了 BC_5 基气体传感器的模型，分析了 BC_5 基气体传感器对这些气体分子的气敏性能。首先，研究表明 BC_5 单层的电子结构显示 BC_5 单层具有动态稳定的金属特性。其次，研究了吸附在 BC_5 单层上的无机和有机气体分子体系的几何结构和电子性质。结果表明，无机气体分子 CO、NH_3、NO、NO_2 和有机气体分子 C_2H_2、C_2H_4、HCHO 在 BC_5 单层上采用了化学吸附方式，而 SO_2、CH_3OH 和 CH_4 则是通过物理吸附的方式暴露在 BC_5 单层上。由此可知 BC_5 单层对 CO、NH_3、NO、NO_2、C_2H_2、C_2H_4 和 HCHO 气体分子非常敏感，因此可以利用 BC_5 单层构建用于检测这些气体分子的气体传感器。此外，原始的 BC_5 基气体传感器在低偏置电压下表现出较强的电子输运各向异性，当偏置电压为 0.1 V 时，各向异性最大比值为 1.94。同时 BC_5 基气体传感器对 CO 和 HCHO 更加敏感，在 0.1 V 偏置电压下沿锯齿形方向的气体灵敏度分别达到 1.76 和 2.56。最后，通过在费米能级上呈现无机和有机气体分子的散射态，系统地揭示了它们在 BC_5 基气体传感器上吸附的微观机制。本章揭示了 BC_5 单层的气体吸附特性，这些理论预测可能引发新途径，以扩大新型碳基纳米材料在下一代气体传感装置中的应用。

参考文献

[1] WANG H, LUSTIG W P, LI J. Sensing and capture of toxic and hazardous gases and vapors by metal-organic frameworks[J]. Chemical Society Reviews, 2018, 47(13): 4729-4756.

[2] TERRILL J B, MONTGOMERY R R, REINHARDT C F. Toxic gases from fires[J]. Science, 1978, 200(4348): 1343-1347.

[3] LIU G, CHEN T, LI X, et al. Electronic transport in biphenylene network monolayer: Proposals for 2D multifunctional carbon-based nanodevices[J]. Applied Surface Science,

2022, 599: 153993.
[4] MACHIDA Y, MATSUMOTO N, ISONO T, et al. Phonon hydrodynamics and ultrahigh-room-temperature thermal conductivity in thin graphite[J]. Science, 2020, 367(6475): 309-312.
[5] TANG H, YUAN X, CHENG Y, et al. Synthesis of paracrystalline diamond[J]. Nature, 2021, 599(7886): 605-610.
[6] HOU L, CUI X, GUAN B, et al. Synthesis of a monolayer fullerene network[J]. Nature, 2022, 606(7914): 507-510.
[7] KROTO H W, HEATH J R, O'BRIEN S C, et al. C_{60}: Buckminsterfullerene[J]. Nature, 1985, 318(6042): 162-163.
[8] EBBESEN T W, AJAYAN P M. Large-scale synthesis of carbon nanotubes[J]. Nature, 1992, 358(6383): 220-222.
[9] NOVOSELOV K S, GEIM A K, MOROZOV S V, et al. Electric field effect in atomically thin carbon films[J]. Science, 2004, 306(5696): 666-669.
[10] YOON H J, YANG J H, ZHOU Z, et al. Carbon dioxide gas sensor using a graphene sheet [J]. Sensors and Actuators B: Chemical, 2011, 157(1): 310-313.
[11] SCHEDIN F, GEIM A K, MOROZOV S V, et al. Detection of individual gas molecules adsorbed on graphene[J]. Nature Materials, 2007, 6(9): 652-655.
[12] LOWELL C E. Solid solution of boron in graphite[J]. Journal of the American Ceramic Society, 1967, 50(3): 142-144.
[13] KANER R B, KOUVETAKIS J, WARBLE C E, et al. Boron-carbon-nitrogen materials of graphite-like structure[J]. Materials Research Bulletin, 1987, 22(3): 399-404.
[14] YANAGISAWA H, TANAKA T, ISHIDA Y, et al. Phonon dispersion curves of a BC_3 honeycomb epitaxial sheet[J]. Physical Review Letters, 2004, 93(17): 177003.
[15] TANAKA H, KAWAMATA Y, SIMIZU H, et al. Novel macroscopic BC_3 honeycomb sheet [J]. Solid State Communications, 2005, 136(1): 22-25.
[16] UENO A, FUJITA T, MATSUE M, et al. Scanning tunneling microscopy study on a BC_3 covered NbB_2(0001) surface[J]. Surface Science, 2006, 600(17): 3518-3521.
[17] SUN H, RIBEIRO F J, LI J L, et al. Ab initio pseudopotential studies of equilibrium lattice structures and phonon modes of bulk BC_3[J]. Physical Review B, 2004, 69(2): 024110.
[18] WANG Q, CHEN L Q, ANNETT J F. Stability and charge transfer of C_3B ordered structures [J]. Physical Review B, 1996, 54(4): R2271.
[19] PEYGHAN A A, YOURDKHANI S, NOEI M. Working mechanism of a BC_3 nanotube carbon monoxide gas sensor [J]. Communications in Theoretical Physics, 2013, 60 (1): 113.
[20] AGHAEI S M, MONSHI M M, TORRES I, et al. DFT study of adsorption behavior of NO, CO, NO_2, and NH_3 molecules on graphene-like BC_3: a search for highly sensitive molecular sensor[J]. Applied Surface Science, 2018, 427: 326-333.

[21] EXNER K, SCHLEYER P R. Planar hexacoordinate carbon: A viable possibility[J]. Science, 2000, 290(5498): 1937-1940.

[22] CHANG H, TU K, ZHANG X, et al. B_4C_3 monolayer with impressive electronic, optical, and mechanical properties: a potential metal-free photocatalyst for CO_2 reduction under visible light[J]. The Journal of Physical Chemistry C, 2019, 123(41): 25091-25101.

[23] MISHRA P, SINGH D, SONVANE Y, et al. Excitonic effects in the optoelectronic properties of graphene-like BC monolayer[J]. Optical Materials, 2020, 110: 110476.

[24] WANG Q, CHEN L Q, ANNETT J F. Ab initio calculation of structural properties of C_3B and C_5B compounds[J]. Physical Review B, 1997, 55(1): 8.

[25] HU Q, WU Q, MA Y, et al. First-principles studies of structural and electronic properties of hexagonal BC_5[J]. Physical Review B, 2006, 73(21): 214116.

[26] KRESSE G, HAFNER J. Ab initio molecular dynamics for liquid metals[J]. Physical Review B, 1993, 47(1): 558.

[27] PERDEW J P, BURKE K, ERNZERHOF M. Generalized gradient approximation made simple[J]. Physical Review Letters, 1996, 77(18): 3865.

[28] TAYLOR J, GUO H, WANG J. Ab initio modeling of quantum transport properties of molecular electronic devices[J]. Physical Review B, 2001, 63(24): 245407.

[29] SHEN J, YANG Z, WANG Y, et al. Organic gas sensing performance of the borophene van der Waals heterostructure[J]. The Journal of Physical Chemistry C, 2020, 125(1): 427-435.

[30] WAY B M, DAHN J R, TIEDJE T, et al. Preparation and characterization of B_xC_{1-x} thin films with the graphite structure[J]. Physical Review B, 1992, 46(3): 1697.

[31] LEENAERTS O, PARTOENS B, PEETERS F M. Adsorption of H_2O, NH_3, CO, NO_2, and NO on graphene: A first-principles study[J]. Physical Review B, 2008, 77(12): 125416.

第 12 章

气体分子对 P-BN_2 基气体传感器输运性能的调控研究

12.1 引言

随着人类社会的进步，工业发展达到了前所未有的高度，但也带来了大量有毒有害气体，对环境造成了不可挽回的损害。特别是石化、煤矿和冶金行业是大气中有毒气体排放的重要来源，如 NO、NO_2、C_2H_2 和 C_2H_4 等常见的有毒有害气体。如今，全球各国对环境保护越来越重视，各国政府也对有毒有害气体排放的监测实施了一揽子政策[1]。气体传感器由于其出色的气体灵敏性能已经成为一种极其重要的检测工具[2-4]。同时，具有迷人的物理和化学性质的二维材料被认为是下一代便携式低功耗气体传感器的候选材料。

在近几十年中，碳材料的发展对人类科学技术的发展产生了举足轻重的影响。三维金刚石、二维石墨烯[5]、一维碳纳米管[6]和零维 C_{60}[7]一直是全球科研工作者的研究重点。2004 年英国曼彻斯特大学的 Geim 小组成功剥离石墨烯被认为是二维材料发展史上的重要里程碑。自那以后，各种具有优异性能的二维材料如雨后春笋般纷纷登上历史舞台。由于其较大的比表面积、出色的载流子迁移率和优良的导电性等迷人的特性，石墨烯在传感器领域引起了极大关注[8,9]。然而，有毒气体分子(如 CO、NO、NO_2 等)只能通过弱相互作用吸附在原始石墨烯上[10]。因此，迫切需要寻找新的二维材料用于检测有毒气体分子[11-13]。

目前对材料的研究主要集中于调节结构与性能之间的关系，这主要取决于结构的几何形状、堆叠方式、原子配置等方面[14]。通过合理的调控，可以制备具有优越性能的新型材料。因此，许多研究人员致力于寻找具有不同结构模式的二维碳同素异形体，以超越石墨烯的性能[15-18]。经过不懈努力，一种新型的具有五边形几何结构的石墨烯，即五边形石墨烯(PG)于 2015 年问世[19]。它具有开罗五边形瓦片的几何结构，是一种仅由碳原子组成的二维碳同素异形体。与传统的半金属六边形石墨烯相比，PG 具有高达 3.25 eV 的直接带隙。Cheng 等人利用第一性原理计算证明，单层 PG 对 NO 和 NO_2 分子具有适当的吸附强度[20]，吸附后的电流相对于本征的 PG 基础器件减少了 90%和 88%。对 PG 吸附 SF_6 分解产物(SO_2、SOF_2、SO_2F_2 和 HF)的后续研究表明，PG 对这些气体分子的敏感性较差[21]。然而，在掺杂了 B 原子的 B-PG 中，B-PG 与 SO_2、HF 和 SO_2F_2 之间形成了强相互作用，而掺杂了 N 原子的 N-PG 与 H_2S 之间形成了强化学相互作用。这些研究表明，PG 的优异传感性能将促进未来高效气体传感器的发展。

受 PG 的启发，由 Chen 领导的研究小组提出了一种新型的五边形硼氮化合物，即 P-BN$_2$[22]。这种化合物可以通过在氮分子源(如液氮)中引入硼原子从而实现实验上的制备，进而合成 P-BN$_2$ 单层。该化合物具有丰富的金属丰度、优异的抗氧化能力、负泊松比、出色的力学性能和高温稳定性。基于 P-BN$_2$ 单层的这些出色特性，Dai 等人利用第一性原理计算研究了 P-BN$_2$ 单层作为锂离子电池的有力负极材料[23]。结果显示，P-BN$_2$ 单层具有 2071 mA·h/g 超高的用于锂离子储存的理论容量。随后，Dai 等人研究了 P-BN$_2$ 单层作为非锂离子电池的负极材料的潜在用途[24]。通过计算，发现 P-BN$_2$ 单层对于 Na^+、K^+、Mg^{2+}和 Ca^{2+}离子的理论比容量为 690.23、690.23 和 1380.45 mA·h/g。这些研究突显了 P-BN$_2$ 单层作为电池负极材料的应用前景。为了丰富 P-BN$_2$ 单层的实际应用价值，由 Xiong 领导的研究小组发现 P-BN$_2$ 单层在施加电场下可以高效捕获 CO_2 气体分子[25]。迄今为止，对 P-BN$_2$ 单层的电子输运性质、传感特性和空位缺陷的研究仍然有限。因此，为了加深对 P-BN$_2$ 单层的电子输运性质的认识，本书基于这种材料构建了纳米器件(图 12.1)，并研究了它们的电子输运特性。

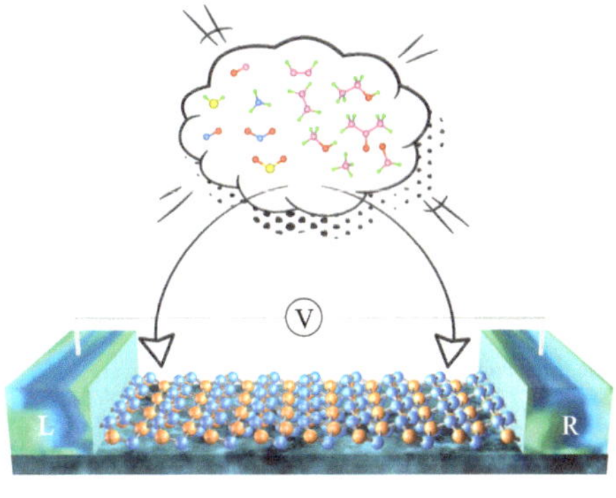

L 和 R 分别表示左右电极，中间部分表示中心散射区。

图 12.1　P-BN$_2$ 基气体传感器示意图

12.2 计算方法

在 DFT 计算中，所有的电子结构计算都是在 VASP 中进行的[28-30]。采用了 GGA-PBE 实现交换相关泛函[31]。设置了 20 Å 的真空缓冲区，并对所有结构进行了完全弛豫。动能截断设置为 520 eV，k 点网格采用了 11×11×1 的 Monkhorst-Pack 方案。使用 DFT-D3 方法描述了 vdW 相互作用。同时，通过在 PHONOPY 代码中对 2×2×1 超胞进行微小位移，对 P-BN_2 单层的稳定性进行了理论验证。此外，通过从头计算分子动力学(AIMD)模拟进一步检验了 P-BN_2 单层的热稳定性。

12.3 结果与讨论

12.3.1 P-BN_2 单层的几何结构和电子性质

在进行气体吸附研究之前，有必要对 P-BN_2 单层的几何结构和电子性质进行全面分析。图 12.2(a)展示了 P-BN_2 单层的俯视和侧视图，其中蓝色和橙色球分别代表 N 原子和 B 原子，虚线框表示具有 P-421 M 对称性的单胞。优化后，P-BN_2 的晶格参数为 3.60 Å，与先前的研究结果一致。从俯视图可以观察到，每个 B 原子被四个相邻的 N 原子包围，形成 B-N 键，键长为 1.55 Å。每个 N 原子与两个相邻的 B 原子和一个 N 原子相连，形成 N-N 键，键长为 1.34 Å。同时，N-B-N、B-N-B 和 B-N-N 的键角分别为 99.87°、110.73°和 112.92°。从侧视图来看，P-BN_2 单层呈波浪状结构，由从上到下堆叠的三个原子层组成，分别是 N、B 和 N 层。每个原子层的高度为 1.28 Å。图 12.2(b)显示了使用 PBE 和 HSE06 杂化泛函方法计算得到的原始 P-BN_2 单层的电子能带结构，表明原始 P-BN_2 单层具有金属特性。由于使用 HSE06 和 PBE 杂化泛函方法得到的电子能带结构几乎相同，因此在进一步的计算中使用 PBE 方法。图 12.2(b)的右侧显示了原始 P-BN_2 单层的 DOS，表明原始 P-BN_2 单层的金属特性主要由 N 原子贡献。图 12.2(c)和(d)显示了 P-BN_2 单层的声子谱和 AIMD，以此来评估其稳定性。使用 2×2 超胞计算了声子谱，结果显示布里渊区内的所有声子频率均为实数，表明原始 P-BN_2 单层具有动力学稳定性。此外，对原始 P-BN_2 单层进行了 300 K 下为期 10000 fs 的 AIMD 模拟，如

图 12.2(d)所示。模拟过程中，P-BN$_2$ 单层的能量波动非常小，证明原始 P-BN$_2$ 单层在 300 K 的温度下具有热稳定性。

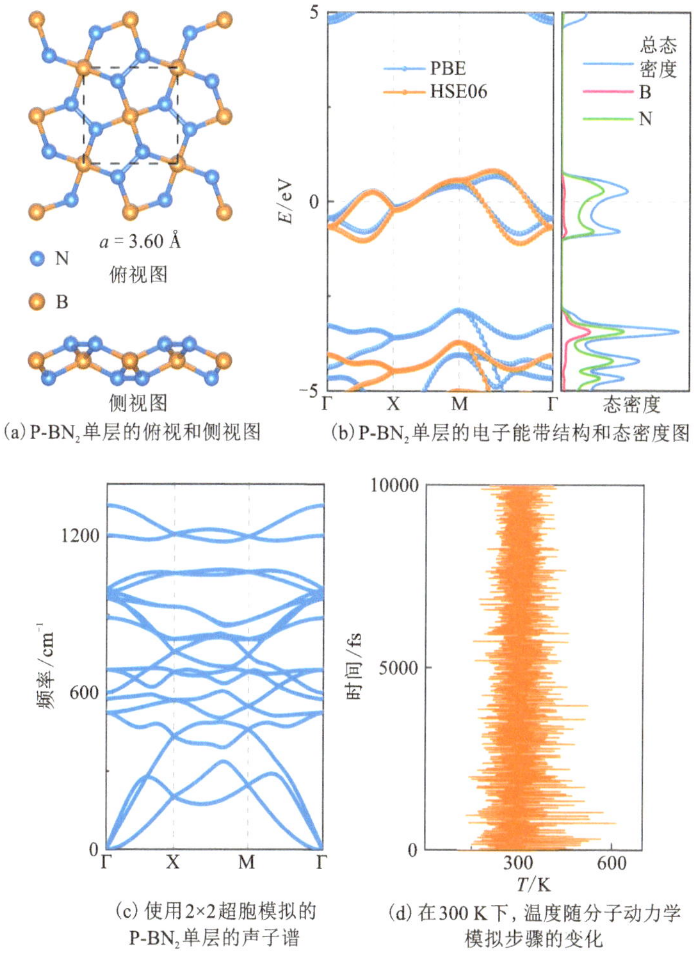

(a) P-BN$_2$ 单层的俯视和侧视图

(b) P-BN$_2$ 单层的电子能带结构和态密度图

(c) 使用 2×2 超胞模拟的 P-BN$_2$ 单层的声子谱

(d) 在 300 K 下，温度随分子动力学模拟步骤的变化

图 12.2　P-BN$_2$ 单层的几何结构和电子性质

12.3.2　气体分子吸附在 P-BN$_2$ 单层上的结构和电子性质

首先在 P-BN$_2$ 单层上考虑了每种分子的不同吸附位点，包括在 B 原子上方、N 原子上方、B-N 键上方、N-N 键上方和空位。以 NO 为例，本书研究了五个位置的吸附构型，分别是 B 原子上方(T_1)、N 原子上方(T_2)、B-N 键上方(T_3)、N-N 键上方(T_4)和空位(T_5)，如图 12.3 所示。

首先，对无机气体分子的几何结构进行详细研究，如图 12.4(a)~(f) 所示。CO、H_2S、NH_3 和 SO_2 气体分子与 P-BN_2 单层没有形成化学键，表明它们之间只存在虚弱的范德瓦尔斯相互作用。相反，NO 和 NO_2 气体分子与 P-BN_2 单层发生相互作用，形成稳定的化学键。经过优化后，观察到 CO 略微倾斜在 P-BN_2 单层上方，C 原子靠近 P-BN_2 单层。CO 与 P-BN_2 单层之间的层间距离为 2.27 Å。由于弱的范德瓦尔斯相互作用，CO 发生轻微变形，C-O 的键长从初始的 1.17 Å 缩短至 1.15 Å；但是 P-BN_2 单层的几何结构几乎没有发生改变。对于 H_2S 分子，它以水平方式吸附在 P-BN_2 单层上方，S 原子位于 N 原子上方。与 CO 类似，H_2S 气体分子吸附在 P-BN_2 单层后也发生了变形，H-S 键从初始的 0.95 Å 增加至 1.37 Å，并且 H-S-H 的键角由 107.70°减小到 90.40°；同样 P-BN_2 单层的几何结构几乎没有发生形变。H_2S 与 P-BN_2 单层之间的层间距离为 2.57 Å。NH_3 吸附在 P-BN_2 单层上导致 H 原子靠近 P-BN_2 单层，NH_3 中的 N-H 键长度经历了极小变化，几乎可以忽略不计；同样 P-BN_2 单层的几何结构的变化也可以忽略不计。观察到 NH_3 气体分子与 P-BN_2 单层之间的层间距离为 2.53 Å。NO 气体分子以倾斜的方式吸附在 P-BN_2 单层的 N 原子上方，并且 NO 气体分子中的 N 原子更加靠近 P-BN_2 单层，从而形成了稳定的 N-N 化学键，键长为 1.18 Å。同时，NO 和 P-BN_2 都发生了变形。当 NO 吸附在 P-BN_2 单层后，NO 中的 N-O 键长度变短，从原始长度 1.23 Å 减少到 1.16 Å。此外，P-BN_2 单层中的 B-N 键和 N-N 键的键长由原来的 1.55 Å 和 1.34 Å 分别增加到 1.58 Å 和 1.40 Å。NO_2 分子以略微倾斜的方式吸附在 P-BN_2 单层的 N 原子上方，也形成了稳定的 N-N 化学键，键长为 1.78 Å。与孤立的 P-BN_2 单层和 NO_2 相比，在吸附系统中，NO_2 中的 O-N-O 键角从 123.61°增加到 132.88°，N-O 键长从 1.25 Å 减少到 1.20 Å，而 P-BN_2 单层中的 B-N 键和 N-N 键的键长分别增加到 1.62 Å 和 1.37 Å。对于 SO_2，硫原子靠近 P-BN_2 单层，层间距离为 2.89 Å。SO_2 中的 O-S-O 键角从 116.44°增加到 117.19°，S-O 键长从 1.49 Å 减少到 1.46 Å。

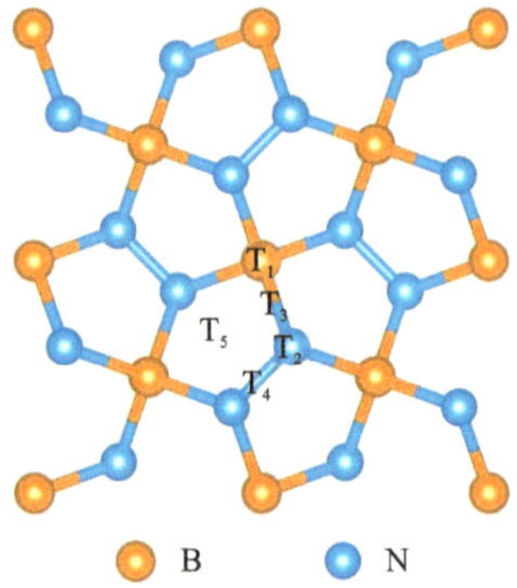

T_1、T_2、T_3、T_4、T_5 分别代表 B 原子、N 原子、B—N 键、N—N 键和空穴上方位点。

图 12.3　P-BN_2 单层的吸附位点

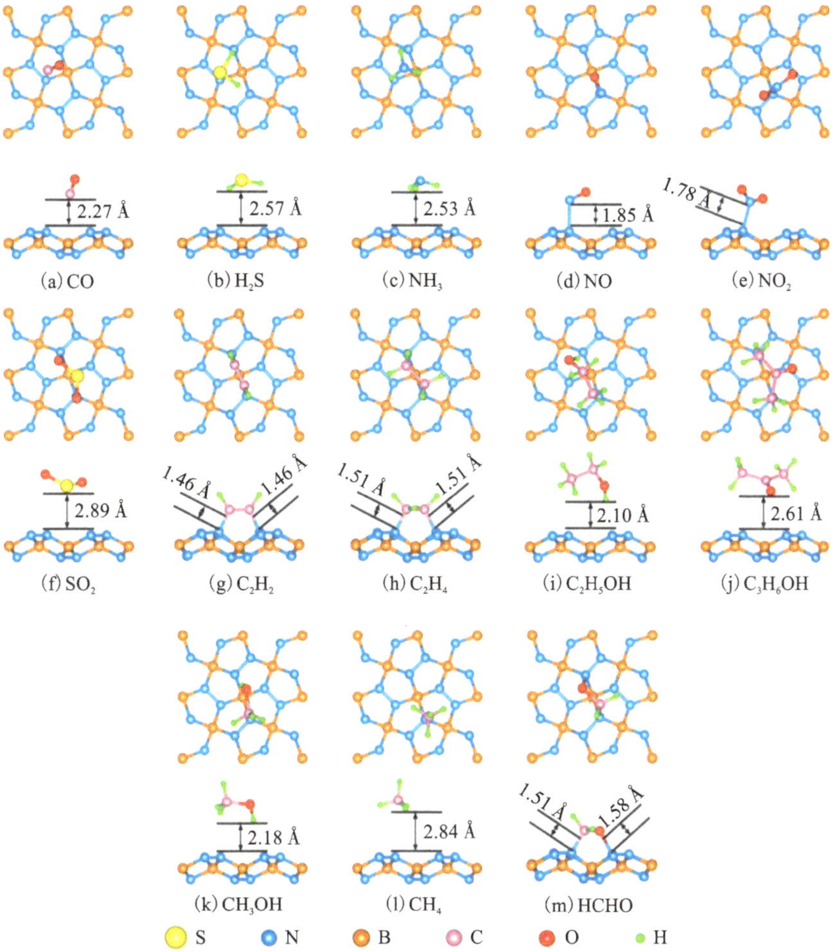

黄色、蓝色、橙色、粉色、红色和绿色的球分别代表 S、N、B、C、O 和 H 原子。

图 12.4　CO、H_2S、NH_3、NO、NO_2、SO_2、C_2H_2、C_2H_4、C_2H_5OH、C_3H_6OH、CH_3OH、CH_4 和 HCHO 吸附在 P-BN$_2$ 单层上最稳定构型的俯视和侧视图

随后，对七种有机气体分子吸附后的几何结构进行了研究。当 C_2H_2 气体分子吸附在 P-BN$_2$ 单层后，C_2H_2 分子与 P-BN$_2$ 单层的 N 原子形成了稳定的 C-N 键，其中 C_2H_2 中的两个 C 原子与 P-BN$_2$ 单层中的 N 原子形成化学键。从图 12.4(g) 中可以清楚地看到，由于 P-BN$_2$ 单层与 C_2H_2 气体分子形成化学键，P-BN$_2$ 单层发生了明显的变形，C_2H_2 气体分子被吸附之后 P-BN$_2$ 的对称性被打破，在一个单元胞内 B-N 键的键长由原始的 1.55 Å 变为 1.61 Å、1.52 Å、

1.57 Å 和 1.52 Å，同样 N-N 键的键长由 1.34 Å 增加到了 1.47 Å。然而，对于 C_2H_2 来说，C-H/C-C 键长和 H-C-C 键角没有明显变化。C_2H_4 吸附在 P-BN_2 单层上的方式与 C_2H_2 吸附方式类似。P-BN_2 单层中的 N 原子与 C_2H_4 中的 C 原子之间形成的 C-N 化学键长度为 1.51 Å。同样，由于形成了化学键，C_2H_4 和 P-BN_2 单层的几何结构发生了显著的变化。对于 C_2H_4 气体分子来说，C-H/C-C 键长从 1.16/1.54 Å 减小到 1.10/1.34 Å，并且 H-C-H 和 H-C-C 的键角由原始的 116.48°和 121.71°分别减小为 110.14°和 110.06°；对于 P-BN_2 单层来说，B-N 键的键长在一个单元胞内分别变为了 1.61 Å、1.52 Å、1.57 Å 和 1.52 Å，而 N-N 键的键长增加到 1.46 Å。对于 C_2H_5OH、C_3H_6OH、CH_3OH 和 CH_4，这些气体分子与 P-BN_2 单层没有形成化学键，它们之间最短的距离分别为 2.10 Å、2.61 Å、2.18 Å、2.84 Å。吸附后，这些气体分子发生形变，但这些形变对其吸附没有显著影响。最后，研究了 HCHO 的吸附，HCHO 中的 O 和 C 原子与 P-BN_2 单层的顶层 N 原子形成 O-N/C-N 键，键长分别为 1.51 Å、1.58 Å。HCHO 中的 C-O 键的键长在吸附到 P-BN_2 单层上后从 1.40 Å 增加到 1.43 Å，但 C-H 键长度几乎保持不变，H-C-H 和 H-C-O 的键角由本征的 114.04°和 115.01°分别减小到 112.12°和 106.38°；对于 P-BN_2 单层来说，单胞内 B-N 键的键长分别变为 1.64、1.61、1.52 和 1.55 Å，N-N 键的键长变为 1.38 Å。

随后，分析了这些气体分子吸附在 P-BN_2 单层后体系的电子性质。吸附能和吸附后的 Bader 电荷转移值如表 12.1 所示。以 NO 的初始吸附构型为例，图 12.5(a)为 NO 在 P-BN_2 单层上的初始吸附构型的俯视图和侧视图。经过优化后，这五个结构构型分别标记为 T_1-1、T_2-2、T_3-3、T_4-4 和 T_5-5，如图 12.5(b)所示。在 T_1-1、T_2-2、T_3-3、T_4-4 和 T_5-5 结构中，NO 气体分子和 P-BN_2 单层之间形成的 N-N 键长分别为 1.89、1.86、1.85、1.99 和 1.92 Å。此外，它们的吸附能分别为-0.97、-0.97、-0.97、-0.95 和-0.96 eV。由于 T_3-3 构型形成了最短的 N-N 键和最有利的吸附能，它代表了最稳定的系统。值得注意的是，T_3-3 对应于图 12.4(d)所展示的 NO 在 P-BN_2 单层上吸附的结构构型。CO、H_2S、NH_3、NO、NO_2 和 SO_2，吸附能分别为-0.05 eV、-0.18 eV、-0.15 eV、-0.97 eV、-1.19 eV 和-0.20 eV。基于这些结果，可以得出初步结论。由于 NO 和 NO_2 气体分子吸附在 P-BN_2 单层上的吸附能数值的绝对值大于 0.5 eV，而 CO、H_2S、NH_3 和 SO_2 这四种气体分子吸附在 P-BN_2 单层上的吸附能数值的绝对值小于 0.5 eV，因此可以初步判断出 NO 和 NO_2 气体分子通过化学吸附的方式吸附在 P-BN_2 单层上，而 CO、H_2S、NH_3 和 SO_2 这四种气体分子为物理吸附的方式。为了进一步阐明气体分子在 P-BN_2 单层上的吸附类型，对 ELF 进行了计算，结果如图 12.6 所示。CO、H_2S、NH_3 和 SO_2 气体分子与 P-BN_2 单层之间的 ELF 值为零，表明这四种气体分子的吸附类型属于物理吸附。相反，NO 和 NO_2 气体分子与 P-BN_2 单层之间的 ELF 值大于零，表明这两种气体分子采用了化学吸附的方式附着在 P-BN_2 单层上。对于有机气体分子 C_2H_2、C_2H_4、C_2H_5OH、C_3H_6OH、CH_3OH、CH_4 和 HCHO，当它们吸附在 P-BN_2 单层上后，它们的吸附能分别为 -3.42 eV、-3.64 eV、-0.26 eV、-0.27 eV、-0.21 eV、-0.11 eV 和 -2.84 eV。由于 C_2H_2、C_2H_4 和 HCHO 这三种气体分子的吸附能数值的绝对值大于 0.5 eV，而 C_2H_5OH、C_3H_6OH、CH_3OH 和 CH_4 这四种气体分子的吸附能数值的绝对值小于 0.5 eV，因此可以初步得出结论：C_2H_2、C_2H_4 和 HCHO 通过化学吸附的方式附着在 P-BN_2 单层上，而 C_2H_5OH、C_3H_6OH、CH_3OH 和 CH_4 这四种气体分子采用了物理吸附的方式。为了进一步确定这些气体分子的吸附类型，本书计算了这些气体分子吸附后体系的 ELF，结果如图 12.6 所示。可以看出 C_2H_2、C_2H_4 和 HCHO 这三种气体分子与 P-BN_2 单层之间的 ELF 值大于 0，因此证实这三种气体分子通过化学吸附的方式吸附在 P-BN_2 单层上，而 C_2H_5OH、C_3H_6OH、CH_3OH 和 CH_4 这四种气体分子与 P-BN_2 单层之间的 ELF 值为 0，因此它们采用了物理吸附方式。物理吸附是气体分子和 P-BN_2 单层之间通过微弱的范德华力相互作用，而化学吸附中气体分子和 P-BN_2 单层之间通过稳定的化学键相互作用，因此在接下来的研究中将具体分析通过化学吸附的气体分子与 P-BN_2 单层的构型。

表 12.1　气体分子吸附在 P-BN_2 单层后体系的电子性质

气体分子	E_{ad}/eV	最短距离/Å	电荷转移/e	吸附类型
CO	-0.05	2.27	+0.01	物理吸附
HS_2	-0.18	2.57	-0.03	物理吸附
NH_3	-0.15	2.53	-0.05	物理吸附
NO	-0.97	1.85	-0.11	化学吸附
NO_2	-1.19	1.71	+0.14	化学吸附
SO_2	-0.20	2.89	+0.04	物理吸附
C_2H_2	-3.42	1.31	-0.75	化学吸附
C_2H_4	-3.64	1.37	-0.76	化学吸附
C_2H_5OH	-0.26	2.10	+0.01	物理吸附

续表12.1

气体分子	E_{ad}/eV	最短距离/Å	电荷转移/e	吸附类型
C_3H_6OH	-0.27	2.61	-0.01	物理吸附
CH_3OH	-0.21	2.18	-0.01	物理吸附
CH_4	-0.11	2.84	+0.01	物理吸附
HCHO	-2.84	1.30	-0.19	化学吸附

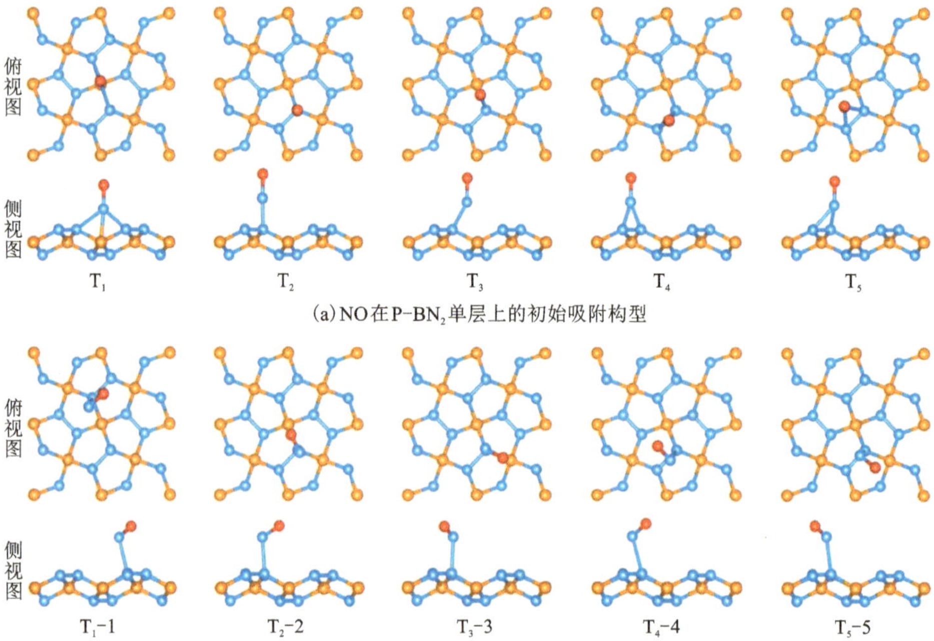

(a) NO在P-BN_2单层上的初始吸附构型

(b) 优化后NO在P-BN_2单层上的吸附结构

图12.5 NO在P-BN_2单层上吸附构型的俯视和侧视图

为了进一步了解通过化学吸附方式吸附的气体分子对P-BN_2单层的电子性质的影响，对其差分电荷密度、加权电子能带结构和DOS进行了分析。结果如图12.7(a)~(e)所示，上半部分显示了差分电荷密度，下半部分显示了加权电子能带结构和DOS。在差分电荷密度中，黄色代表获得的电子，青色代表失去的电子。对于通过化学吸附在P-BN_2单层上的五个体系，气体分子与P-BN_2单层之间存在强烈的电子交换相互作用。由于这些气体分子与P-BN_2单层之间形成了稳定的化学键，因此观察到这些气体分子与P-BN_2表

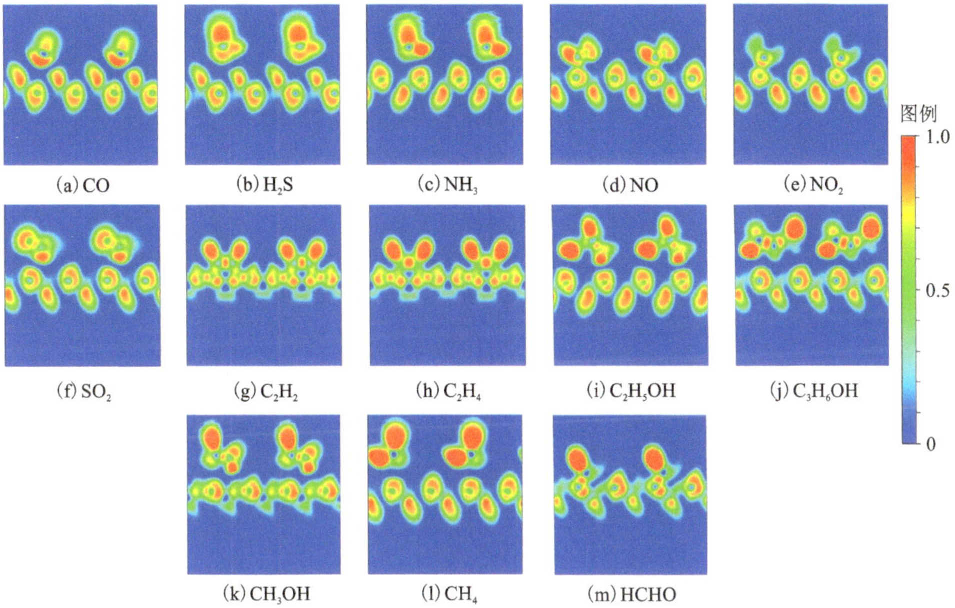

电荷密度值的范围为 0~1.0 e/Å^3。

图 12.6　气体分子吸附在 P-BN_2 单层上的 ELF 图

面之间存在强烈的相互作用，导致它们之间的电子相互作用强烈。接下来，使用加权电子能带结构来研究气体分子吸附对 P-BN_2 单层电子性质的改变。由于吸附后这五种体系的电子能带结构在费米能级处没有出现带隙，因此这些气体分子并未改变 P-BN_2 单层的金属性质。尽管五种气体分子与 P-BN_2 单层形成了稳定的化学键，但它们对 P-BN_2 单层的影响略有差异。对 NO 气体分子来说，如图 12.7(a)的下半部分所示，这种气体分子的吸附主要影响 P-BN_2 单层在费米能级附近的导带。DOS 验证了 NO 分子主要对 P-BN_2 单层的导带贡献较大，而非价带。NO_2 与 NO 类似，它在吸附后主要对 P-BN_2 单层的导带产生贡献，但其贡献更强。这是因为 NO_2 中的 N 原子与 P-BN_2 单层中的 N 原子之间形成的 N-N 化学单键比 NO 与 P-BN_2 单层之间形成的 N-N 化学单键更短。在吸附后，C_2H_2、C_2H_4、HCHO 这三种有机气体分子对 P-BN_2 单层的价带产生更大的影响，对费米能级附近的导带的影响相对较小。由于这些气体分子与 P-BN_2 单层之间的相互作用可能会产生额外的传输通道，因此 P-BN_2 单层的电子传输特性发生变化，这可能会影响 P-BN_2 基气体传感器的导电性能。通过分析 P-BN_2 基气体传感器在气体吸附后的导电性能的变化，可以在

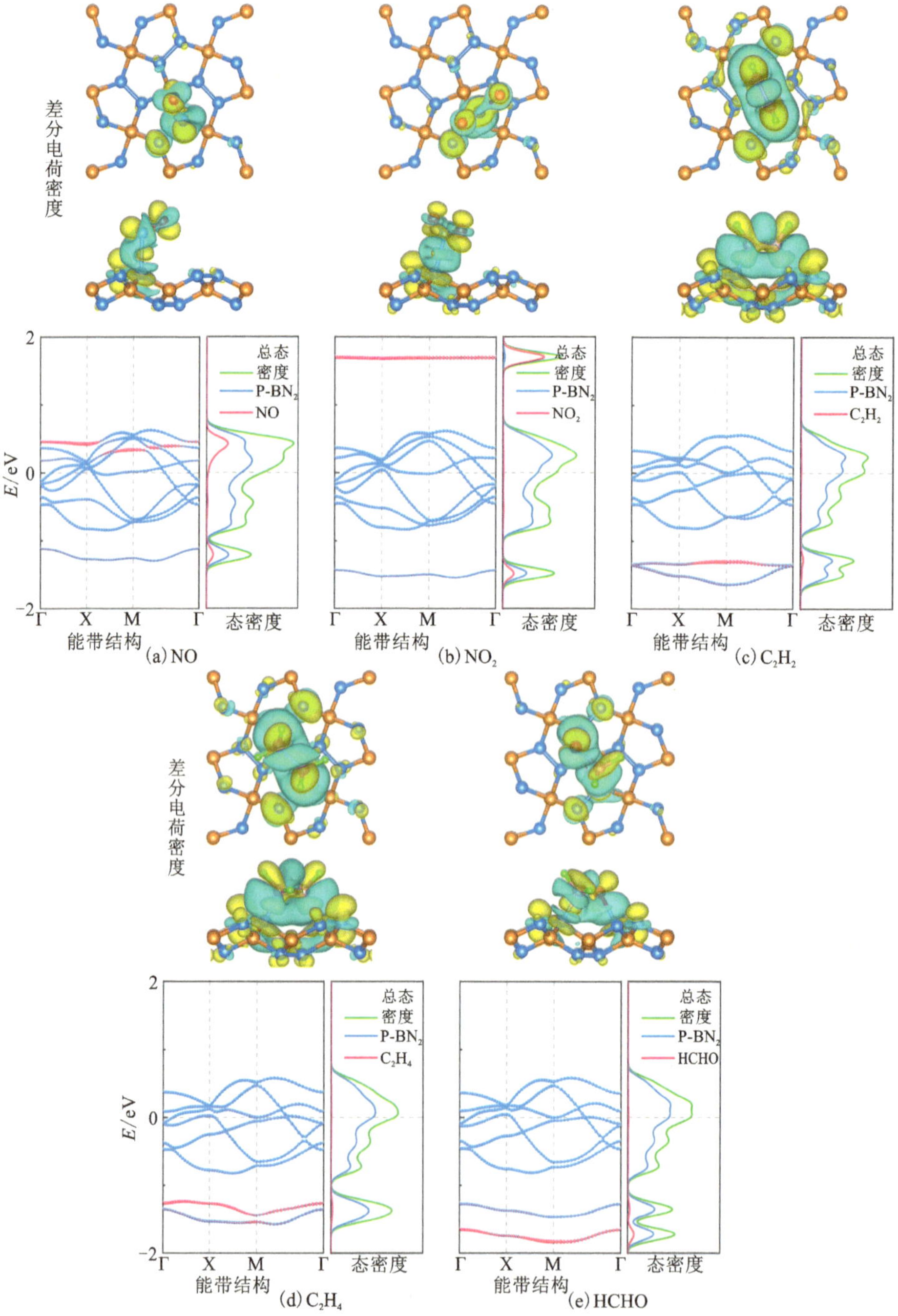

青色/黄色等值面表示电子损失/得到。等值面值为±0.003 e/Å^3。

图 12.7　气体分子吸附在 P-BN_2 单层上的差分电荷密度、加权电子能带结构和 DOS 图

$P-BN_2$ 单层上区分特定的气体分子。因此，在下一节中，将具体研究 $P-BN_2$ 基气体传感器的电子输运性能。

12.3.3　$P-BN_2$ 基气体传感器的电子输运特性

在本节中，将进一步研究 $P-BN_2$ 基气体传感器的电子输运性质。由于 $P-BN_2$ 单层具有金属性质，因此 $P-BN_2$ 基气体传感器不会出现整流效应，因此本书只考虑正向偏置电压。$P-BN_2$ 单层的几何结构具有独特的五边形结构，因此传输路径在 X 和 Y 方向上保持一致，$P-BN_2$ 基气体传感器的传输性能不具有各向异性。$P-BN_2$ 基气体传感器模型的示意图见图 12.1，该器件的 $I-U$ 特性曲线如图 12.8(a)～(e)所示。$P-BN_2$ 基气体传感器的电流随着偏置电压从 0 增加到 0.5 V 逐渐增加，最大值为 68.0 μA(0.5 V 时)。

由于 CO、H_2S、NH_3、SO_2、C_2H_5OH、C_3H_6OH、CH_3OH 和 CH_4 这些气体分子是通过微弱的范德瓦尔斯相互作用以物理吸附的方式吸附在 $P-BN_2$ 单层上的，它们与 $P-BN_2$ 单层之间的相互作用较弱，不会产生额外的电荷散射，因此不会对 $P-BN_2$ 基气体传感器的电子输运性能产生特别大的影响。因此，本研究仅关注通过化学吸附的方式吸附在 $P-BN_2$ 基气体传感器上的气体分子对电子输运性质的影响。当气体分子吸附在 $P-BN_2$ 基气体传感器上时，与 $P-BN_2$ 基气体传感器原始状态相比，电流会降低。这可以归因于气体分子吸附导致 $P-BN_2$ 基气体传感器中心区域形成的额外散射。不同的气体分子吸附在 $P-BN_2$ 基气体传感器上时，电流降低的程度略有不同。以无机气体分子 NO 和 NO_2 为例，这两种气体分子在偏置电压为 0.1 V、0.2 V、0.3 V、0.4 V 和 0.5 V 时的电流值分别为 16.6/17.0 μA、32.0/32.8 μA、44.7/45.7 μA、53.1/54.0 μA 和 55.7/56.3 μA。通过电流差异可以展示 $P-BN_2$ 基气体传感器对这两种气体分子的灵敏度，如图 12.8(f)所示。可以看到，电流差异在偏置电压为 0.4 V 时达到最大值，分别为 13.2 μA 和 12.3 μA。这为检测无机有毒气体分子提供了有用的参考。对于有机气体分子 C_2H_2、C_2H_4 和 HCHO，它们对 $P-BN_2$ 基气体传感器的电子传输性能的影响略有不同。在吸附这三种气体分子后，$P-BN_2$ 基气体传感器在偏置电压为 0.1 V、0.2 V、0.3 V、0.4 V 和 0.5 V 时的电流值如下：15.3/16.1/15.8 μA、29.6/31.1/30.8 μA、41.7/43.6/43.5 μA、50.4/52.5/52.4 μA 和 54.2/56.0 /56.2 μA。与无机气体分子类似，C_2H_2、C_2H_4 和 HCHO 的电流差异在偏置电压为 0.4 V 时达到最大值，分别为 16.0 μA、13.8 μA 和 13.9 μA。因此对于 $P-BN_2$ 基气体传感器来说，在偏置电压为 0.4 V 时的灵敏度最高。利用 $P-BN_2$ 单层作为低维气体传感器的开发材料，对于设计高效检测有毒气体分子的先进气体传感器具有巨大潜力。这一

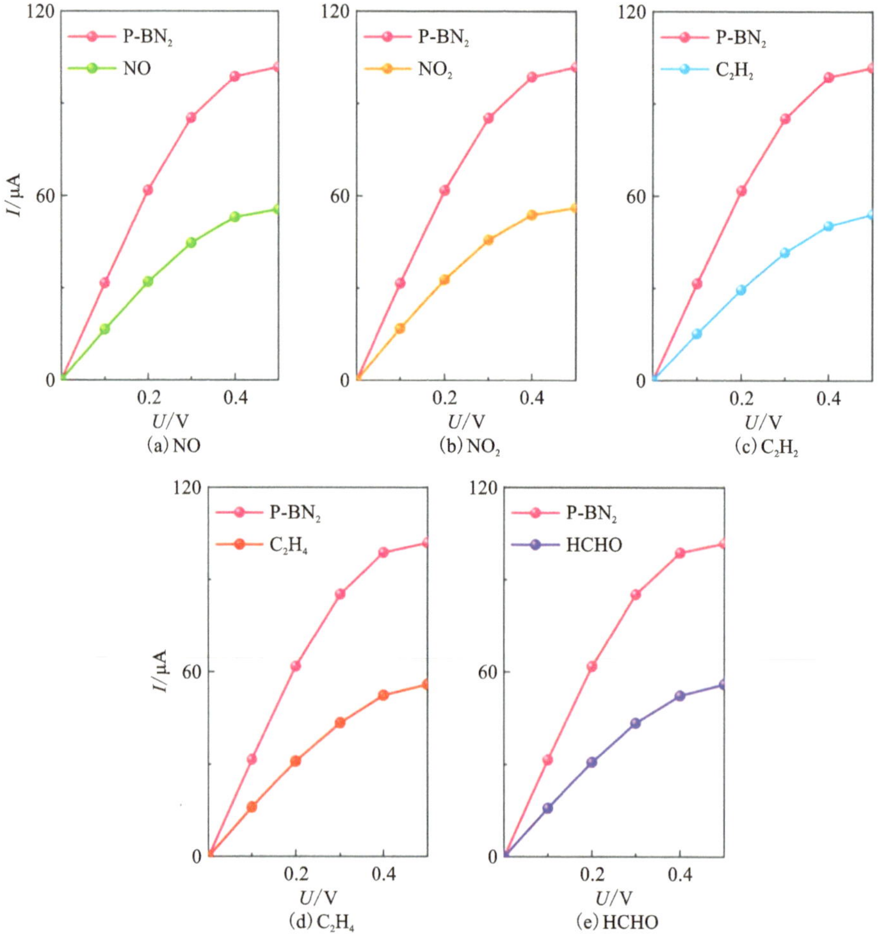

P-BN$_2$ 基气体传感器在不同偏置电压下分别吸附 NO、NO_2、C_2H_2、C_2H_4、HCHO 前后的电流差。

图 12.8　P-BN$_2$ 基气体传感器未吸附和吸附 NO、NO_2、C_2H_2、C_2H_4 和 HCHO 气体分子之后的 *I-U* 曲线

研究方向代表了传感器技术未来的一个有希望的方向。

此外，本书还研究了温度对 P-BN$_2$ 基气体传感器的电子输运和气敏性能的影响。以 C_2H_2 气体分子吸附为例，在 200 K、250 K、300 K、350 K、400 K 和 500 K 的温度下对 P-BN$_2$ 基气体传感器的电子输运和气敏性能进行分析。图 12.9(a)~(f)展示了 P-BN$_2$ 基气体传感器在 200 K、250 K、300 K、350 K、400 K 和 500 K 的温度下吸附 C_2H_2 气体分子前后的 *I-U* 曲线。与 300 K 相比，

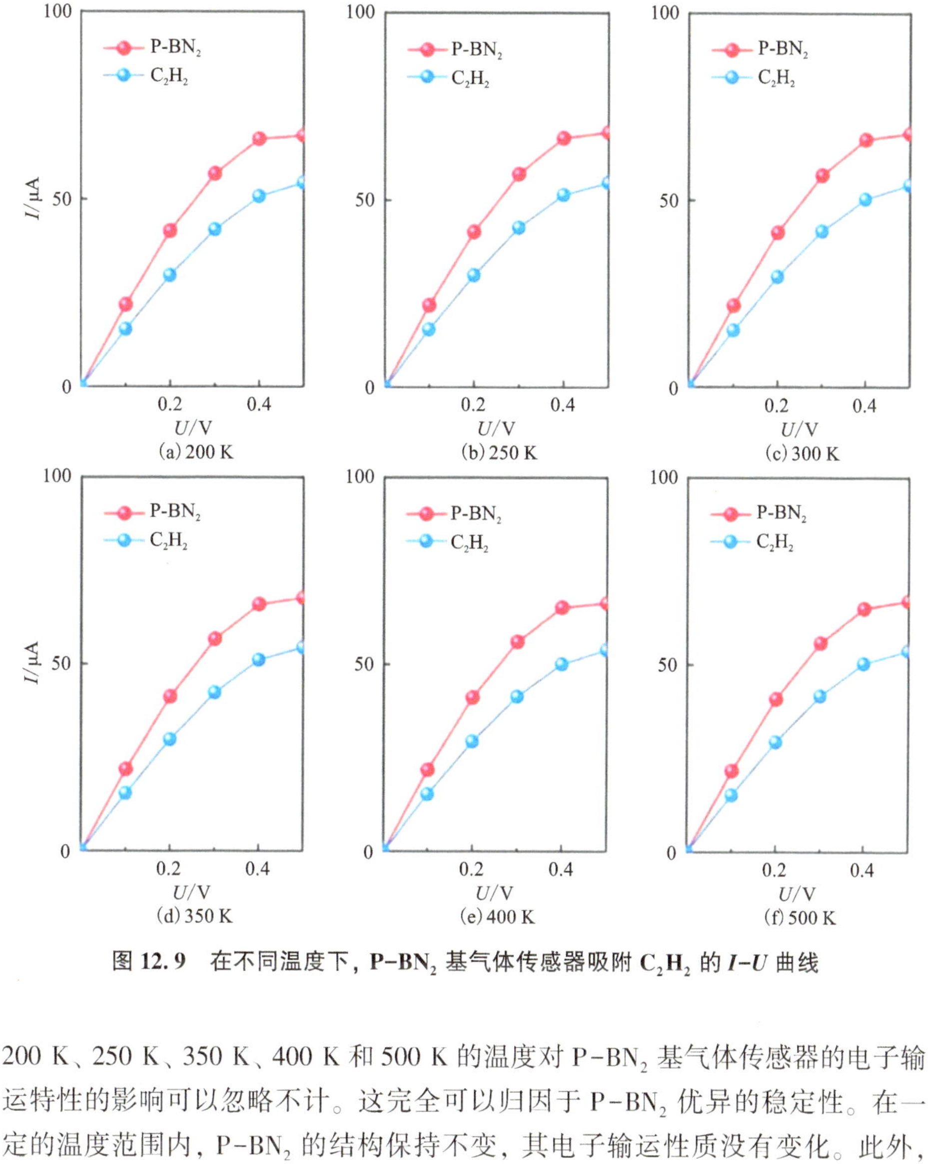

图 12.9　在不同温度下，P-BN_2 基气体传感器吸附 C_2H_2 的 I-U 曲线

200 K、250 K、350 K、400 K 和 500 K 的温度对 P-BN_2 基气体传感器的电子输运特性的影响可以忽略不计。这完全可以归因于 P-BN_2 优异的稳定性。在一定的温度范围内，P-BN_2 的结构保持不变，其电子输运性质没有变化。此外，吸附 C_2H_2 后产生的电流几乎不随温度的变化而变化。研究结果表明，温度对 P-BN_2 基气体传感器的气敏性能影响很小。

为了阐明吸附在 P-BN_2 基气体传感器上的气体分子使电流发生改变的基本机制，需要进行进一步的研究。对比了未吸附有毒气体分子和吸附有毒气体分子后 P-BN_2 基气体传感器在零偏压下费米能级附近的局域器件 LDOS。这一分析有助于阐明电子输运性能的变化的微观机理，如图 12.10 所示。可以看到，在 P-BN_2 基气体传感器未吸附气体分子时，LDOS 均匀分布在整个器件上，表明 P-BN_2 基气体传感器为电子提供了良好的导电通道，电子能够顺利通过器件内的中央散射区域，进而产生较强的电流。与未吸附气体分子时 P-BN_2 基气体传感器的 LDOS 相比，吸附这些气体分子后，LDOS 的局域化程度逐渐增加。由于 LDOS 局域化程度增加，通过中央散射区域的电荷密度减小，因此电流减小。尽管在吸附这五种气体分子后，LDOS 存在一定的变化，但 LDOS 的差异相对较小。总之，P-BN_2 单层作为新型二维材料为气体传感器的未来发展提供了有价值的参考。

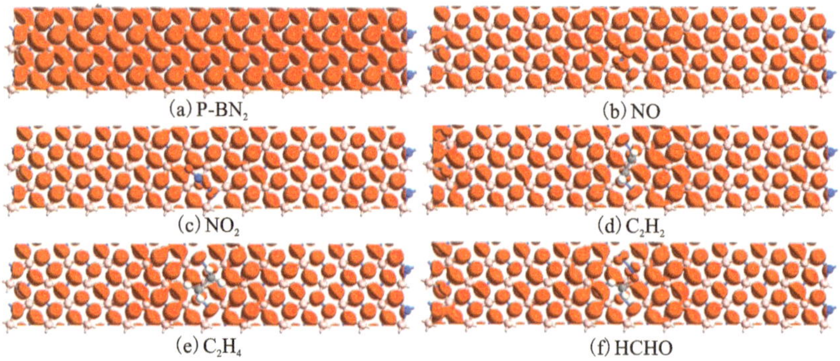

图 12.10　在零偏压下费米能级附近，P-BN_2 基气体传感器未吸附和吸附气体分子的 LDOS

12.3.4　缺陷对 P-BN_2 基气体传感器的调控

二维材料的电子性质以及其所构建的器件的电子输运特性都会受到空位缺陷的影响，因此本书中 P-BN_2 单层的电子性质以及 P-BN_2 基气体传感器的电子输运性能也受单空位和双空位缺陷的影响并且影响不同。考虑到 B 和 N 原子的等效性质，在本书中分别构建了 B 空位、N 空位和 B-N 空位，如图 12.11(a)~(c)上半部分所示，它们分别被命名为 P-BN_2-B、P-BN_2-N 和 P-BN_2-BN。这三种缺陷结构的电子能带结构如图 12.11(a)~(c)下半部分所示。与原始的 P-BN_2 单层相比，它们的电子能带结构发生了变化，但金属性质仍然保持不变。通过构建这三种缺陷结构的气体传感器模型来研究它们的电子输运特性。P-BN_2-B、P-BN_2-N 和 P-BN_2-BN 基气体传感器的 I-U 曲线如图 12.12(a)所示，可以清楚地看到引入空位缺陷导致 P-BN_2 基气体传感器的电流大幅度降低。P-BN_2-B、P-BN_2-N 和 P-BN_2-BN 基气体传感器在偏置电

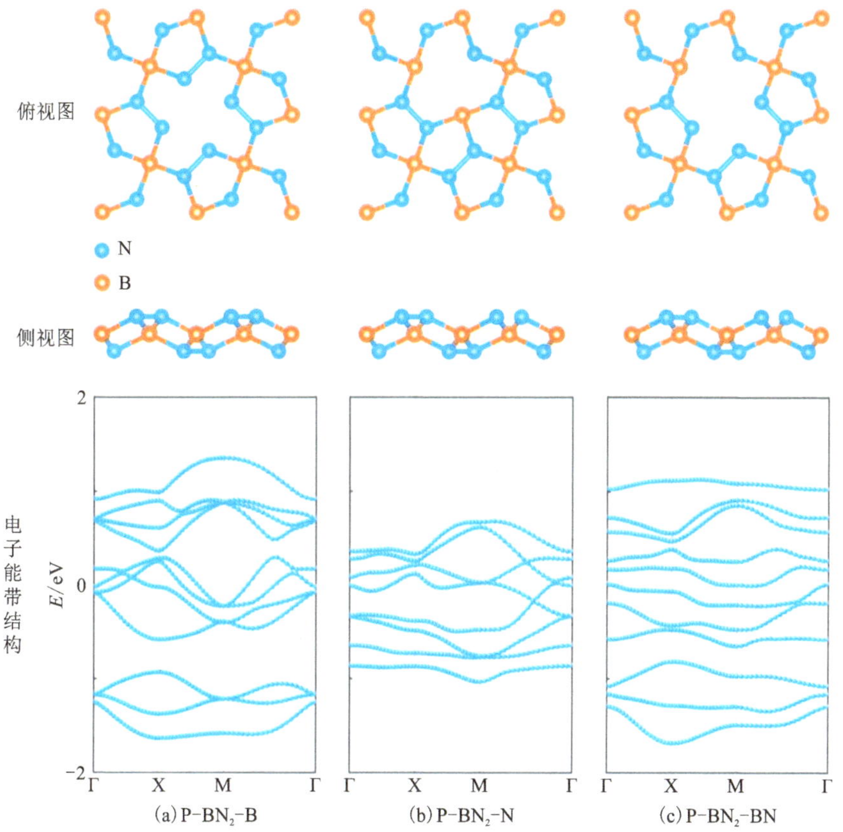

蓝色和橙色球体分别代表 N 原子和 B 原子。

图 12.11　P-BN$_2$-B、P-BN$_2$-N 和 P-BN$_2$-BN 单层缺陷体系的俯视和侧视图以及电子能带结构

压为 0.1 V、0.2 V、0.3 V、0.4 V 和 0.5 V 时的电流分别为 14.51/11.79/11.88 μA、28.55/23.02/23.38 μA、40.79/32.53/33.98 μA、48.78/38.01/42.28 μA 和 51.53/39.70/46.38 μA，特别是 N 原子空位缺陷造成的电流降低最为明显。这一现象可以通过零偏压下费米能级附近的 LDOS 解释，如图 12.12(b)所示，分别为 P-BN$_2$-B、P-BN$_2$-N 和 P-BN$_2$-BN 基气体传感器的 LDOS。与本征的 P-BN$_2$ 基气体传感器相比，P-BN$_2$-N 基气体传感器的 LDOS 在通过中央散射区域时具有较低的密度，因此在相同的偏置电压下电流降低。P-BN$_2$-B 和 P-BN$_2$-BN 基气体传感器的 LDOS 和 P-BN$_2$-N 基气体传感器的 LDOS 差异不大，因此这两种缺陷也造成了 P-BN$_2$ 基气体传感器在相同的偏置电压下电流减小。并且 P-BN_2-B、P-BN_2-N 和 P-BN_2-BN 基气体传感器的电流差异较小。总之，空位缺陷导致 P-BN_2 基气体传感器的电流降低，进一步丰富了 P-BN_2 基气体传感器的应用领域。

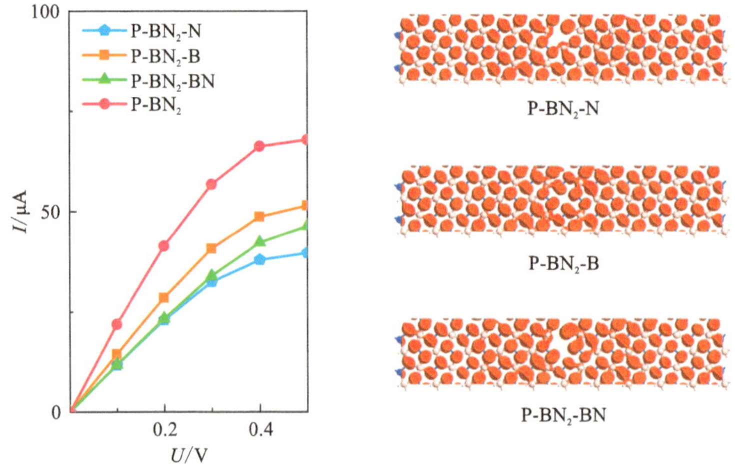

(a) I-U曲线　　(b) 局域态密度

图 12.12　P-BN_2、P-BN_2-N、P-BN_2-B 和 P-BN_2-BN 基气体传感器的 I-U 曲线及在零偏压下费米能级附近的 LDOS

此外，以 P-BN_2-N 单层对 C_2H_2 气体分子的吸附作为例子来研究气体分子对缺陷系统的影响。图 12.13(a)展示了 P-BN_2-N 单层吸附 C_2H_2 气体分子的俯视和侧视图。与 P-BN_2 单层吸附 C_2H_2 相比，当形成一个 N 原子空位缺陷时，C_2H_2 与另一个 N 原子结合，并在吸附后形成长度为 1.39 Å 的 C-N 键。通过计算 C_2H_2 在 P-BN_2-N 上的吸附能(为-4.38 eV)初步得出结论：如此大的吸附能表明 C_2H_2 通过化学吸附的方式附着在 P-BN_2-N 单层上。为了进一步确认其为化学吸附，计算了如图 12.13(c)所示的 ELF，可以看出 P-BN_2-N 单层和 C_2H_2 气体分子之间的 ELF 值大于 0，从而确认 C_2H_2 在 P-BN_2-N 单层上的吸附属于化学吸附。图 12.13(b)显示了其加权电子能带结构，表明 P-BN_2-N 的金属特性在 C_2H_2 吸附后保持不变。然而，C_2H_2 吸附显著影响了 P-BN_2-N 的价带。由于能带结构的改变，电子输运特性也发生了相应的变化。为了进一步研究 C_2H_2 吸附对 P-BN_2-N 基气体传感器电子输运特性的影响，图 12.14(a)呈现了 C_2H_2 气体分子吸附在 P-BN_2-N 基气体传感器的 I-U 曲线。与 P-BN_2 基气体传感器类似，当 P-BN_2-N 基气体传感器吸附 C_2H_2 时，在相同的偏置电压下电流显著减小。此外，随着偏置电压的增加，电流减小的幅度逐渐增加，图 12.14(b)为在偏置电压 0 到 0.5 V 区域内 P-BN$_2$-N 基气体传感器吸附 C_2H_2 气体分子前后的电流差值。这些研究为基于空位缺陷的气体传感器的研究提供了理论指导。

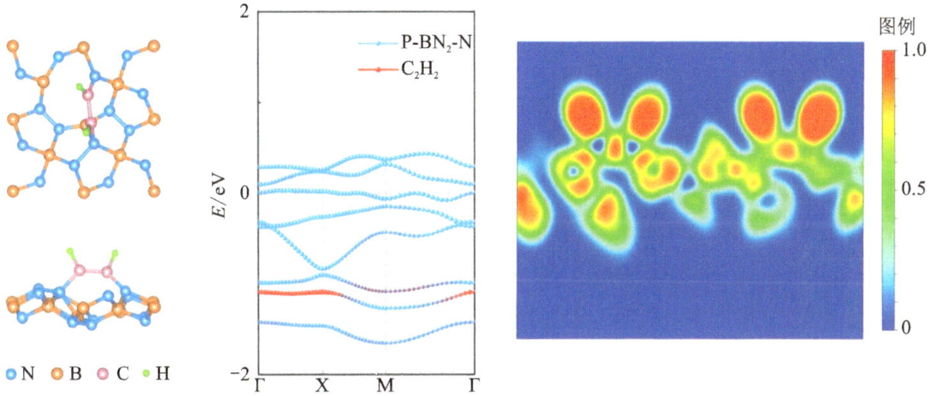

(a) 吸附在P-BN$_2$-N缺陷体系上的C_2H_2最稳定构型的俯视和侧视图　(b) C_2H_2吸附在P-BN$_2$-N缺陷体系上的加权电子能带结构　(c) C_2H_2吸附在P-BN$_2$-N单层上的电子局域函数图

图(a)中蓝色、橙色、粉色和绿色的球体分别代表 N、B、C 和 H 原子；

图(c)中电荷密度值为 0~1.0 e/Å^3。

图 12.13

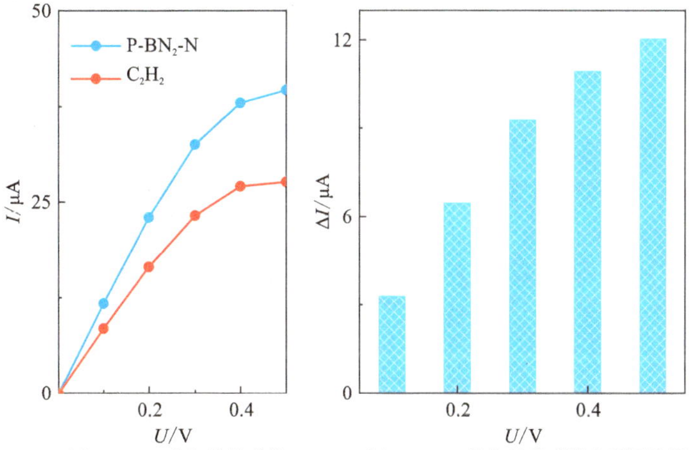

(a) P-BN$_2$-N基气体传感器吸附C_2H_2前后的I-U曲线　(b) P-BN$_2$-N基气体传感器在不同偏置电压下吸附C_2H_2前后的电流差

图 12.14

12.4 本章小结

综上所述，本研究利用 DFT 结合非平衡格林函数方法，研究了 P-BN_2 单层的电子性质，以及无机气体分子 CO、H_2S、NH_3、NO、NO_2、SO_2 和有机气体分子 C_2H_2、C_2H_4、C_2H_5OH、C_3H_6OH、CH_3OH、CH_4、HCHO 在 P-BN_2 单层上的吸附行为。结果表明，CO、H_2S、NH_3、SO_2、C_2H_5OH、C_3H_6OH、CH_3OH 和 CH_4 通过弱的范德瓦尔斯相互作用吸附在 P-BN_2 单层上，属于物理吸附。而 NO、NO_2、C_2H_2、C_2H_4 和 HCHO 与 P-BN_2 单层形成了稳定的化学键，表明这五种气体分子在 P-BN_2 单层上发生化学吸附。此外，本书还对 P-BN_2 基气体传感器的电子输运特性和气体传感性能进行了研究，计算结果显示，在 0.4 V 的偏置电压下，NO、NO_2、C_2H_2、C_2H_4 和 HCHO 吸附引起的电流与本征的电流之间的差值分别达到最大值，分别为 13.2、12.3、16.0、13.8 和 13.9 μA。同时，温度对 P-BN_2 基气体传感器的电子输运性能和气敏性能没有较大影响。另外，还研究了三种空位缺陷对 P-BN_2 基气体传感器电子输运特性的影响。结果表明，N、B 和 BN 原子的缺陷导致 P-BN_2 基气体传感器的电流降低。零偏压下费米能级附近的器件局域态密度揭示了气体分子的吸附和空位缺陷导致器件电流降低的微观机制。最后，研究结果显示 C_2H_2 气体分子会导致 P-BN_2-N 基气体传感器的电流降低。总之，本书为未来有毒气体分子的检测和新型二维材料基气体传感器的开发提供了有价值的参考。

参考文献

[1] SENAY E, HANTEL A. Environmental health: translating policy into action[J]. Annals of Internal Medicine, 2022, 175(11): 1612-1613.

[2] WANG T, HUANG D, YANG Z, et al. A review on graphene-based gas/vapor sensors with unique properties and potential applications[J]. Nano-Micro Letters, 2016, 8: 95-119.

[3] YANG S, JIANG C, WEI S. Gas sensing in 2D materials[J]. Applied Physics Reviews, 2017, 4(2).

[4] LIU X, MA T, PINNA N, et al. Two-dimensional nanostructured materials for gas sensing [J]. Advanced Functional Materials, 2017, 27(37): 1702168.

[5] NOVOSELOV K S, GEIM A K, MOROZOV S V, et al. Electric field effect in atomically thin carbon films[J]. Science, 2004, 306(5696): 666-669.

[6] EBBESEN T W, AJAYAN P M. Large-scale synthesis of carbon nanotubes[J]. Nature, 1992,

358(6383): 220-222.

[7] KROTO H W, HEATH J R, O'BRIEN S C, et al. C_{60}: Buckminsterfullerene[J]. Nature, 1985, 318(6042): 162-163.

[8] AZIZ A, ASIF M, ASHRAF G, et al. Environmental significance of wearable sensors based on MXene and graphene[J]. Trends in Environmental Analytical Chemistry, 2022: e00180.

[9] YUAN W, SHI G. Graphene-based gas sensors[J]. Journal of Materials Chemistry A, 2013, 1(35): 10078-10091.

[10] LEENAERTS O, PARTOENS B, PEETERS F M. Adsorption of H_2O, NH_3, CO, NO_2, and NO on graphene: A first-principles study[J]. Physical Review B, 2008, 77(12): 125416.

[11] ZHANG T, PAN W, ZHANG Z, et al. Theoretical study of small molecules adsorption on pristine and transition metal doped GeSe monolayer for gas sensing application[J]. Langmuir, 2022, 38(3): 1287-1295.

[12] GUO L Y, XIA S Y, SUN H, et al. A DFT study of the Ag-doped *h*-BN monolayer for harmful gases (NO_2, SO_2F_2, and NO)[J]. Surfaces and Interfaces, 2022, 32: 102113.

[13] HU C, LIN L, XU Y, et al. Different Doping of VSe_2 Monolayers as Adsorbent and Gas Sensing Material for Scavenging and Detecting SF_6 Decomposed Species[J]. Langmuir, 2023, 39(7): 2618-2630.

[14] NAZIR M A, HASSAN A, SHEN Y, et al. Research progress on penta-graphene and its related materials: Properties and applications[J]. Nano Today, 2022, 44: 101501.

[15] LIU Y, WANG G, HUANG Q, et al. Structural and electronic properties of T graphene: a two-dimensional carbon allotrope with tetrarings[J]. Physical Review Letters, 2012, 108(22): 225505.

[16] LI X, WANG Q, JENA P. ψ-Graphene: a new metallic allotrope of planar carbon with potential applications as anode materials for lithium-ion batteries[J]. The Journal of Physical Chemistry Letters, 2017, 8(14): 3234-3241.

[17] YIN W J, XIE Y E, LIU L M, et al. R-graphyne: a new two-dimensional carbon allotrope with versatile Dirac-like point in nanoribbons[J]. Journal of Materials Chemistry A, 2013, 1(17): 5341-5346.

[18] WANG Z, ZHOU X F, ZHANG X, et al. Phagraphene: a low-energy graphene allotrope composed of 5-6-7 carbon rings with distorted dirac cones[J]. Nano Letters, 2015, 15(9): 6182-6186.

[19] ZHANG S, ZHOU J, WANG Q, et al. Penta-graphene: A new carbon allotrope[J]. Proceedings of the National Academy of Sciences, 2015, 112(8): 2372-2377.

[20] CHENG M Q, CHEN Q, YANG K, et al. Penta-graphene as a potential gas sensor for NO_x detection[J]. Nanoscale Research Letters, 2019, 14: 1-8.

[21] CHEN D, ZHANG X, TANG J, et al. Different doping of penta-graphene as adsorbent and gas sensing material for scavenging and detecting SF_6 decomposed species[J]. Sustainable Materials and Technologies, 2019, 21: e00100.

[22] LI J, FAN X, WEI Y, et al. Penta-B_xN_y sheet: a density functional theory study of two-dimensional material[J]. Scientific Reports, 2016, 6(1): 31840.

[23] ZHANG T, MA Y, HUANG B, et al. Two-dimensional penta-BN_2 with high specific capacity for Li-ion batteries[J]. ACS Applied Materials & Interfaces, 2019, 11(6): 6104-6110.

[24] YANG M, CHEN L, KONG F, et al. Metallic Penta-BN_2 monolayer: A novel platform for non-lithium-ion batteries with high capacity and splendid cyclicity[J]. Materials Science in Semiconductor Processing, 2022, 149: 106849.

[25] XIONG H, ZHANG H, GAN L. CO_2 capture and separation on the penta-BN_2 monolayer with the assistance of charge/electric field [J]. Journal of Materials Science, 2021, 56: 4341-4355.

[26] KROTO H W, HEATH J R, O'BRIEN S C, et al. C_{60}: Buckminsterfullerene[J]. Nature, 1985, 318(6042): 162-163.

[27] LEENAERTS O, PARTOENS B, PEETERS F M. Adsorption of H_2O, NH_3, CO, NO_2, and NO on graphene: A first-principles study[J]. Physical Review B, 2008, 77(12): 125416.

[28] KRESSE G, HAFNER J. Ab initio molecular dynamics for liquid metals[J]. Physical Review B, 1993, 47(1): 558.

[29] KRESSE G, FURTHMÜLLER J. Efficiency of ab-initio total energy calculations for metals and semiconductors using a plane-wave basis set[J]. Computational Materials Science, 1996, 6(1): 15-50.

[30] KRESSE G, FURTHMÜLLER J. Efficient iterative schemes for ab initio total-energy calculations using a plane-wave basis set[J]. Physical Review B, 1996, 54(16): 11169.

[31] PERDEW J P, BURKE K, ERNZERHOF M. Generalized gradient approximation made simple[J]. Physical Review Letters, 1996, 77(18): 3865.

[32] TAYLOR J, GUO H, WANG J. Ab initio modeling of quantum transport properties of molecular electronic devices[J]. Physical Review B, 2001, 63(24): 245407.

第 13 章 总结与展望

13.1 总结

本书基于 NEGF-DFT 的第一性原理方法，构建了二维 MN_4($M=Be$, Mg, Ga)单层、碳同素异形体石墨烯+、Net-石墨烯、T-石墨烯、联苯和联苯与锯齿形纳米带结合的模型，并进一步验证了这些材料的稳定性。本研究以探究材料的电子结构特性为基础，进一步设计基于上述材料的开关器件、气体传感器、自旋器件等功能化纳米器件，并对其背后的作用机制进行深入的探讨与理解。主要的研究成果与结论如下。

(1)$g-C_4N_3/MoS_2$ 范德瓦尔斯异质结表现出半金属性质，其中自旋向下的电子穿越费米能级，而自旋向上的电子表现出明显的半导体性质。对于 $g-C_4N_3/MoS_2$ 基二维电子器件，沿垂直方向的感应电流明显大于沿水平方向的感应电流，体现出传输方向的强各向异性，自旋电流显示出完美的单自旋传导行为，具有接近 100%的自旋分离率、NDR 效应和其他优异的自旋电子传输性能。气敏分析研究表明，CH_4、H_2S 和 SO_2 三种气体分子为物理吸附，而 CO、NO、NO_2 和 NH_3 为化学吸附，$g-C_4N_3/MoS_2$ 气体传感器对 CO、NO、NO_2 和 NH_3 分子尤其敏感特别是 NO 分子，最大气体灵敏度可以在 0.8 V 的偏压下达到 6.45。总之，二维 $g-C_4N_3/MoS_2$ 范德瓦尔斯异质结在自旋纳米器件和气体传感器中具有很大的应用前景。

(2)通过 NEFG-DFT 的第一性原理方法计算了二维五边形褶皱 Janus 材料 Pd_2P_2SeX($X=O$, S, Te)的电学性质、机械特性和气体吸附特性，并根据此三种基础性质构筑了输运性能可调控的 Pd_2P_2SeX($X=O$, S, Te)基 PIN 结器件。三种材料的电子能带结构均为间接带隙半导体特性，带隙值分别为 0.59 eV、

1.04 eV、0.88 eV。输运的研究主要集中于带隙较小的 Pd_2P_2SeO。在 TFET 的计算中，Pd_2P_2SeX 表现出明显的场控特性，在施加栅压的情况下 TFET 可以由输运抑制状态转变为电流密度最高可达 3771 mA/mm 的导通状态。此外，Pd_2P_2SeX(X=O, S, Te)具有优异的杨氏模量和应变可调性，在极限应变范围内双轴压缩应变和拉伸应变分别可以将 Pd_2P_2SeO 的带隙减少为 0.27 eV 和 0.06 eV，显著提高了材料的电子跃迁能力；基于此原理构建的 Pd_2P_2SeO 应力感应传感器表现出优异的开关特性，特别是在拉伸应变下最高开关比可达 8.21×10^4。最后计算了 Pd_2P_2SeX(X=O, S, Te)单分子层与 CO、CO_2、NH_3、NO 和 NO_2 的分子吸附特性，其中 Pd_2P_2SeO 与 CO、CO_2、NH_3 的吸附为物理吸附，对底部二维材料造成微不足道的影响。而对 NO 和 NO_2 为化学吸附，在费米能级附近出现由气体分子贡献电子态的能带，使得二维材料由间接带隙半导体转变为金属性质，特别是对于 NO 气体本书计算出合适的恢复时间为 49.01 s，因此 Pd_2P_2SeO 基气体传感器对 NO 具有优异的检测能力。

(3)研究无机(CO、NH_3、NO、NO_2 和 SO_2)和有机(CH_4、C_2H_2、C_2H_4、HCHO 和 CH_3OH)气体分子在 BC_3N_2 单层上的吸附行为，并探究了 BC_3N_2 基气体传感器的气敏性能。研究发现，BC_3N_2 单层是一种金属性材料，拥有超高的热稳定性。CO、NO、NO_2、C_2H_2 和 HCHO 五种分子以强相互作用的化学吸附方式吸附在 BC_3N_2 单层上，而其他五种分子与 BC_3N_2 单层相互作用弱，属于物理吸附的范畴。此外，二维 BC_3N_2 基气体传感器的电子输运行为对化学吸附分子高度敏感且存在强各向异性。特别是对有机分子 C_2H_2，在锯齿形和扶手椅形方向的气体灵敏度分别高达 10.43 和 2.79，且各向异性比也高达 6.22。以上结果表明，BC_3N_2 单层有望用于高性能气体传感领域，特别是用于检测有机分子 C_2H_2。

(4)探究了二维 C_5N 的电子结构和输运性质。首先，我们在二维材料 C_5N 中观察到了锯齿形和扶手椅方向上具有显著的电子输运各向异性。值得注意的是，在锯齿形方向上发现了明显的负微分电阻(NDR)效应，这可以加快气体传感器对气体浓度变化的检测。此外，我们还研究了几种无机气体分子，如 NO、CO、NO_2、SO_2 和 NH_3 在 C_5N 上的传输特性和传感性能。实验结果表明，CO、SO_2、NH_3 和 C_5N 之间的相互作用较弱，这些分子在 C_5N 上主要为物理吸附。C_5N 气体传感器对以化学吸附方式吸附在材料上的 NO 和 NO_2 分子表现出更高的灵敏度。令人惊讶的是，在 0.1 V 的偏置电压下，对 NO_2 的灵敏度达到 81%。值得注意的是，我们将应变工程应用于气体传感器中，来提高器件性能。研究表明，沿扶手椅方向施加-4%的应变显著增加了 NO 和 NO_2 的电流，超过了它们的固有电流，从而提高了气体传感器的性能。该材料在偏置窗口内表现出强烈的传输各向异性。总之，C_5N 作为一种高度各向异性和敏感的二维材料预示其在电子性能和气体传感领域具有广泛的潜在应用。

（5）研究了吸附在 2D C_3B/Gra 和 C_3N/Gra vdW 异质结上的有机小分子的电子结构和传感特性。结果表明，C_3B/Gra 和 C_3N/Gra 异质结形成后显示金属特性。此外，C_3B（C_3N）侧对 C_2H_2 和 C_2H_4 表现为敏感的化学吸附。有趣的是，异质结对 CH_3OH，CH_4 和 HCHO 的吸附为物理吸附。此外，计算的 I–U 曲线表明，C_3B/Gra（C_3N/Gra）异质结在 C_3B（C_3N）和 Gra 侧吸附 C_2H_2 和 C_2H_4 的气敏器件具有明显的各向异性，且 I_z 明显大于 I_a。C_3B/Gra（C_3N/Gra）和 Gra/C_3B（Gra/C_3N）体系吸附 C_2H_2 和 C_2H_4 的本征器件和气敏器件沿锯齿形方向在 U_b = 0.5 V 处电流达到最大值，分别为 38.5 μA、45.3 μA 和 47.8 μA。有趣的是，当 C_2H_2 吸附在 Gra 侧时，Gra/C_3B 的气敏高达 85.0%，Gra/C_3N 的灵敏度接近 100%，这表明基于该结构的气体传感器非常适合检测 C_2H_2 气体分子。这些结果表明 C_3B/Gra（C_3N/Gra）vdW 异质结在气体传感领域，特别是在有机小分子检测传感器的设计中具有潜在的应用前景。

（6）BeN_4 表现出各向异性输运特性，最大开关比可达到 10^5，表明 BeN_4 是构建开关器件的理想材料。基于 BeN_4 的气体传感器对 H_2S、CO、CO_2、H_2 的吸附为物理吸附，而对 NH_3、NO、NO_2 和 SO_2 分子表现为化学吸附。特别是对 SO_2 的识别响应极高，气体灵敏度高达 5.85。研究还探讨了 MN_4（M = Mg，Ga）的电子结构、电子传输特性以及氮化物的气体传感特性。MgN_4 表现出带隙为 0.13 eV 的半导体特性，GaN_4 单层则表现出金属特性。与 BeN_4 类似，MgN_4 基二维器件显示出良好的导电性和各向异性传输能力，最大开关比可达 10^7。MgN_4 和 GaN_4 单层对 NO_2、NO 和 NH_3 分子均表现为化学吸附，特别是所设计的基于 MgN_4 的气体传感器对 NO 分子具有良好的响应特性。总之，MN_4（其中 M = Be、Mg 和 Ga）单层有望成为高开关比器件的候选材料，并具有检测和捕获有毒氮化物气体分子的潜力。这些发现凸显了 MN_4 单层在先进电子器件和气体传感技术中的多方面应用。

（7）系统地研究了浓度、湿度和金属原子修饰对于二维 BeN_4 单层储氢性能以及对于 H_2 分子气体传感特性的影响。结果表明，本征的 BeN_4 材料最多储存 4 个 H_2 分子，但其相互作用较弱，可能出现泄漏的问题。低湿度能够增加材料稳定存储 H_2 的能力，当 H_2O 分子达到一定数量时，会与 H_2 竞争性地存在，降低储氢的稳定性。V、Nb 和 Ta 三种过渡金属原子的修饰增大了体系的吸附能和电荷转移量，使得 BeN_4 单层能够稳定地储存至少 5 个 H_2 分子。此外，针对传感特性的研究发现，H_2 分子的浓度增加对器件的电流几乎没有影响，无法提高 BeN_4 材料对 H_2 的检测能力。而 5 个 H_2O 分子可使器件的电流发生明显的变化，器件能够实现对 H_2 分子的检测。最后进一步讨论了 V、Nb 和 Ta 修饰后的器件对 H_2 分子的传感性能，发现 V 原子和 Ta 原子修饰的器件吸附单个分子时的电流变化最为显著，表明器件能够实现对单个 H_2 分子的检测。而 Nb 原子在吸附 2 个 H_2 分子的环境下响应最好。总之，金属修饰后的体系能够实现对 H_2 分子的准确检测，并适用极低浓度的工作环境。这项工作为提高二维材料的储氢能力以及 H_2 的传感性能提供了新的思路。

(8)系统地研究了石墨烯+、T-石墨烯、Net-石墨烯和联苯-石墨烯单层的电子结构、电子输运性质和气体分子吸附性质。这四种结构都表现出金属性，且二维器件具有高导电性，其顺序依次为联苯-石墨烯、T-石墨烯、石墨烯+、Net-石墨烯。Net-石墨烯基和联苯-石墨烯基器件表现出各向异性的传输特性，联苯-石墨烯基器件还具有 NDR 效应。此外，还研究了这些单层对 NO_2、NO 和 NH_3 气体分子的气敏性能。石墨烯+和联苯-石墨烯对 NO_2 和 NO 分子表现出化学吸附，对于 NH_3 分子，则表现为物理吸附。NO_2 分子在 T-石墨烯和 Net-石墨烯表面为化学吸附，而 NO 和 NH_3 分子在其上为物理吸附。基于石墨烯+的气体传感器可以高选择性和高灵敏度地检测 NO 分子，其最大 ΔI 值为 29.42 μA。基于 T-石墨烯和 Net-石墨烯的气体传感器仅对 NO_2 分子显示出较好的选择性和敏感性，ΔI 值分别为 39.98 μA 和 9.59 μA。联苯-石墨烯基气体传感器对 NO_2 和 NO 分子敏感性强，最大灵敏度分别为 13.05 μA 和 25.63 μA。总之，石墨烯+、T-石墨烯、Net-石墨烯和联苯-石墨烯是有毒气体 NO_2 和 NO 分子的有前途的传感材料。

(9)利用密度泛函理论结合非平衡格林函数方法，从理论上系统地阐明了 BC_5 单层的电子性质、BC_5 单层对有机和无机气体分子的吸附行为，构建了 BC_5 基气体传感器的模型，研究了 BC_5 基气体传感器对这些气体分子的气敏性能。结果表明，首先，BC_5 单层的电子结构显示 BC_5 单层具有动态稳定的金属特性。其次，研究了吸附在 BC_5 单层上的无机和有机气体分子体系的几何结构和电子性质。结果表明，无机气体分子 CO、NH_3、NO、NO_2 和有机气体分子 C_2H_2、C_2H_4、HCHO 在 BC_5 单层上为化学吸附，而 SO_2、CH_3OH 和 CH_4 则是通过物理吸附的方式暴露在 BC_5 单层上。由此得出 BC_5 单层对 CO、NH_3、NO、NO_2、C_2H_2、C_2H_4 和 HCHO 气体分子非常敏感的结论，因此可以利用 BC_5 单层构建用于检测这些气体分子的气体传感器。此外，原始的 BC_5 基气体传感器在低偏置电压下表现出较强的电子输运各向异性，当偏置电压为 0.1 V 时，各向异性最大比值为 1.94。同时 BC_5 基气体传感器对 CO 和 HCHO 更敏感，在 0.1 V 偏置电压下沿锯齿形方向的气体灵敏度分别达到 1.76 和 2.56。最后，通过在费米能级上呈现无机和有机气体分子的散射态，系统地揭示了它们在

BC_5 基气体传感器上吸附的微观机制。本工作的意义在于揭示 BC_5 单层的气体吸附特性。所有这些理论预测可能引发新途径，以扩大新型碳基纳米材料在下一代气体传感装置中的应用。

(10)采用密度泛函理论与非平衡格林函数方法，探索了 P-BN_2 单层的电子特性及无机气体（CO、H_2S、NH_3、NO、NO_2、SO_2）和有机气体（C_2H_2、C_2H_4、C_2H_5OH、C_3H_6OH、CH_3OH、CH_4、HCHO）在其表面的吸附行为。研究发现，CO、H_2S、NH_3、SO_2、C_2H_5OH、C_3H_6OH、CH_3OH 和 CH_4 通过范德华力发生物理吸附；而 NO、NO_2、C_2H_2、C_2H_4 和 HCHO 则与 P-BN_2 形成化学键，发生化学吸附。同时，对 P-BN_2 基气体传感器的电子输运特性和气敏性能进行了评估，发现在 0.4 V 偏压下，受 NO、NO_2、C_2H_2、C_2H_4 和 HCHO 吸附影响的电流差值达到最大，分别为 13.2 μA、12.3 μA、16.0 μA、13.8 μA 和 13.9 μA，且温度变化对其影响较小。此外，研究了空位缺陷对传感器电子特性的影响，结果显示 N、B 和 BN 原子缺陷会降低 P-BN_2 基传感器的电流。局域态密度分析揭示，气体分子的吸附和空位缺陷是导致电流下降的主要原因，特别是 C_2H_2 能显著降低 P-BN_2-N 基传感器的电流。这项研究为检测有毒气体分子和开发新型二维材料基气体传感器提供了新的见解。

本书从理论和计算的角度深入研究了一些新型碳、氮基二维材料的电子结构、能带特性、传输性质等关键参数，评估和设计了基于上述材料的多功能气体传感器件，为二维材料的应用开发和相关领域的研究提供了重要的支持和指导。

13.2　展望

虽然利用目前比较准确、高精度的模拟计算方法和软件对这些低维纳米材料的输运特性和传感特性进行了研究，但仍然存在许多不足和问题有待完善和探究。

(1)尽管本书探究了多种新型低维类石墨烯材料的电子输运特性和气体传感性能，然而仍然没有建立起标准化的测试和评价方法，同时受计算方法、模型、计算资源和时间的限制对于一些更细微现象的描述和解释仍然存在一定的误差，计算的准确性和可靠性受到影响。在未来，借助机器学习等手段进行更为精准和全面的计算研究是一个更为先进的课题。

(2)理论模拟计算中使用的材料参数和模型往往是基于已有的实验数据或经验参数得到的。然而，这些参数和模型的准确性和适用性可能存在一定的不确定性。对于新型的二维材料，缺乏足够的实验数据和参数，可能导致计算结果的不确定性。

(3) 本书所进行气体传感器的研究计算均考虑的是单个、单种分子的情况，而未模拟实际环境中存在着杂质气体的情况、未考虑工作环境中温度、湿度、气体浓度、多组分系统等因素的影响。现实中完美的二维材料是比较难实现的，因此缺陷、掺杂等手段对于材料传感性能的调控尚未进行充分的探究和讨论。

(4) 目前本书设计的二维气体传感器尽管对所考虑的目标气体具有较好的响应特性，但在实际应用中需要气体传感器对目标气体具有唯一的选择性，以实现精确、高效的气体识别。因此，这是今后气体传感器设计时需要重点考虑的一个因素。

(5) 本书所考虑的气体分子种类较为局限，以空气中的无机气体小分子为主，因而可能涉及到的领域较为局限。可以进一步地探索这些二维材料对其他有毒气体分子、人体呼吸气体分子、温室效应气体小分子、食物的产生气体分子等的检测性能，充分地开发材料在气体传感器领域的应用潜力。

(6) 本书主要采用先进的第一性原理计算方法进行材料的性能预测。计算结果可以为后期实验提供理论指导，然而理论结果的实用性仍然需要实验进一步验证。只有达到这样的程度，才能真正地实现功能性电子器件的规模化和普适性应用。

附录 A

中英文缩略词对照表

英文缩写	英文全称	中文全称
aGaNNRs	armchair GaN nanoribbons	扶手椅形 GaN 纳米带
aGNR	armchair-edge graphene nanoribbon	扶手椅形石墨烯纳米带
AIMD	ab initio molecular dynamics	从头计算分子动力学
AP	antiparallel	反平行方向(自旋构型)
DFPT	density perturbation functional theory	密度扰动泛函理论
DFT	density functional theory	密度泛函理论
ELF	electron localization function	电子局域函数
GGA	generalized gradient approximations	广义梯度近似
GNR	graphene nanoribbon	石墨烯纳米带
IV	current-voltage	电流-电压
LDA	local density approximations	局部密度近似
LDOS	local density of states	局域态密度
NDR	negative differential resistance	负微分电阻
NEGF	non-equilibrium Green's functions	非平衡格林函数
P	parallel	平行方向(自旋构型)
PAW	projector augmented wave	投影子缀加波
PDOS	projected density of states	投影态密度
PLDOS	projected local density of states	投影局域态密度
SFE	spin-filtering efficiency	自旋滤波率

续上表

英文缩写	英文全称	中文全称
RR	rectification ratio	整流比
TDOS	total density of states	总态密度
TMDs	transition metal dichalcogenides	过渡金属硫族化合物
VASP	Vienna ab initio simulation package	维也纳从头算软件包
VNL	virtual nano laboratory	虚拟纳米实验室